中学受験 まるっとチェック 算数

JN041999

本書の特長と効果的な使い方

本書は，国立・私立中学入試をめざす受験生が，要点を効率よく学習できるようにくふうした「まとめ＋問題集」です。さらに「音声一問一答」がついているので，「見る→聞く→書く」の「目，耳，手」を活用した学習ができます。本書に書かれている内容を「まるっと」マスターし，志望校合格の栄光を勝ち取りましょう。

① 学習ページの効果的な使い方

1 「入試必出例題」で解き方を確認

中学受験算数は，小学校では習わない特殊な解き方がたくさん出てきます。本書には，それらの解き方を効率よく学習できるように，厳選した例題を，わかりやすい解法で紹介しています。まずは例題と解法をよく理解しましょう。

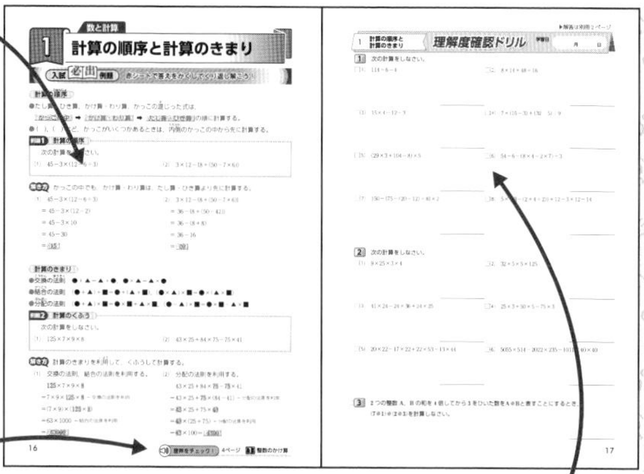

2 音声一問一答で基本事項を確認

「音声をチェック！」がある項目は，巻頭にもどり，指示されたところのQRコードを読み取って音声一問一答を聞きましょう。解法に役立つ基本的な知識を短時間で復習できます。わかるまでくり返し聞きましょう。(巻頭については3ページ②参照)

3 「理解度確認ドリル」を解く

左ページで学習した解法が身についているかをドリルで確認します。例題とパターンを変えた問題も掲載しています。例題とドリルを解くことで，中学受験算数を一通り学習できます。

新学習法 「音声一問一答」の特長

①聞くだけで楽々学習できる
②すき間時間を有効に活用できる
③みんなでクイズ番組感覚で学べる
④すぐに答え合わせができる
⑤短時間に多くの問題をこなせる

4 学習スケジュール表を活用しよう

166，167ページの学習スケジュール表に学習計画と実際に学習した日を書きこみましょう。成績によって○△× を書いて，自分の弱点がどこにあるのかを見つけ，そこを重点的に復習しましょう。

② 音声学習で基本知識を確認

巻頭の「受験算数の基本知識 43」では，中学受験算数を解くために知っておきたい基本知識を，音声一問一答で聞くことができます。スマホでＱＲを読み取りましょう。数と計算，文章題は，はじめはテキストを見ながら，慣れてきたら見ずに答えましょう。図形については，テキストの図を見ながら答える形式になっています。テキストの図を確認しながら解きましょう。赤シートをのせると，答えや計算式を見ることができます。

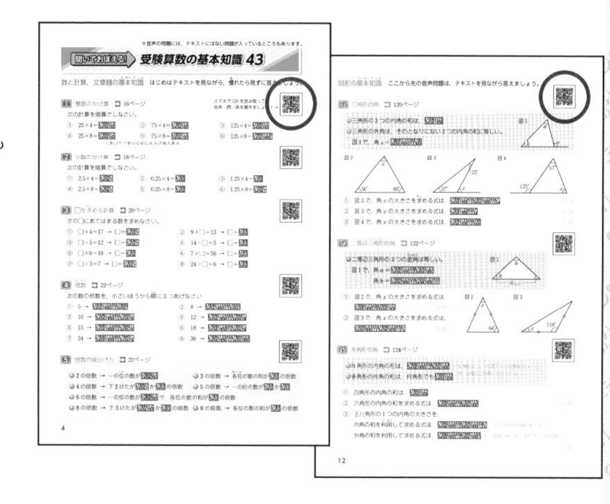

③ 19×19 までのかけ算を暗算しよう！

巻末の「11×11 ～ 19×19 の暗算」で，19×19 までのかけ算を速く，正しく計算する方法を学習します。このような計算法をひとつでも知っておくと，気分的に楽になり，心に余裕が生まれます。一問一答の音声もついているので，音声を聞いて答える練習をくり返し，暗算できるようになりましょう！

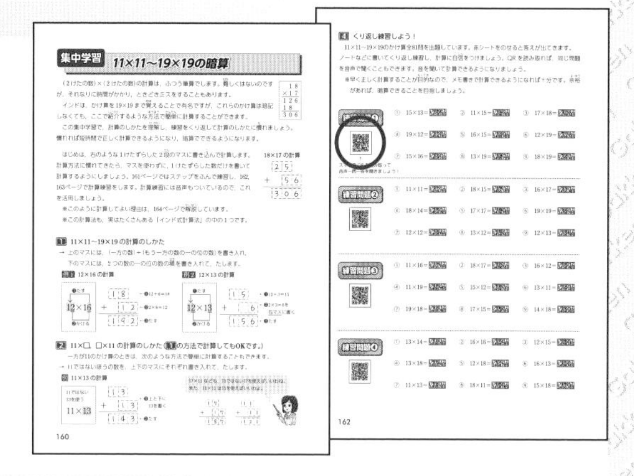

④ 音声一問一答の聞き方と学習の方法

1 音声の聞き方

「受験算数の基本知識 43」と「11×11 ～ 19×19 の暗算」の音声の聞き方は２通りあります。

①項目名の右や下にあるＱＲコードを読み取る

→直接その項目の音声を聞くことができます。

②無料アプリを右のＱＲコードからダウンロードする

→スマホ上で項目を選ぶことができます。

※アプリは無料ですが，通信料はお客様のご負担になります。

※「まるっとチェック」のほかの教科の音声も無料で聞くことができます。

2 音声を使った効果的な学習法

音声一問一答は,「問題を解く」ためというよりも「くり返し聞いておぼえる」ための教材です。短時間で聞けるので，くり返し聞きましょう。はじめは答えられなくてもだいじょうぶ。何度も聞いて答えを考えることをくり返すと，次第に暗記量がふえていきます。

※音声の問題には，テキストにはない問題が入っているところもあります。

聞いておぼえる！ 受験算数の基本知識 43

数と計算，文章題の基本知識（きほんちしき） はじめはテキストを見ながら，慣れたら見ずに答えましょう。

スマホでQRを読み取って
音声一問一答を聞きましょう！→

1 整数のかけ算 ➡ 16ページ

次の計算を暗算でしなさい。

① 25×4＝5789012 3456789　② 75×4＝5789012 3456789　③ 125×4＝5789012 3456789

④ 25×8＝5789012 3456789　⑤ 75×8＝5789012 3456789　⑥ 125×8＝578901234 34567890

↑赤シートをのせると文字が見えます

2 小数のかけ算 ➡ 18ページ

次の計算を暗算でしなさい。

① 2.5×4＝578901 345671　② 0.25×4＝5789 3456　③ 1.25×4＝5789 3456

④ 2.5×8＝578901 345671　⑤ 0.25×8＝5789 3456　⑥ 1.25×8＝578901 345671

3 □を求める計算 ➡ 20ページ

次の□にあてはまる数を求めなさい。

① □＋4＝17 → □＝578901 345671　② 9＋□＝13 → □＝5789 3456

③ □−5＝12 → □＝578901 345671　④ 14−□＝5 → □＝5789 3456

⑤ □×6＝18 → □＝5789 3456　⑥ 7×□＝56 → □＝5789 3456

⑦ □÷3＝7 → □＝578901 345671　⑧ 24÷□＝6 → □＝5789 3456

4 倍数 ➡ 22ページ

次の数の倍数を，小さいほうから順に3つあげなさい

① 5 → 578901234567890 345678901234567　② 8 → 578901234567890 345678901234567

③ 10 → 57890123456789012 34567890123456781　④ 12 → 57890123456789012 34567890123456781

⑤ 15 → 57890123456789012 34567890123456781　⑥ 18 → 57890123456789012 34567890123456781

⑦ 24 → 57890123456789012 34567890123456781　⑧ 36 → 5789012345678901234 3456789012345678901

5 倍数の見分け方 ➡ 22ページ

- 2の倍数 → 一の位の数が5789012 3456789
- 3の倍数 → 各位の数の和が5789 3456の倍数
- 4の倍数 → 下2けたが578901 345671か5789 3456の倍数
- 5の倍数 → 一の位の数が5789 3456か5789 3456
- 6の倍数 → 一の位の数が5789012 3456789で，各位の数の和が5789 3456の倍数
- 8の倍数 → 下3けたが5789012 3456789か5789 3456の倍数
- 9の倍数 → 各位の数の和が5789 3456の倍数

① 2の倍数はどちらですか。 (23 32) → (58 69) →

② 3の倍数はどちらですか。 (42 43) → (65 78) →

③ 4の倍数はどちらですか。 (122 144) → (146 164) →

④ 5の倍数はどちらですか。 (58 85) → (60 78) →

⑤ 6の倍数はどちらですか。 (72 76) → (80 90) →

⑥ 8の倍数はどちらですか。 (1400 1500) → (1864 1868) →

⑦ 9の倍数はどちらですか。 (188 189) → (639 718) →

6 最小公倍数 ➡ 22ページ

次の2つの数の最小公倍数を求めなさい。

① 2, 3 → ② 3, 4 → ③ 4, 5 →

④ 4, 6 → ⑤ 6, 8 → ⑥ 10, 15 →

7 約数 ➡ 24ページ

次の数の約数をすべて求めなさい。

① 6 → ② 10 →

③ 12 → ④ 15 →

⑤ 16 → ⑥ 18 →

⑦ 27 → ⑧ 30 →

8 最大公約数 ➡ 24ページ

次の2つの数の最大公約数を求めなさい。

① 3, 9 → ② 6, 8 → ③ 8, 12 →

④ 12, 18 → ⑤ 16, 40 → ⑥ 45, 60 →

9 素数 ➡ 24ページ

① 1から10までの間に素数は4個あります。小さいほうから順にすべて答えなさい。

→

② 10から20までの間に素数は4個あります。小さいほうから順にすべて答えなさい。

→

③ 2けたの整数のうち，いちばん大きい素数はいくつですか。

→

④ 3けたの整数のうち，いちばん小さい素数はいくつですか。

→

10 約分 ➡ 28ページ

次の分数を約分して，最も簡単な分数にしなさい。

① $\frac{2}{6}$ → □　② $\frac{6}{8}$ → □　③ $\frac{8}{20}$ → □

④ $\frac{25}{30}$ → □　⑤ $\frac{15}{35}$ → □　⑥ $\frac{24}{40}$ → □

⑦ $\frac{12}{60}$ → □　⑧ $\frac{36}{81}$ → □　⑨ $\frac{21}{56}$ → □

11 通分 ➡ 28ページ

次の 2 つの分数を通分しなさい。

① $\frac{1}{2}$, $\frac{1}{3}$ → □　② $\frac{1}{3}$, $\frac{1}{4}$ → □

③ $\frac{1}{4}$, $\frac{1}{6}$ → □　④ $\frac{1}{6}$, $\frac{1}{9}$ → □

⑤ $\frac{1}{6}$, $\frac{1}{8}$ → □　⑥ $\frac{1}{8}$, $\frac{1}{10}$ → □

12 逆数 ➡ 28ページ

次の数の逆数を求めなさい。答えの仮分数は，整数になおせるときだけ整数になおしなさい。

① $\frac{3}{4}$ → □　② $\frac{7}{3}$ → □　③ $1\frac{4}{5}$ → □

④ $\frac{1}{4}$ → □　⑤ 9 → □　⑥ 1.2 → □

13 小数と分数 ➡ 30ページ

次の小数を分数になおしなさい。

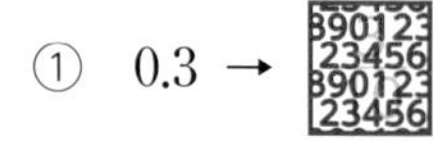

① 0.3 → □　② 0.5 → □　③ 0.8 → □

④ 0.25 → □　⑤ 0.75 → □　⑥ 0.125 → □

⑦ 0.375 → □　⑧ 0.625 → □　⑨ 0.875 → □

14 時間の単位 ➡ 38ページ

- 1日＝□時間
- 1時間＝□分
- 1分＝□秒

① 120秒は何分ですか。→ □分
② 5分は何秒ですか。→ □秒
③ 180分は何時間ですか。→ □時間
④ 8時間は何分ですか。→ □分

15 長さの単位 ➡ 40ページ

※m は$\frac{1}{1000}$、c は$\frac{1}{100}$、k は1000倍を表す

$\frac{1}{1000}$	$\frac{1}{100}$	$\frac{1}{10}$	1	10倍	100倍	1000倍
□	□		m			□

① 1 km は何 m ですか。→ □m
② 1 m は何 cm ですか。→ □cm
③ 1 cm は何 mm ですか。→ □mm
④ 1 m は何 km ですか。→ □km
⑤ 1 cm は何 m ですか。→ □m
⑥ 1 mm は何 cm ですか。→ □cm

16 重さの単位 ➡ 40ページ

$\frac{1}{1000}$	$\frac{1}{100}$	$\frac{1}{10}$	1	10倍	100倍	1000倍	10000倍	100000倍	1000000倍
□			g			□			□

① 1 t は何 kg ですか。→ □kg
② 1 kg は何 g ですか。→ □g
③ 1 g は何 mg ですか。→ □mg
④ 1 kg は何 t ですか。→ □t
⑤ 1 g は何 kg ですか。→ □kg
⑥ 1 mg は何 g ですか。→ □g

17 面積の単位 ➡ 40ページ

※ha の h は100倍を表す

正方形の1辺の長さ	1 cm	1 m	10m	100m	1 km
正方形の面積	1 □	1 m^2	1 □	1 □	1 □
	□m^2		□m^2	□m^2	□m^2

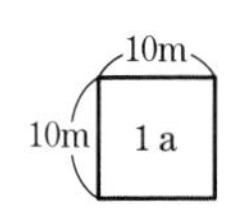

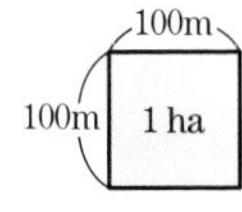

① 1 km^2 は何 ha ですか。→ □ha
② 1 ha は何 a ですか。→ □a
③ 1 m^2 は何 cm^2 ですか。→ □cm^2
④ 1 km^2 は何 a ですか。→ □a
⑤ 1 ha は何 km^2 ですか。→ □km^2
⑥ 1 a は何 ha ですか。→ □ha

18 体積の単位 ➡ 40ページ

※dL の d は$\frac{1}{10}$を表す

立方体の1辺の長さ	1 cm		10cm	1 m
立方体の体積	1 cm^3	100cm^3	1000cm^3	1 m^3
	1 □	1 □	1 □	1 □

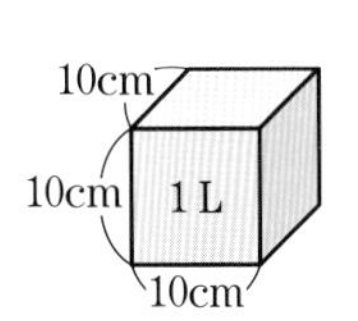

① 1 kL は何 L ですか。→ □L
② 1 L は何 dL ですか。→ □dL
③ 1 m^3 は何 L ですか。→ □L
④ 1 dL は何 L ですか。→ □L

19 和差算の公式 ➡ 42ページ

大小２つの数量があり，その和と差がわかっているとき，

●大＝＿＿＿＿　●小＝＿＿＿＿

大小２つの整数があり，その和が40，差が10であるとき，

① 大きいほうの数を求める式は，＿＿＿＿　答25

② 小さいほうの数を求める式は，＿＿＿＿　答15

20 平均の３公式 ➡ 50ページ

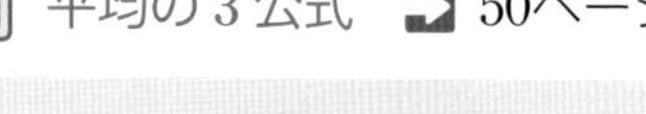

●平均＝＿＿＿＿

●合計＝＿＿＿＿

●個数＝＿＿＿＿

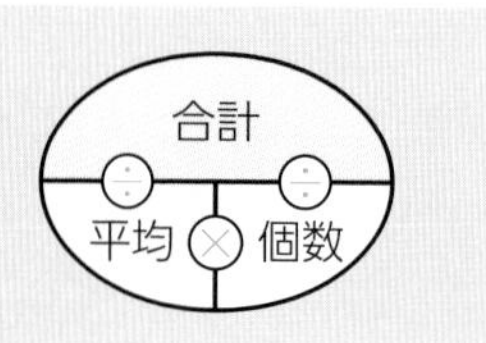

① ３人の体重の合計が 120kg であるとき，３人の平均体重を求める式は，

＿＿＿＿　答40 kg

② ５教科のテストの平均点が80点であるとき，５教科のテストの合計点を求める式は，

＿＿＿＿　答400点

③ あるクラスのテストの合計点が240点で，平均点が８点であるとき，

このクラスの人数を求める式は，＿＿＿＿　答30人

21 割合の３公式 ➡ 52ページ

●割合＝＿＿＿＿

●比べられる量＝＿＿＿＿

●もとにする量＝＿＿＿＿

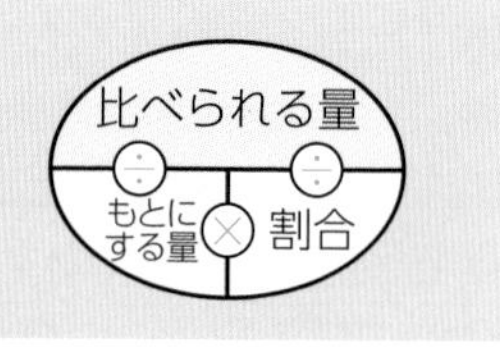

① ５ｍをもとにしたとき，３ｍの割合を求める式は，＿＿＿＿　答0.6

② 10 kg の0.7にあたる重さを求める式は，＿＿＿＿　答７kg

③ ある金額の0.4にあたる金額が800円のとき，もとの金額を求める式は，＿＿＿＿

答2000円

22 百分率と歩合 ➡ 52ページ

小数	1	0.1	0.01	0.001
分数		$\frac{1}{10}$	$\frac{1}{100}$	$\frac{1}{1000}$
百分率	＿＿	＿＿	＿＿	＿＿
歩合	＿＿	＿＿	＿＿	＿＿

(1) 次の小数で表した割合を，百分率と歩合で表しなさい。

① 0.3 →　　② 0.72 →

③ 0.875 →　　④ 0.508 →

(2) 次の百分率や歩合で表した割合を，小数で表しなさい。

⑤ 20% →　　⑥ 6.2% →

⑦ 3割8分（ぶ） →　　⑧ 4割5厘（りん） →

23 比（ひ）を簡単（かんたん）にする ➡ 62ページ

次の比を簡単にしなさい。

① 4：6 →　　② 20：35 →

③ 0.6：0.8 →　　④ 1.8：3 →

⑤ $\frac{1}{5}:\frac{1}{4}$ →　　⑥ $\frac{2}{3}:\frac{1}{4}$ →

24 速さの3公式 ➡ 76ページ

●速さ＝

●道のり＝

●時間＝

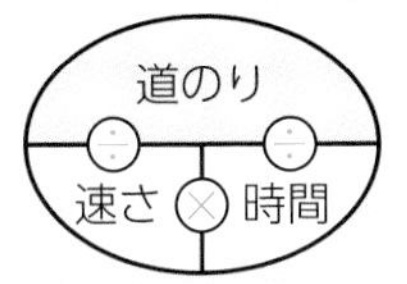

① 600m の道のりを10分で歩いたときの分速を求める式は，　　答 分速60m

② 時速 80km で走る列車が3時間で進む道のりを求める式は，　　答 240km

③ 200m を秒速5m で走ったときにかかる時間を求める式は，　　答 40秒

25 時計算の基本（きほん）①　➡ 92ページ

① 時計の長針（ちょうしん）が1時間に進む角度は　度，1分間に進む角度は　度

② 時計の短針（たんしん）が1時間に進む角度は　度，1分間に進む角度は　度

③ 時計の長針と短針が1分間に進む角度の差は　度

26 時計算の基本②　➡ 92ページ

次の時刻（じこく）ちょうどのときに，時計の短針は長針より何度先にありますか。

① 1時 →　度　　② 2時 →　度　　③ 3時 →　度

④ 4時 →　度　　⑤ 5時 →　度　　⑥ 6時 →　度

⑦ 7時 →　度　　⑧ 8時 →　度　　⑨ 9時 →　度

⑩ 10時 →　度　　⑪ 11時 →　度　　⑫ 12時 →　度

27 植木算の基本 ➡ 98ページ

道や池の周りにそって，等しい間かくで木を植えるとき，木の本数と間の数の関係は，

- 道の両はしにも植えるとき　→ 木の本数＝（　　）
- 道の両はしには植えないとき　→ 木の本数＝（　　）
- 道の一方のはしには植えるとき　→ 木の本数＝（　　）
- 池などの周りに植えるとき　→ 木の本数＝（　　）

⑴　長さ 120m の道の片側に，3 m 間かくで木を植えます。

①　道の両はしにも植えるとき，必要な木の本数を求める式は，（　　）　答41本

②　道の両はしには植えないとき，必要な木の本数を求める式は，（　　）　答39本

③　道の一方のはしには植えるとき，必要な木の本数を求める式は，（　　）　答40本

⑵　周りの長さが 600m の池の周りに，等しい間かくで木を植えます。

④　5 m 間かくで植えるとき，必要な木の本数を求める式は，（　　）　答120本

⑤　100本の木を植えるとき，木と木の間かくを求める式は，（　　）　答 6 m

28 日暦算の基本① ➡ 100ページ

- 小の月… 1 か月が31日ない月 → （　　）　←ニシムクイレブン（2 4 6 9 11）
- 大の月… 1 か月が31日ある月 → （　　）
- うるう年…西暦が（　）の倍数の年 → 2 月が（　）日まであり，1 年は（　）日

※例外として，西暦年号が100でわり切れて400でわり切れない年は平年としている。　例　西暦2100年

①　1 年で，小の月，大の月はそれぞれ何か月ありますか。→ （　）か月，（　）か月

②　平年の 2 月，うるう年の 2 月はそれぞれ何日までありますか。→ （　）日，（　）日

③　平年の 1 年，うるう年の 1 年はそれぞれ何日ありますか。→ （　）日，（　）日

④　2030年と2040年のうち，うるう年はどちらですか。→ （　）年

29 日暦算の基本② ➡ 100ページ

- □日目 → その日を入れて数える
- □日前，□日後 → その日を入れないで数える
- 曜日…（　）日で 1 周する → ある日から 7 日後，（　）日後，（　）日後，…は同じ曜日

①　1 月15日から10日目は，1 月何日ですか。→ 1 月（　）日　←15＋(10－1)＝24

②　1 月15日から10日後は，1 月何日ですか。→ 1 月（　）日　←15＋10＝25

③　1 月15日から10日前は，1 月何日ですか。→ 1 月（　）日　←15－10＝5

④　月曜日から 8 日後は何曜日ですか。→ （　）曜日　←8÷7＝1 あまり 1 より，月曜日から 1 日後

⑤　月曜日から 9 日前は何曜日ですか。→ （　）曜日　←9÷7＝1 あまり 2 より，月曜日から 2 日前

30 積の法則 ➡ 112ページ

●ことがらAの起こり方が a 通りあり，そのそれぞれについて，
ことがらBの起こり方が b 通りずつあるとき，
ことがらA，Bが続けて起こる場合の数は，全部で，67890123 34567890 (通り)

① A，B 2 枚のコインを同時に投げるとき，表，裏の出方は全部で何通りありますか。
答えを求める式は，67890123 34567890　答 4 通り

② A，B，C 3 枚のコインを同時に投げるとき，表，裏の出方は全部で何通りありますか。
答えを求める式は，678901234567 345678901234　答 8 通り

③ A，Bの 2 人でじゃんけんをするとき，手の出し方は全部で何通りありますか。
答えを求める式は，67890123 34567890　答 9 通り

④ A，B 2 つのさいころを同時に投げるとき，目の出方は全部で何通りありますか。
答えを求める式は，67890123 34567890　答36通り

31 順列 ➡ 114ページ

●異なるN個のものを 1 列に並べるとき，並べ方は，全部で，
6789012345678901234567890123456789012345 345678901234567890123456789012345678901 (通り)

① A，B，Cの 3 人が横 1 列に並ぶとき，並び方は全部で何通りありますか。
答えを求める式は，678901234567 345678901234　答 6 通り

② A，B，C，Dの 4 人が横 1 列に並ぶとき，並び方は全部で何通りありますか。
答えを求める式は，6789012345678901 3456789012345678　答24通り

③ A，B，C，D，Eの 5 人が横 1 列に並ぶとき，並び方は全部で何通りありますか。
答えを求める式は，67890123456789012345 34567890123456789011　答120通り

32 組み合わせ ➡ 114ページ

●異なるN個のものから 2 個を選ぶとき，選び方は，全部で，
6789012345678901234 345678901234567890 (通り)

① A，B，Cの 3 人の中から 2 人の委員を選ぶとき，選び方は全部で何通りありますか。
答えを求める式は，678901234567 345678901234　←3 人の中から委員ではない 1 人を選ぶ選び方として 3 通りでも OK　答 3 通り

② A，B，C，Dの 4 人の中から 2 人の委員を選ぶとき，選び方は全部で何通りありますか。
答えを求める式は，678901234567 345678901234　答 6 通り

③ A，B，C，D，Eの 5 人の中から 2 人の委員を選ぶとき，選び方は全部で何通りありますか。
答えを求める式は，678901234567 345678901234　答10通り

図形の基本知識　ここから先の音声問題は，テキストを見ながら答えましょう。

33 三角形の角 ➡ 120ページ

➡ 120ページ

●三角形の３つの内角の和は，67890123 34567890

●三角形の外角は，そのとなりにない２つの内角の和に等しい。

図１で，角 $x=$ 6789012345678 3456789012345

図１

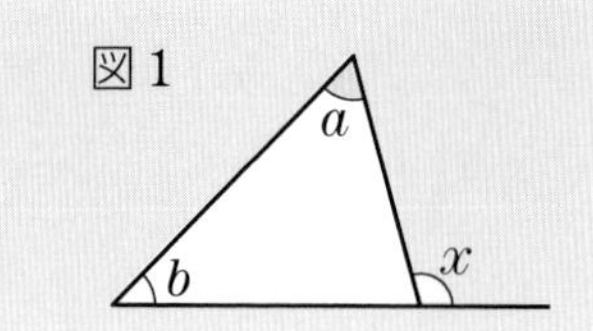

図２

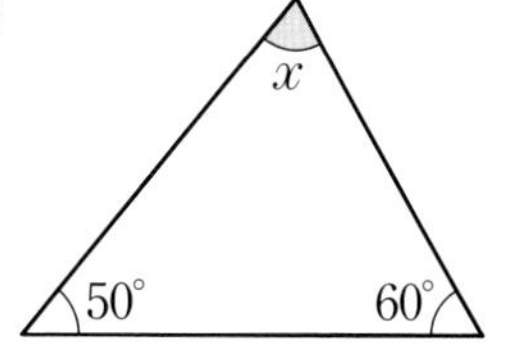

図３

23°
37°
x

図４

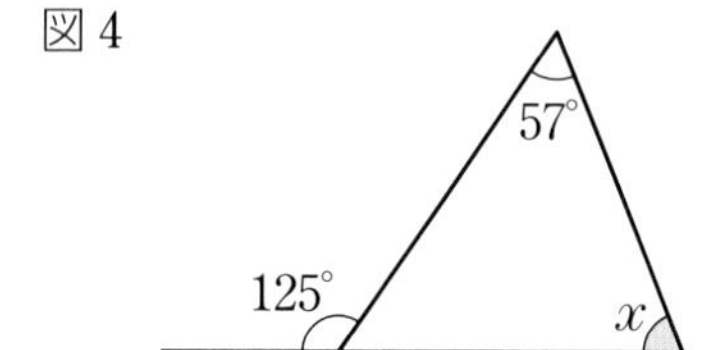

① 図２で，角 x の大きさを求める式は，67890123456789012345678 34567890123456789012345　答70°

② 図３で，角 x の大きさを求める式は，6789012345678 3456789012345　答60°

③ 図４で，角 x の大きさを求める式は，67890123456789 34567890123456　答68°

34 二等辺三角形の角 ➡ 122ページ

➡ 122ページ

●二等辺三角形の２つの底角は等しい。

図１で，角 a = 67890123456789012345 34567890123456789012

角 b = 678901234567890123456 345678901234567890123

図１

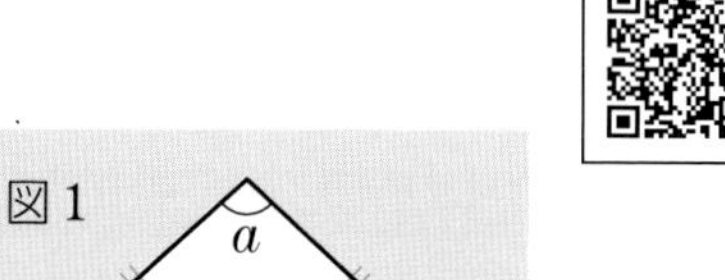

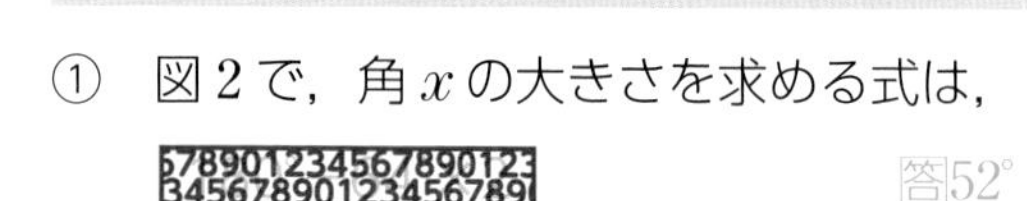

① 図２で，角 x の大きさを求める式は，

67890123456789012345 3456789012345678901　答52°

② 図３で，角 x の大きさを求める式は，

678901234567890123456 345678901234567890123　答31°

図２

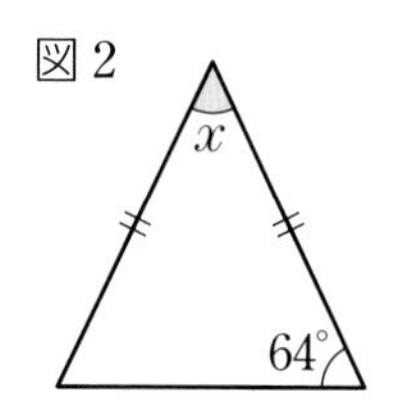

図３

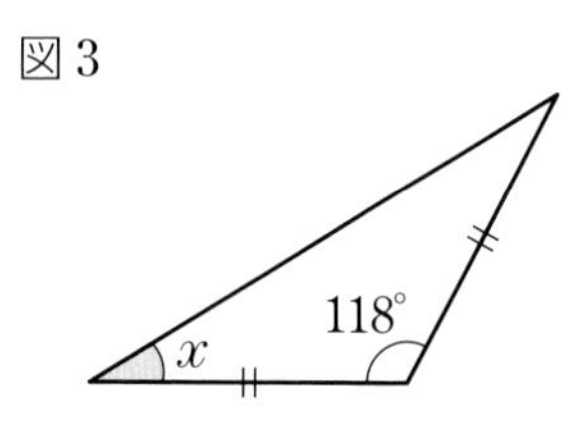

35 多角形の角 ➡ 124ページ

➡ 124ページ

●N角形の内角の和は，67890123456789012345 34567890123456789012　←N角形は，１つの頂点から対角線をひくと，(N−2)個の三角形に分けられる

●多角形の外角の和は，何角形でも 67890123 34567890

① 四角形の内角の和は，67890123 34567890

② 六角形の内角の和を求める式は，67890123456789012345 34567890123456789012　答720°

③ 正八角形の１つの内角の大きさを，

内角の和を利用して求める式は，678901234567890123456 345678901234567890123　←正八角形の内角の和÷8

外角の和を利用して求める式は，678901234567890123456 345678901234567890123　←一直線の角−正八角形の１つの外角

答135°

36 正方形，長方形の周の長さと面積 ➡ 126ページ

- 正方形の周の長さ＝
- 正方形の面積＝
- 長方形の周の長さ＝
- 長方形の面積＝

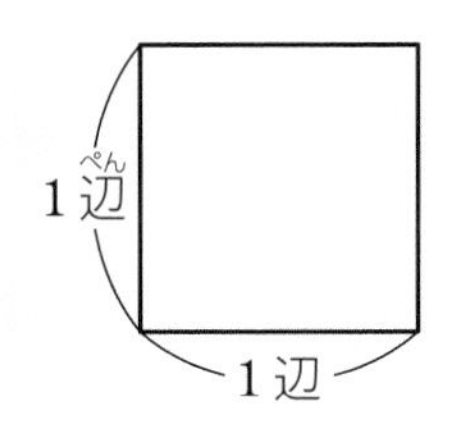

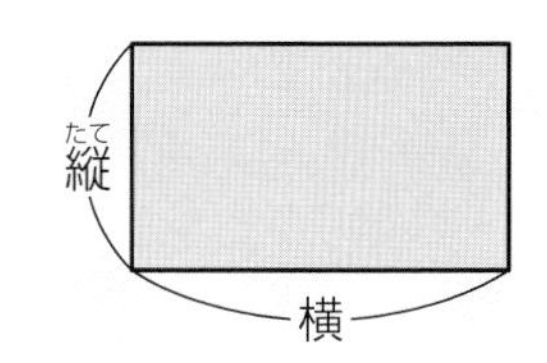

(1)　1辺が 7 cm の正方形の，① 周の長さを求める式は，　　答28cm

② 面積を求める式は，　　答49cm²

(2)　縦 3 cm，横 5 cm の長方形の，③ 周の長さを求める式は，　　答16cm

④ 面積を求める式は，　　答15cm²

37 三角形と四角形の面積 ➡ 126ページ

- 平行四辺形の面積＝
- 三角形の面積＝
- 台形の面積＝
- ひし形の面積＝

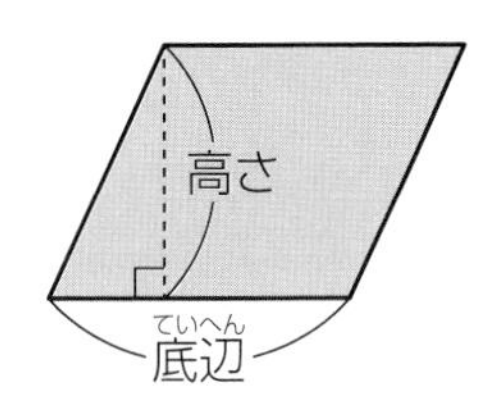

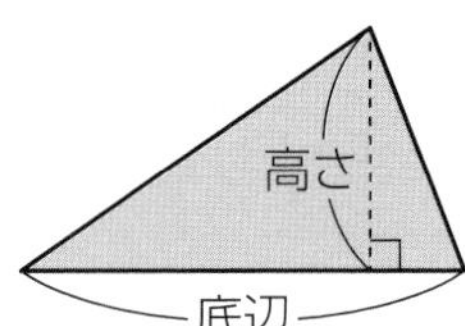
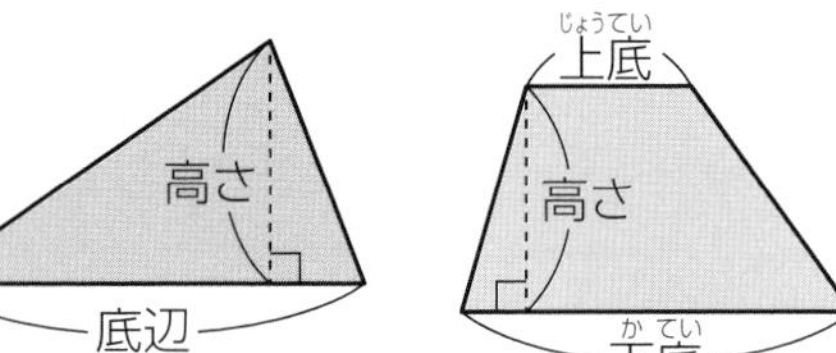

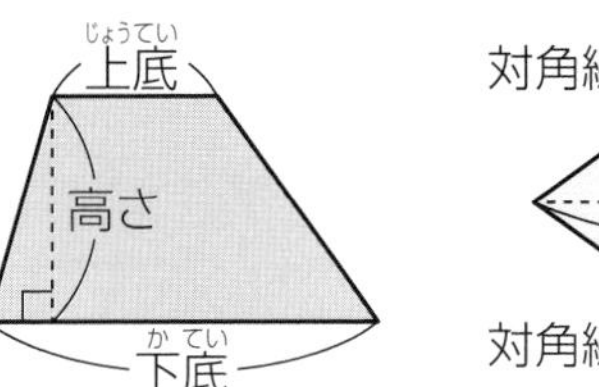

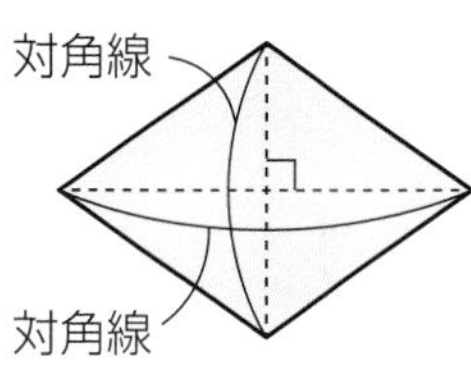

① 底辺 10cm，高さ 7 cm の平行四辺形の面積を求める式は，
　　答70cm²

② 図 1 の平行四辺形の面積を求める式は，
　←高さは，底辺と垂直に交わる　　答30cm²

図 1

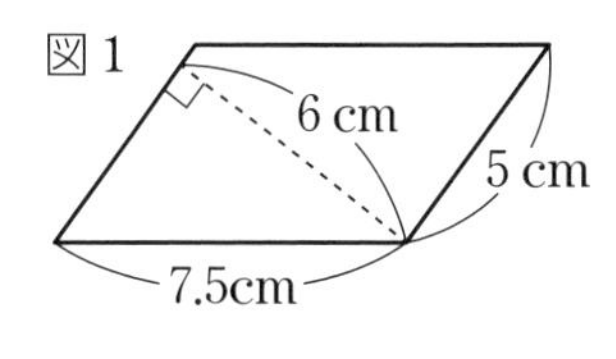

③ 底辺 10cm，高さ 6 cm の三角形の面積を求める式は，
　　答30cm²

④ 図 2 の三角形の面積を求める式は，
　←高さは，三角形の外にある　　答21cm²

図 2

6 cm
7 cm

⑤ 上底 4 cm，下底 9 cm，高さ 8 cm の台形の面積を求める式は，
　　答52cm²

⑥ 図 3 の台形の面積を求める式は，
　←平行な 2 つの辺が上底，下底である　　答96cm²

図 3

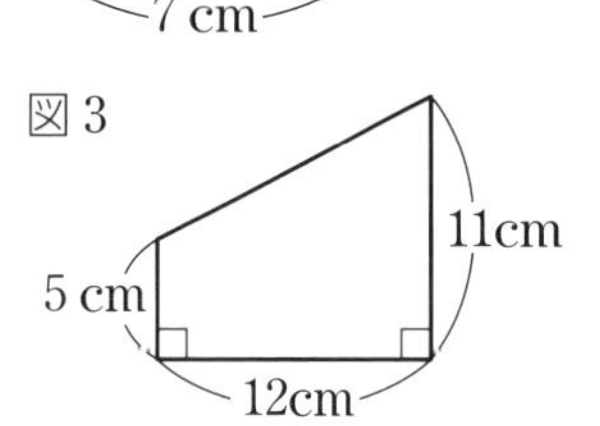

⑦ 図 4 のひし形の面積を求める式は，
　　答35cm²

⑧ 対角線の長さが 8 cm の正方形の面積を求める式は，
　←正方形は，対角線の長さが等しいひし形である　　答32cm²

図 4

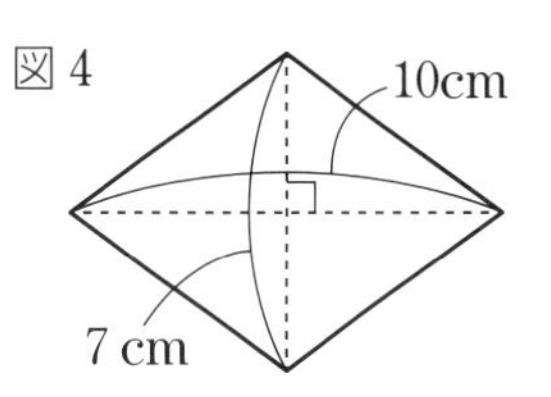

38 円周の長さと円の面積 ➡ 132ページ

●円周の長さ＝　＝
●円の面積＝
※円周率は，ふつうの計算では3.14を使う。

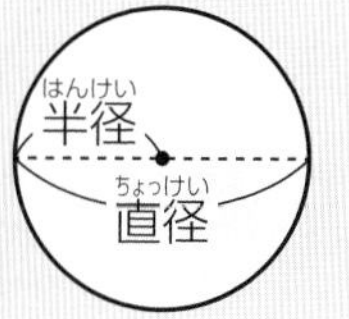

(1) 直径 8 cm の円の，① 円周の長さを求める式は，　答25.12cm
半径は，8÷2＝4(cm)　② 面積を求める式は，　答50.24cm²

(2) 半径 5 cm の円の，③ 円周の長さを求める式は，　答31.4cm
直径は，5×2＝10(cm)　④ 面積を求める式は，　答78.5cm²

39 おうぎ形の弧の長さと面積 ➡ 132ページ

●おうぎ形の弧の長さ＝ 

●おうぎ形の面積＝

●おうぎ形の半径と弧の長さがわかっているとき，
おうぎ形の面積＝　←弧を底辺，半径を高さとした三角形に見立てる

半径 6 cm，中心角120°のおうぎ形の，

① 弧の長さを求める式は， 　答12.56cm

② 面積を求める式は， 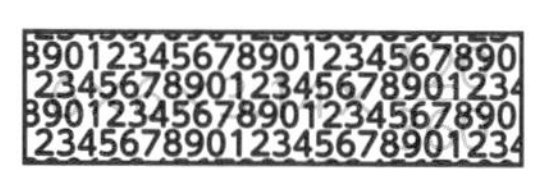　答37.68cm²

③ 弧の長さが 6.28cm で，半径が 8 cmのおうぎ形の面積を求める式は，　答25.12cm²

40 立方体，直方体の体積と表面積 ➡ 148ページ

●立方体の体積＝
●立方体の表面積＝
●直方体の体積＝
●直方体の表面積＝

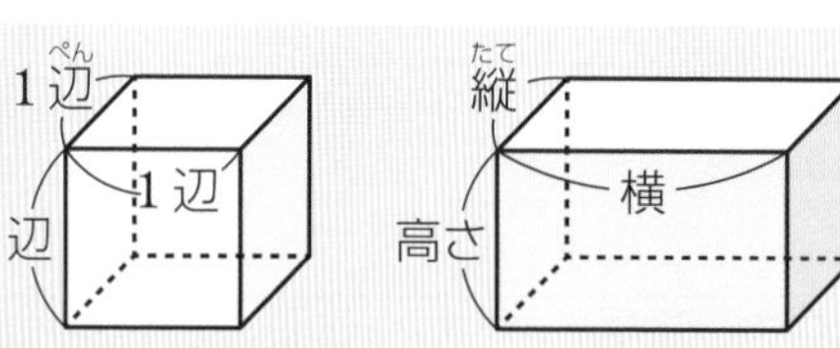

(1) 1 辺が 5 cm の立方体の，① 体積を求める式は，　答125cm³
② 表面積を求める式は，　答150cm²

(2) 縦 3 cm，横 5 cm，高さ 4 cm の直方体の，
③ 体積を求める式は，　答60cm³
④ 表面積を求める式は，　答94cm²
四角柱と考えて，角柱の表面積＝底面積×2＋側面積（→15ページ）より，3×5×2＋4×(3＋5)×2 でもよい。

41 角柱，円柱の体積と表面積 ➡ 150ページ

➡ 150ページ

●角柱，円柱の体積＝

●角柱，円柱の表面積＝

※角柱，円柱を展開図(てんかいず)に表すと，側面は長方形になり，
縦は高さ，横は底面の周の長さに等しい。

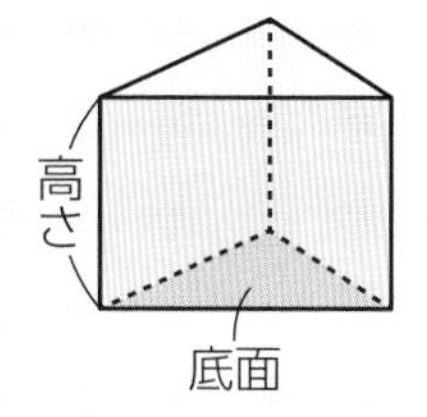

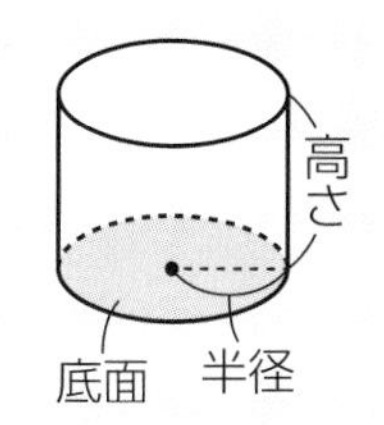

(1) 底面が1辺5 cmの正方形で，高さが8 cmの四角柱の，

① 体積を求める式は， 答200cm³

② 表面積を求める式は， 答210cm²

(2) 底面の円の半径が6 cmで，高さが7 cmの円柱の，

③ 体積を求める式は， 答791.28cm³

④ 表面積を求める式は， 答489.84cm²

42 角すい，円すいの体積と表面積 ➡ 150ページ

➡ 150ページ

●角すい，円すいの体積＝ 

●角すい，円すいの表面積＝ 

●円すいの側面積＝

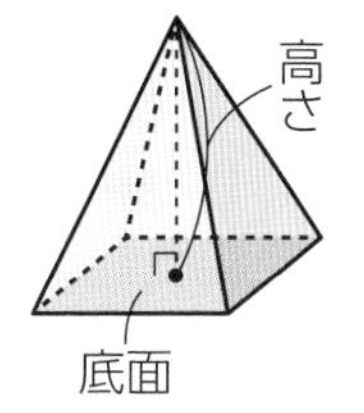

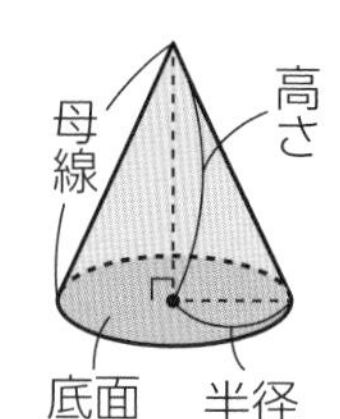

(1) 図1の正四角すいの，

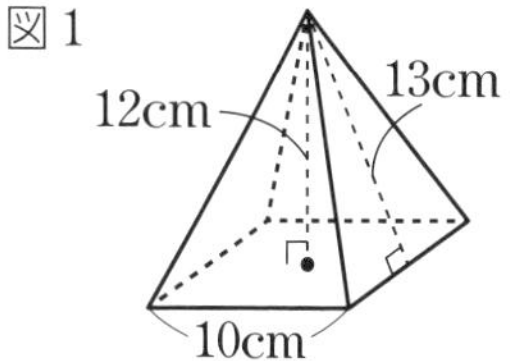

① 体積を求める式は，  答400cm³

② 表面積を求める式は， 答360cm²

(2) 図2の円すいの，

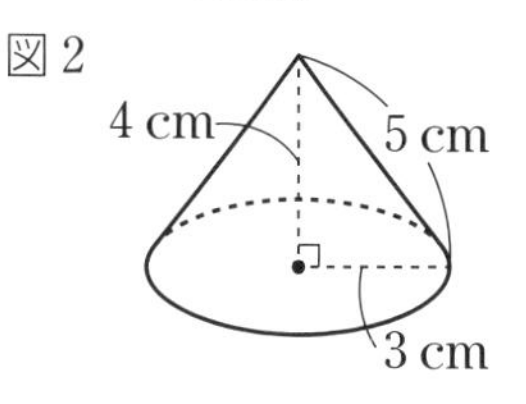

③ 体積を求める式は，  答37.68cm³

④ 表面積を求める式は， 答75.36cm²

43 相似(そうじ)な立体の表面積の比(ひ)と体積の比 ➡ 152ページ

➡ 152ページ

相似な2つの立体があり，相似比が $a:b$ であるとき，

●表面積の比は，

●体積の比は，

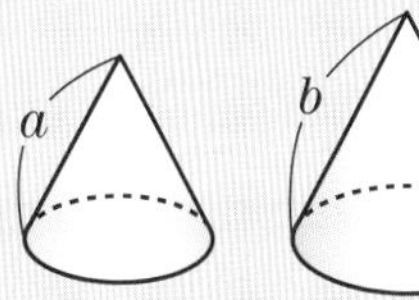

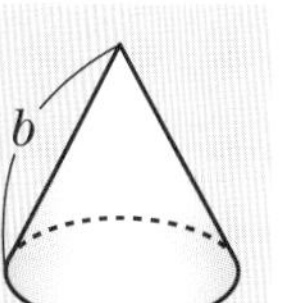

相似な2つの円柱があり，高さの比が3：5であるとき，←相似比は高さの比で，3：5

① 表面積の比を求める式は， 答9：25

② 体積の比を求める式は， 答27：125

数と計算

1 計算の順序と計算のきまり

入試必出例題　赤シートで答えをかくしてくり返し解こう！

計算の順序

●たし算・ひき算，かけ算・わり算，かっこの混じった式は，

かっこの中 ➡ かけ算・わり算 ➡ たし算・ひき算 の順に計算する。

●{ }，( ) など，かっこがいくつかあるときは，内側のかっこの中から先に計算する。

例題1 計算の順序

次の計算をしなさい。

(1) $45-3\times(12-6\div3)$　　(2) $3\times12-\{8+(50-7\times6)\}$

解き方 かっこの中でも，かけ算・わり算は，たし算・ひき算より先に計算する。

(1) $45-3\times(12-6\div3)$

$=45-3\times(12-2)$

$=45-3\times10$

$=45-30$

$=$ **15**

(2) $3\times12-\{8+(50-7\times6)\}$

$=36-\{8+(50-42)\}$

$=36-(8+8)$

$=36-16$

$=$ **20**

計算のきまり

●交換の法則　●＋▲＝▲＋●，●×▲＝▲×●

●結合の法則　(●＋▲)＋■＝●＋(▲＋■)，(●×▲)×■＝●×(▲×■)

●分配の法則　(●＋▲)×■＝●×■＋▲×■，(●－▲)×■＝●×■－▲×■

例題2 計算のくふう

次の計算をしなさい。

(1) $125\times7\times9\times8$　　(2) $43\times25+84\times75-75\times41$

解き方 計算のきまりを利用して，くふうして計算する。

(1) 交換の法則，結合の法則を利用する。

$125\times7\times9\times8$

$=7\times9\times125\times8$ ←交換の法則を利用

$=(7\times9)\times(125\times8)$

$=63\times1000$ ←結合の法則を利用

$=$ **63000**

(2) 分配の法則を利用する。

$43\times25+84\times75-75\times41$

$=43\times25+75\times(84-41)$ ←分配の法則を利用

$=43\times25+75\times43$

$=43\times(25+75)$ ←分配の法則を利用

$=43\times100=$ **4300**

音声をチェック！ 4ページ 1 整数のかけ算

▶解答は別冊２ページ

理解度確認ドリル

学習日　　月　　日

1 次の計算をしなさい。

□(1) $114 \div 6 - 4$

□(2) $8 \times 14 + 48 \div 16$

□(3) $15 \times 4 \div 12 - 3$

□(4) $7 \times (15 - 3) + (32 - 5) \div 9$

□(5) $(29 \times 3 + 104 \div 8) \times 5$

□(6) $54 \div 6 - (8 \times 4 - 2 \times 7) \div 3$

□(7) $150 - \{75 - (20 - 12) \div 8\} \times 2$

□(8) $5 \times \{13 - (2 + 4 \div 2)\} + 12 \div 3 \times 12 - 14$

2 次の計算をしなさい。

□(1) $9 \times 25 \times 3 \times 4$

□(2) $32 \times 5 \times 5 \times 125$

□(3) $41 \times 24 - 24 \times 36 + 24 \times 25$

□(4) $25 \times 3 + 50 \times 5 - 75 \times 3$

□(5) $20 \times 22 - 17 \times 22 + 22 \times 53 - 13 \times 44$

□(6) $5055 \times 514 - 2022 \times 235 - 1011 \times 40 \times 40$

□**3** **2** つの整数 **A**，**B** の和を **4** 倍してから **3** をひいた数を**A※B**と表すことにするとき，(**7※1**)※(**2※3**)を計算しなさい。

2 小数の計算

入試必出例題　赤シートで答えをかくしてくり返し解こう！

例題1 小数のたし算・ひき算

次の計算をしなさい。

(1) 12.47＋6.23　(2) 3.23－2.87　(3) 8－6.173

解き方 位(くらい)をそろえて書き，答えの小数点は，上の小数点にそろえてうつ。

(1)
```
  12.47
+  6.23
  18.70 ←末尾(まつび)の0を消す
```
(2)
```
  3.23
－2.87
  0.36 ←一の位に0を書く
```
(3)
```
  8.000 ←8.000と考える
－6.173
  1.827
```

例題2 小数のかけ算

次の計算をしなさい。

(1) 374×2.3　(2) 1.74×23.5　(3) 0.048×0.75

解き方 積(せき)の小数点は，小数点より右のけた数の和だけ，右から数えてうつ。

(1)
```
   374  ←0けた
×  2.3  ←1けた
  1122
  748
  860.2 ←1けた
```
(2)
```
     1.74 ←2けた
×  23.5   ←1けた
     870
    522
   348
  40.890  ←3けた
```
積の小数点をうってから，末尾の0を消す

(3)
```
   0.048 ←3けた
×  0.75  ←2けた
     240
    336
 0.03600 ←5けた
```
一の位に0を書き，積の小数点をうってから，末尾の0を2つ消す

例題3 小数のわり算

わり切れるまで計算しなさい。

(1) 9.52÷3.4　(2) 5.1÷6.8　(3) 9÷2.5

解き方 商の小数点は，わられる数の右に移(うつ)した小数点にそろえてうつ。

(1) 移した小数点にそろえて商の小数点をうつ
```
         2.8
3,4 ) 9,5.2   ←わる数の小数点を右に移して整数にし，わられる数の小数点も同じけた数だけ右に移す
      6 8
      2 7 2
      2 7 2
          0
```
(2) 0を書いて，小数点をうつ
```
         0.75
6,8 ) 5,1.0   ←わられる数に0をつけたしてわり進める
      4 7 6
        3 4 0
        3 4 0
            0
```
(3)
```
         3.6
2,5 ) 9,0     ←9は9.0と考える
      7 5
      1 5 0
      1 5 0
          0
```


音声をチェック！ 4ページ 2 小数のかけ算

▶解答は別冊 2 ページ

理解度確認ドリル

学習日　　月　　日

1 次の計算をしなさい。

□(1) $5.8+2.37$　　□(2) $5.38-4.7$　　□(3) $12-9.347$

□(4) 754×3.9　　□(5) 23.2×12.5　　□(6) 0.72×0.085

(7), (8)はわり切れるまで計算しなさい。(9)の商は小数第 **1** 位まで求めてあまりも出しなさい。

□(7) $25.28\div3.2$　　□(8) $12\div0.75$　　□(9) $8.8\div2.3$

2 次の計算をしなさい。

□(1) $6.21+8.33-4.5\times2.9$　　□(2) $3.5\times9.4-8.37\div2.7$

□(3) $1.5+(0.63-0.49)\div0.28$　　□(4) $4.2\div\{7\times0.3-(2.3-1.7)\times3\}$

□(5) $3.14\times4-3.14\times2+6.28\times4$　　□(6) $(0.55\times11+0.99\times5)\div0.11$

□(7) $5\times1.4+120\times0.14-0.07\times140$　　□(8) $2.34\times4.36+23.4\times0.389+0.234\times17.5$

3 □を求める計算

入試 必出 例題　赤シートで答えをかくしてくり返し解こう！

例題1 逆算の基本

次の□にあてはまる数を求めなさい。

(1) □＋16＝49　(2) 45＋□＝93
(3) □－24＝60　(4) 72－□＝57
(5) □×14＝84　(6) 15×□＝180
(7) □÷12＝60　(8) 50÷□＝2.5

解き方 (3)と(4)，また(7)と(8)では，逆算のしかたがちがうことに注意する。

(1) □＋16＝49
□＝49 － 16＝ **33**

(2) 45＋□＝93
□＝93 － 45＝ **48**

(3) □－24＝60
□＝60 ＋ 24＝ **84**

(4) 72－□＝57
□＝72 － 57＝ **15**

(5) □×14＝84
□＝84 ÷ 14＝ **6**

(6) 15×□＝180
□ ＝180 ÷ 15＝ **12**

(7) □÷12＝60
□＝60 × 12＝ **720**

(8) 50÷□＝2.5
□＝50 ÷ 2.5＝ **20**

□の求め方

- □と数のかけ算，わり算の部分はひとまとまりと考えて逆算する。
- □がある（　）の部分はひとまとまりと考えて逆算する。

例題2 複雑な式の□の求め方

次の□にあてはまる数を求めなさい。

(1) 135÷□＋15×4＝69　(2) 10＋(25＋□)÷(5－3)＝24

解き方 まず，計算できる部分があれば先に計算し，式を簡単にする。

(1) 135÷□＋15×4＝69 ←15×4を計算
135÷□＋60＝69
135÷□＝69－60＝9
□＝135÷9＝ **15**

(2) 10＋(25＋□)÷(5－3)＝24 ←5－3を計算
10＋(25＋□)÷2＝24
(25＋□)÷2＝24－10＝14
25＋□＝14×2＝28
□＝28－25＝ **3**

▶解答は別冊 3 ページ

理解度確認ドリル

学習日　　月　　日

1 次の□にあてはまる数を求(もと)めなさい。

□(1) $73+\square=111$

□(2) $\square\times8=96$

□(3) $\square\div3=24$

□(4) $54-\square=19$

□(5) $\square-2.9=7.8$

□(6) $\square+3.7=9.1$

□(7) $7\times\square=9.8$

□(8) $5.4\div\square=1.8$

2 次の□にあてはまる数を求めなさい。

□(1) $18-3\times5+\square\div4=31$

□(2) $42\div3-\square\times3\div2=5$

□(3) $(19-\square)\times5+6=81$

□(4) $243\div(\square\div12-4)=27$

□(5) $36-\{91\div(\square-9)\}=23$

□(6) $(12+4\times\square)\div4+16=24$

□(7) $25\times0.4\div12.5\div\square=0.5$

□(8) $3.8\times17.5-5.7\times\square=15.2$

□(9) $6-3.5\div(5-\square)=4.25$

□(10) $(56-\square\times1.5)\div1.6=20$

4 倍数と約数(1)

入試必出例題　赤シートで答えをかくしてくり返し解こう！

倍数

●3, 6, 9, 12, …のように，3に整数をかけてできる数を3の **倍数** という。

4, 8, 12, 16, …は **4** の倍数である。

参考　倍数の見分け方

- 2の倍数 ➡ 一の位の数が偶数
- 3の倍数 ➡ 各位の数の和が3の倍数
- 4の倍数 ➡ 下2けたが00か4の倍数
- 5の倍数 ➡ 一の位の数が0か5
- 6の倍数 ➡ 一の位の数が偶数で，各位の数の和が3の倍数
- 8の倍数 ➡ 下3けたが000か8の倍数
- 9の倍数 ➡ 各位の数の和が9の倍数

例題1　倍数

次の問いに答えなさい。

(1)　2けたの整数の中に，4の倍数は何個ありますか。

(2)　4けたの整数45□1が3の倍数であるとき，□にあてはまる数をすべて求めなさい。

解き方　(1)　1からAまでの整数の中のBの倍数の個数は，A÷Bの商で求めることができる。

99÷4＝24あまり3，9÷4＝2あまり1より，

2けたの整数の中に，4の倍数は，24－2＝ **22** (個)ある。

(2)　3の倍数は，各位の数の和が3の倍数だから，4＋5＋□＋1が3の倍数になればよい。

4＋5＋1＝10だから，10＋□が3の倍数となる1けたの数□は，□＝ **2, 5, 8**

公倍数と最小公倍数

●12, 24, 36, …のように，3の倍数でもあり4の倍数でもある数を，3と4の **公倍数** といい，公倍数のうち，いちばん小さい数を **最小公倍数** という。3と4の最小公倍数は **12** である。3と4の公倍数12, 24, 36, …は，最小公倍数12の倍数である。

例題2　公倍数の求め方

12と18の公倍数で，小さいほうから数えて7番目の数はいくつですか。

解き方　12の倍数は12, 24, 36, 48, …で，18の倍数は18, 36, 54, 72, …だから，

12と18の最小公倍数は36 ←一方の数の倍数を求めて，その中からもう一方の数の倍数を見つけてもよい

12と18の公倍数で，小さいほうから数えて7番目の数は，36×7＝ **252**

音声をチェック！　4～5ページ　4 倍数，5 倍数の見分け方，6 最小公倍数

▶解答は別冊 4 ページ

4 倍数と約数(1) 理解度確認ドリル

学習日　　月　　日

1 次の問いに答えなさい。

□(1) 13の倍数で，100に最も近い整数を求めなさい。

□(2) 100から200までの整数の中に，8 の倍数は何個ありますか。

□(3) 1 から200までの整数の中にある18の倍数の和を求めなさい。

2 次の問いに答えなさい。

□(1) 4 けたの整数182□が 4 の倍数であるとき，□にあてはまる数をすべて求めなさい。

□(2) 4 けたの整数23□4が 9 の倍数であるとき，□にあてはまる数をすべて求めなさい。

(3) 4 けたの整数53□□が 6 の倍数であるとき，次の問いに答えなさい。

□① 一の位の数が 2 であるとき，十の位の□にあてはまる数をすべて求めなさい。

□② □□にあてはまる 2 けたの数は，全部で何個ありますか。

3 次の問いに答えなさい。

□(1) 9 と15の公倍数で，小さいほうから数えて 8 番目の数はいくつですか。

□(2) 6 と 9 の公倍数で，500に最も近い数はいくつですか。

□(3) A☆BをAとBの最小公倍数と約束するとき，(8☆12)☆60はいくつですか。

5 倍数と約数(2)

入試必出例題　赤シートで答えをかくしてくり返し解こう！

約数（やくすう）

● 1, 2, 3, 4, 6, 12のように，12をわり切ることができる整数を12の **約数** という。

1, 2, 3, 6, 9, 18は **18** の約数である。

例題1　約数の求め方

32の約数をすべて求めなさい。

解き方 32を2つの整数の積の形で表すと，1×32, 2×16, 4×8だから，

32の約数は， **1, 2, 4, 8, 16, 32**

1×32
2×16
4× 8

公約数と最大公約数（こうやくすう　さいだいこうやくすう）

● 1, 2, 3, 6 のように，12の約数でもあり18の約数でもある数を，12と18の **公約数** といい，公約数のうち，いちばん大きい数を **最大公約数** という。12と18の最大公約数は **6** である。

12と18の公約数 1, 2, 3, 6 は，最大公約数 6 の約数である。

例題2　公約数の求め方

48と80の公約数をすべて求めなさい。

解き方 48の約数は，1, 2, 3, 4, 6, 8, 12, 16, 24, 48

80の約数は，1, 2, 4, 5, 8, 10, 16, 20, 40, 80だから，

48と80の公約数は， **1, 2, 4, 8, 16**　←一方の数の約数を求めて，その中からもう一方の数の約数を見つけてもよい

素数（そすう）

● 2, 3, 5, 7, 11, …のように，約数が1とその数自身の 2 個しかない数を **素数** という。ただし，1は素数にはふくめない。

例題3　素数の利用

1 から100までの整数の中で，約数が 3 個しかない数をすべて求めなさい。

解き方 4(＝2×2)の約数は，1, 2, 4 の 3 個しかない。

また，9(＝3×3)の約数は，1, 3, 9 の 3 個しかない。

このように，同じ素数を 2 回かけてできる数の約数は 3 個しかないから，

1 から100までの整数の中で，約数が 3 個しかない数は， **4, 9, 25, 49**

音声をチェック！ 5ページ 7 約数, 8 最大公約数, 9 素数

▶解答は別冊 4 ページ

5　倍数と約数(2)　理解度確認ドリル

学習日　　月　　日

1　次の問いに答えなさい。

□(1)　54の約数(やくすう)をすべて求(もと)めなさい。

□(2)　60の約数のうち，偶数(ぐうすう)は何個(なんこ)ありますか。

2　次の問いに答えなさい。

□(1)　36と90の公約数をすべて求めなさい。

□(2)　48と72の公約数をすべてたすといくつになりますか。

3　次の問いに答えなさい。

□(1)　1 から20までの整数の中にある素数(そすう)を，小さい順(じゅん)にすべて書きなさい。

□(2)　1 から50までの整数の中にある素数を小さい順に並(なら)べたとき，途中(とちゅう)の 3 つ並んだ素数の和は83になりました。この 3 つの素数を小さい順に答えなさい。

4　次の問いに答えなさい。

□(1)　30以下(いか)の整数の中で，約数が 4 個しかない数をすべて求めなさい。

ヒント　$2\times3=6$や$2\times5=10$の約数は 4 個しかない。また，$2\times2\times2=8$の約数も 4 個しかない。

□(2)　約数を 5 個持つ整数のうち，4 番目に小さい数を求めなさい。

ヒント　$2\times2\times2\times2=16$には，約数が 5 個ある。

数と計算

6 倍数と約数(3)

入試必出例題　赤シートで答えをかくしてくり返し解こう！

例題1 公倍数，公約数の利用

次の問いに答えなさい。

(1) 縦6cm，横9cmの長方形のタイルを同じ向きにすきまなく並べて，できるだけ小さい正方形をつくります。長方形のタイルは，全部で何枚必要ですか。

(2) 縦27cm，横45cmの長方形の紙を，紙のあまりが出ないように，同じ大きさのできるだけ大きい正方形に切り分けます。正方形は，全部で何個できますか。

解き方 (1) できるだけ小さい正方形の1辺の長さは，6と9の最小公倍数の18cmになるから，
必要なタイルの枚数は，$(18\div6)\times(18\div9)=3\times2=$ **6** (枚)

(2) できるだけ大きい正方形の1辺の長さは，27と45の最大公約数の9cmになるから，
できる正方形の個数は，$(27\div9)\times(45\div9)=3\times5=$ **15** (個)

例題2 連除法

3つの数12，18，48の最大公約数と最小公倍数を求めなさい。

解き方 最大公約数や最小公倍数は，次の連除法で求めることができる。

2)	12	18	48
3)	6	9	24
2)	2	3	8
	1	3	4

① 数を横に並べて書き，3つの数の公約数でそれぞれの数をわり，1以外に3つの数の公約数がなくなるまで，これを続ける。

② 最大公約数は，わった公約数の積を求めて，$2\times3=$ **6**

③ 残った2つの数に公約数があれば，それでわり，われない数はそのまま下ろす。

④ 最小公倍数は，わった数とそれぞれの商をすべてかけて，$6\times2\times1\times3\times4=$ **144**

例題3 最大公約数と最小公倍数の関係

63とある整数Aの最大公約数が21，最小公倍数が315のとき，Aはいくつですか。

解き方 最大公約数が21，最小公倍数が315だから，右の連除法より，

21)	63	A
	3	□

$21\times3\times□=315$，$□=315\div3\div21=5$　よって，$A=21\times5=$ **105**

〈別解〉2つの整数A，Bについて，最大公約数をG，最小公倍数をLとすると，

A×B＝G×L　が成り立つ。

これを利用すると，$63\times A=21\times315$，$A=21\times315\div63=$ **105**

▶解答は別冊 5 ページ

6　倍数と約数(3)　理解度確認ドリル

学習日　　月　　日

1　次の問いに答えなさい。

□(1)　縦(たて) 4 cm，横 3 cm，高さ 6 cmの直方体を，縦にも横にもすきまなく並(なら)べ，さらに上にも積(つ)み重ねて，できるだけ小さい立方体をつくります。もとの直方体は何個必要(なんこひつよう)ですか。

＿＿＿＿＿＿

□(2)　縦20cm，横40cm，高さ15cmの直方体の角材を，あまりが出ないように，同じ大きさのできるだけ大きい立方体に切り分けます。立方体は全部で何個できますか。

＿＿＿＿＿＿

2　遊園地行きのバスは 6 分ごとに，動物園行きのバスは 9 分ごとに，博物館(はくぶつかん)行きのバスは15分ごとに駅を出発します。この 3 方面行きの始発のバスは，午前 7 時に同時に駅を出発します。

□(1)　始発の次に，3 方面行きのバスが同時に駅を出発するのは，午前何時何分ですか。

＿＿＿＿＿＿

□(2)　始発の後，午後 6 時までに，3 方面行きのバスが同時に駅を出発するのは何回ありますか。

＿＿＿＿＿＿

3　次の数の最大公約数(さいだいこうやくすう)と最小公倍数(さいしょう)を求(もと)めなさい。

(1)　420，660

□最大公約数＿＿＿＿＿＿

□最小公倍数＿＿＿＿＿＿

(2)　78，104，156

□最大公約数＿＿＿＿＿＿

□最小公倍数＿＿＿＿＿＿

4　次の問いに答えなさい。

□(1)　整数Aと60の最大公約数が12，最小公倍数が420であるとき，Aはいくつですか。

＿＿＿＿＿＿

□(2)　3 つの整数A，42，66の最大公約数が 6，最小公倍数が1386であるとき，Aはいくつですか。

＿＿＿＿＿＿

□(3)　最大公約数が17で，和が153であるような2つの整数A，Bの組は何組ありますか。

＿＿＿＿＿＿

7 分数の計算(1)

入試必出例題 赤シートで答えをかくしてくり返し解こう！

分数のたし算・ひき算

●分数の分母と分子を同じ数でわって，分母の小さい分数にすることを，**約分**(やくぶん)するという。
　約分するときは，ふつう，分母と分子をそれらの最大公約数(さいだいこうやくすう)でわる。

●分母がちがう分数を，分母が同じ分数になおすことを，**通分**(つうぶん)するという。
　通分するときは，ふつう，分母の最小(さいしょう)公倍数を分母にする。

●分母がちがう分数のたし算・ひき算は，通分してから計算する。

例題1 分数のたし算・ひき算

次の計算をしなさい。

(1) $1\frac{5}{6}+\frac{5}{21}$　(2) $3\frac{1}{12}-1\frac{3}{20}$　(3) $\frac{7}{8}-\frac{2}{3}+\frac{5}{12}$

解き方 答えが約分できるときは，約分してできるだけ簡単(かんたん)な分数（既約分数(きやくぶんすう)）にする。

(1) $1\frac{5}{6}+\frac{5}{21}$
$=1\frac{35}{42}+\frac{10}{42}=1\frac{45}{42}$
$=2\frac{\cancel{3}^{1}}{\cancel{42}_{14}}=\mathbf{2\frac{1}{14}}$

(2) $3\frac{1}{12}-1\frac{3}{20}$
$=3\frac{5}{60}-1\frac{9}{60}=2\frac{65}{60}-1\frac{9}{60}$
$=1\frac{\cancel{56}^{14}}{\cancel{60}_{15}}=\mathbf{1\frac{14}{15}}$

(3) $\frac{7}{8}-\frac{2}{3}+\frac{5}{12}$
$=\frac{21}{24}-\frac{16}{24}+\frac{10}{24}$
$=\frac{\cancel{15}^{5}}{\cancel{24}_{8}}=\mathbf{\frac{5}{8}}$

分数のかけ算・わり算

●分数のかけ算は，分母どうし，分子どうしをかける。

●分数のわり算は，わる数の分母と分子を入れかえた数（逆数(ぎゃくすう)）をかける。

例題2 分数のかけ算・わり算

次の計算をしなさい。

(1) $1\frac{4}{5}\times\frac{10}{27}$　(2) $\frac{3}{4}\div2\frac{5}{8}$　(3) $\frac{4}{9}\times\frac{3}{10}\div\frac{8}{25}$

解き方 帯分数(たいぶんすう)は仮分数(かぶんすう)になおし，約分できるときは，計算の途中(とちゅう)で約分する。

(1) $1\frac{4}{5}\times\frac{10}{27}=\frac{9}{5}\times\frac{10}{27}$
$=\frac{\cancel{9}^{1}\times\cancel{10}^{2}}{\cancel{5}_{1}\times\cancel{27}_{3}}=\mathbf{\frac{2}{3}}$

(2) $\frac{3}{4}\div2\frac{5}{8}=\frac{3}{4}\div\frac{21}{8}$
$=\frac{\cancel{3}^{1}\times\cancel{8}^{2}}{\cancel{4}_{1}\times\cancel{21}_{7}}=\mathbf{\frac{2}{7}}$

(3) $\frac{4}{9}\times\frac{3}{10}\div\frac{8}{25}$
$=\frac{\cancel{4}^{1}\times\cancel{3}^{1}\times\cancel{25}^{5}}{\cancel{9}_{3}\times\cancel{10}_{2}\times\cancel{8}_{2}}=\mathbf{\frac{5}{12}}$

音声をチェック！ 6ページ 10 約分，11 通分，12 逆数

▶解答は別冊 5 ページ

理解度確認ドリル

学習日　　月　　日

1 次の計算をしなさい。

□(1) $\frac{5}{8}+2\frac{7}{12}$

□(2) $5\frac{1}{5}-4\frac{1}{4}$

□(3) $3\frac{1}{2}+2\frac{2}{3}-2\frac{3}{5}$

□(4) $2\frac{2}{9}\times3\frac{3}{4}$

□(5) $2\frac{1}{12}\div3\frac{1}{3}$

□(6) $\frac{4}{5}\div\frac{7}{15}\times\frac{21}{32}$

2 次の計算をしなさい。

□(1) $1\frac{3}{4}+1\frac{3}{14}\times3\frac{1}{2}$

□(2) $\frac{5}{9}\times1\frac{3}{10}-2\frac{5}{8}\div3\frac{3}{4}$

□(3) $\frac{5}{6}\div1\frac{2}{3}-\left(\frac{3}{4}-\frac{1}{3}\right)$

□(4) $3\frac{1}{4}+\left(4\frac{1}{6}-\frac{2}{3}\right)\div4\frac{2}{3}$

□(5) $\left(1\frac{1}{2}+2\frac{2}{3}\right)\div3\frac{3}{4}\times4\frac{4}{5}$

□(6) $\left(\frac{7}{9}-\frac{3}{5}\right)\div\frac{4}{15}+1\frac{2}{5}\times\frac{1}{7}$

3 次の□にあてはまる数を求(もと)めなさい。

□(1) $3\div\left(\frac{3}{5}-\frac{1}{2}\right)\div\square=\frac{5}{7}$

□(2) $\frac{3}{2}\times\left(\frac{3}{4}\times\square+\frac{1}{3}\right)=\frac{19}{20}$

数と計算

8 分数の計算(2)

入試必出例題　赤シートで答えをかくしてくり返し解こう！

例題1　整数のかけ算・わり算が混じった式の計算と分数

$9 \div 48 \times 6 \div 3$を計算しなさい。

解き方　かける数を分子，わる数を分母とする分数のかけ算の形になおして約分する。

$$9 \div 48 \times 6 \div 3 = \frac{\overset{3}{\cancel{9}} \times \overset{1}{\cancel{6}}}{\underset{8}{\cancel{48}} \times \underset{1}{\cancel{3}}} = \mathbf{\frac{3}{8}}$$

小数と分数

- 小数を分数になおすには，分母を10，100，…とする分数になおし，約分すればよい。
- 分数を小数になおすには，分子を分母でわればよい。

例題2　小数と分数が混じった式の計算

次の計算をしなさい。

(1)　$3.8 + \frac{2}{5} + 1.6$

(2)　$0.8 \div \frac{3}{8} \times 0.625$

解き方　小数と分数の混じった式は，計算が簡単になるほうにそろえて計算すればよい。ただし，分数を正確な小数になおせないときは，分数にそろえて計算する。

(1)　$3.8 + \frac{2}{5} + 1.6$

$= 3.8 + 0.4 + 1.6 = \mathbf{5.8}$

(2)　$0.8 \div \frac{3}{8} \times 0.625 = \frac{4}{5} \times \frac{8}{3} \times \frac{5}{8}$

$= \frac{4 \times \overset{1}{\cancel{8}} \times \overset{1}{\cancel{5}}}{\underset{1}{\cancel{5}} \times 3 \times \underset{1}{\cancel{8}}} = \frac{4}{3} = \mathbf{1\frac{1}{3}}$

例題3　いろいろな計算

次の計算をしなさい。

(1)　$24 \times \left(\frac{3}{8} + \frac{5}{6} - \frac{7}{12}\right)$

(2)　$\frac{1}{2 \times 3} + \frac{1}{3 \times 4} + \frac{1}{4 \times 5}$

解き方　(1)は分配の法則を利用する。(2)は$\frac{1}{2 \times 3} = \frac{1}{2} - \frac{1}{3}$を利用する。

(1)　$24 \times \left(\frac{3}{8} + \frac{5}{6} - \frac{7}{12}\right)$

$= 24 \times \frac{3}{8} + 24 \times \frac{5}{6} - 24 \times \frac{7}{12}$

$= 9 + 20 - 14 = \mathbf{15}$

(2)　$\frac{1}{2 \times 3} + \frac{1}{3 \times 4} + \frac{1}{4 \times 5}$

$= \left(\frac{1}{2} - \cancel{\frac{1}{3}}\right) + \left(\cancel{\frac{1}{3}} - \cancel{\frac{1}{4}}\right) + \left(\cancel{\frac{1}{4}} - \frac{1}{5}\right)$

$= \frac{1}{2} - \frac{1}{5} = \frac{5}{10} - \frac{2}{10} = \mathbf{\frac{3}{10}}$

▶解答は別冊 6 ページ

8 分数の計算(2) 理解度確認ドリル

学習日 月 日

1 次の計算をしなさい。

□(1) $36 \div 51 \div 25 \times 85 \div 54$

□(2) $35 \times 48 \div 12 \div 7 \times 6 \div 4$

2 次の計算をしなさい。

□(1) $11 \times 1\frac{4}{5} + 4.2$

□(2) $5 - \frac{2}{5} \times 1.125 \div \frac{9}{10}$

□(3) $\frac{5}{16} \div \left\{0.375 \times \left(0.75 - \frac{1}{6}\right)\right\} + \frac{2}{7}$

□(4) $\left(1\frac{1}{2} + 0.75\right) \div \frac{1}{3} - 0.875 \times 4\frac{2}{7}$

3 次の計算をしなさい。

□(1) $36 \times \left(\frac{4}{9} - \frac{5}{12} + \frac{7}{18}\right)$

□(2) $\frac{1}{9} \times 6.4 + 2\frac{2}{9} \times 9.6 - \frac{8}{9} \times 3.2$

□(3) $\frac{1}{5 \times 6} + \frac{1}{6 \times 7} + \frac{1}{7 \times 8} + \frac{1}{8 \times 9}$

□(4) $\frac{2}{15} + \frac{2}{35} + \frac{2}{63} + \frac{2}{99}$

4 次の□にあてはまる数を求(もと)めなさい。

□(1) $5\frac{1}{3} - (2.25 - \square) \times 3 = \frac{5}{6}$

□(2) $\frac{2}{3} \div \left\{\left(\square - \frac{1}{3}\right) \times 5 + 2.5\right\} = \frac{1}{5}$

数と計算

9 整数の問題(1)

入試必出例題　赤シートで答えをかくしてくり返し解こう！

例題1 倍数と倍数でない数

1から100までの整数の中に，5の倍数でも6の倍数でもない数はいくつありますか。

解き方 1から100までの整数の中に，

5の倍数は，100÷5＝20(個)

6の倍数は，100÷6＝16あまり4より，16個。

5と6の公倍数(最小公倍数30の倍数)は，

100÷30＝3あまり10より，3個。

したがって，5の倍数でも6の倍数でもない数は，

100－(20＋16－3)＝100－33＝**67**(個)

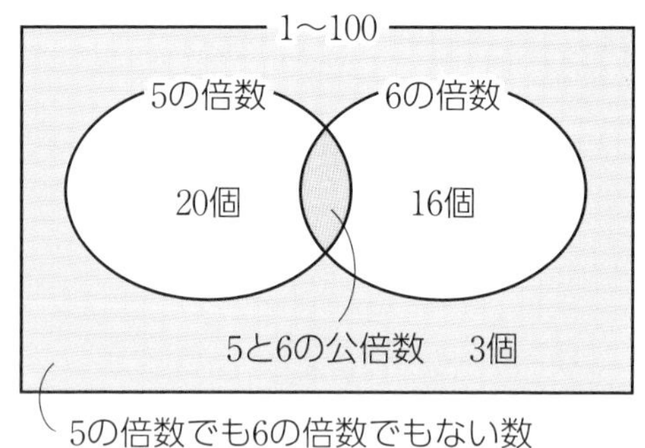

例題2 あまりの問題①(わられる数を求める)

4でわると3あまり，6でわると5あまる整数のうち，100に最も近い数を求めなさい。

解き方 わる数とあまりの差に着目する。

4－3＝1，6－5＝1より，4でわると3あまり，6でわると5あまる整数は，1をたすと，

4でも6でもわり切れる整数だから，4と6の公倍数から1をひいた数である。

4と6の最小公倍数は12だから，100÷12＝8あまり4より，100に近い数は，

12×8－1＝95，12×(8＋1)－1＝107 ← 100前後の2つの数を求めて比べる

100－95＝5，107－100＝7より，100に最も近い数は，**95**

例題3 あまりの問題②(わる数を求める)

45をわると3あまり，65をわると2あまる整数をすべて求めなさい。

解き方 あまりは，わる数より小さいことに注意する。

45をわると3あまる整数は，(45－3＝)42の約数のうち，あまりの3より大きい数で，

65をわると2あまる整数は，(65－2＝)63の約数のうち，あまりの2より大きい数である。

したがって，求める数は，42と63の公約数のうち，3より大きい数である。

42と63の公約数は，最大公約数21の約数で，1，3，7，21

このうち，3より大きい数は，**7，21**

▶解答は別冊7ページ

9 整数の問題(1) 理解度確認ドリル

学習日　　月　　日

1 次の問いに答えなさい。

□(1) 1から200までの整数の中に，4でわり切れて，7でわり切れない数は何個(なんこ)ありますか。

ヒント 4でわり切れる数の個数から，4でも7でもわり切れる数の個数をひけばよい。

□(2) 1から100までの整数の中に，3または5でわり切れる数は何個ありますか。

□(3) 1から300までの整数の中に，6でも8でもわり切れない数は何個ありますか。

2 次の問いに答えなさい。

□(1) 3でわっても4でわっても2あまる整数のうち，100に最(もっと)も近い数を求(もと)めなさい。

□(2) 6でわると4あまり，8でわると6あまる整数のうち，200に最も近い数を求めなさい。

□(3) 5でわると3あまり，6でわると1あまる2けたの整数をすべて求めなさい。

ヒント あまりに共通点(きょうつうてん)がないので，一方の整数を書き出し，その中からもう一方の整数を見つける。

3 次の問いに答えなさい。

□(1) 52をわっても76をわっても4あまる整数をすべて求めなさい。

ヒント 求める数は52−4と76−4の公約数(こうやくすう)のうち，あまりの4より大きい整数である。

□(2) 62をわると6あまり，130をわると4あまる整数のうち，最も小さい数を求めなさい。

□(3) 38をわっても50をわってもあまりが等しくなる整数をすべて求めなさい。

ヒント 求める数は，50−38をわり切る整数である。

10 整数の問題(2)

入試必出例題 赤シートで答えをかくしてくり返し解こう！

例題1 同じ数の積の一の位の数字

2を50回かけてできる数の一の位の数字はいくつですか。

解き方 2を次々にかけていったとき，積の一の位の数字は，

2，4，8，6の4個の数字のくり返しになる。

2を50回かけてできる数の一の位の数字は，

$50\div4=12$あまり2より，

4個の数字を12回くり返した後の2番目の数字で，**4**

2
$2\times2=4$
$2\times2\times2=8$
$2\times2\times2\times2=16$
$2\times2\times2\times2\times2=32$
$2\times2\times2\times2\times2\times2=64$
⋮

例題2 連続する整数の積の一の位から続く0の個数

20から30までの整数をすべてかけてできる数は，一の位から0が何個続きますか。

解き方 $2\times5=10$より，$20\times21\times\cdots\times30$を素数の積に分解したとき，$2\times5$が何組あるかを考える。

2の個数は5の個数より明らかに多いので，5が何個あるかを求めればよい。

20～30の整数の中に，5の倍数は20，25，30の3個，5×5の倍数は25の1個あるから，

$20\times21\times\cdots\times30$を素数の積に分解したとき，5の個数は，$3+1=4$(個)ある。

したがって，20～30の整数をすべてかけてできる数は，一の位から0が **4** 個続く。

例題3 N進法

次のように，□と■を5つ並べて整数を表すことにするとき，下の問いに答えなさい。

□□□□□＝0　□□□□■＝1　□□□■□＝2　□□□■■＝3　□□■□□＝4

□□■□■＝5　□□■■□＝6　□□■■■＝7　□■□□□＝8　……

(1) ■□□■■はいくつですか。

(2) 26を□と■を5つ並べて表しなさい。

解き方 この表し方は，2倍するごとに位が1つ左に進む **2進法** で，

□はその位が0であることを，■はその位が1であることを表している。

(1) ■□□■■ $=1\times16+0\times8+0\times4+1\times2+1\times1=16+2+1=$ **19**

(2) 26を16，8，4，2，1，0を使った和で表すと，

$26=16+8+0+2+0=$ **■■□■□**

□□□□□
↑↑↑↑↑
16の位　8の位　4の位　2の位　1の位

▶解答は別冊 8 ページ

10　整数の問題(2)　理解度確認ドリル

学習日　　月　　日

1　次の問いに答えなさい。

□(1)　4 を25回かけてできる数の一の位(くらい)の数字はいくつですか。

____

□(2)　3 を100回かけてできる数の一の位の数字はいくつですか。

____

2　次の問いに答えなさい。

□(1)　1 から100までの整数をすべてかけてできる数は，一の位から 0 が何個続(なんこつづ)きますか。

____

□(2)　1 から500までの整数をすべてかけてできる数は，一の位から 0 が何個続きますか。

____

□(3)　2 から100までの偶数(ぐうすう)をすべてかけてできる数は，一の位から 0 が何個続きますか。

____

3　次のように，□と■を 8 つ並(なら)べて整数を表すことにするとき，下の問いに答えなさい。

□□□□ □□□□	□□□□ □□□■	□□□■ □□□□	□□□■ □□□■	□□□□ □□■□	□□□□ □□■■	□□□■ □□■□
0	1	2	3	4	5	6
□□□■ □□■■	□□■□ □□□□	□□■□ □□□■	□□■□ □□■□	□□□□ □■□□	□□□□ ■□□□	□■□□ ■□■□
7	8	9	12	16	64	100

□(1)　この表し方で表せる最大(さいだい)の整数はいくつですか。

ヒント　8 つすべて■であるときはいくつかを考える。

____

□(2)　■□■□
□■□■　はいくつですか。

____

□(3)　225を□と■を8つ並べて表しなさい。

ヒント　225を 0，1，2，3 と64，16，4，1 の積の和で表してみる。

____

数と計算

11 小数，分数の問題

入試必出例題　赤シートで答えをかくしてくり返し解こう！

例題1 循環(じゅんかん)する小数

2÷7の商を小数で表したとき，小数第40位の数字はいくつですか。

解き方 2÷7＝0.28571428…より，小数点以下は，285714の6個の数字のくり返しになる。

小数第40位の数字は，40÷6＝6あまり4より，

6個の数字を6回くり返した後の4番目の数字で，**7**

例題2 積(せき)を整数にする分数

$\frac{14}{15}$にかけても$\frac{35}{18}$にかけても積が整数となる分数のうち，最も小さいものを求めなさい。

解き方 求める分数の分母は，14と35の最大公約数(さいだいこうやくすう)で7，

分子は，15と18の最小公倍数(さいしょうこうばいすう)で90だから，

求める分数は，$\frac{90}{7}=$ $\mathbf{12\frac{6}{7}}$

$\frac{14\times○}{15\times□}$ ←15の倍数 ←14の約数

$\frac{35\times○}{18\times□}$ ←18の倍数 ←35の約数

例題3 2つの分数の間にある分数

$\frac{7}{12}$より大きく，$\frac{2}{3}$より小さい分数で，分母が5である分数を求めなさい。

解き方 条件(じょうけん)にあう分数の分子を□とすると，$\frac{7}{12}<\frac{□}{5}<\frac{2}{3}$

分母を5にそろえると，$\frac{7\times5\div12}{12\times5\div12}<\frac{□}{5}<\frac{2\times5\div3}{3\times5\div3}$，$\frac{2.9\cdots}{5}<\frac{□}{5}<\frac{3.3\cdots}{5}$

↑分母を5にそろえるには，分母と分子に5をかけて，分母と分子をもとの分母でわればよい

□＝3だから，求める分数は，$\mathbf{\frac{3}{5}}$

例題4 分母と分子の和

分母と分子の和が132で，約分すると$\frac{7}{15}$となる分数を求めなさい。

解き方 求める分数の分母と分子の和は，約分した分数の分母と分子の和の

132÷(15＋7)＝132÷22＝6(倍)になっているから，この分数は，$\frac{7\times6}{15\times6}=$ $\mathbf{\frac{42}{90}}$

▶解答は別冊 9 ページ

理解度確認ドリル

学習日　　月　　日

1 次の問いに答えなさい。

□(1) $\frac{9}{37}$を小数で表すとき，小数第50位(い)の数字はいくつですか。

□(2) $\frac{4}{41}$を小数で表すとき，小数第99位の数字はいくつですか。

2 次の問いに答えなさい。

□(1) $\frac{3}{4}$をかけても$2\frac{2}{5}$をかけても積(せき)が整数となる分数のうち，最(もっと)も小さいものを求(もと)めなさい。

□(2) $\frac{54}{175}$でわっても$\frac{35}{72}$をかけても，商や積が整数となる分数のうち，最も小さいものを求めなさい。

3 次の問いに答えなさい。

□(1) $\frac{3}{4}$より大きく，$\frac{4}{5}$より小さい分数で，分母が13である分数を求めなさい。

□(2) $\frac{1}{12} < \frac{2}{A} < \frac{1}{3}$を満(み)たす整数Aは何個(なんこ)ありますか。ただし，$\frac{2}{A}$は既約(きやく)分数とします。

4 次の問いに答えなさい。

□(1) 分子と分母の差(さ)が81で，約分(やくぶん)すると$\frac{2}{5}$になる分数を求めなさい。

□(2) $\frac{5}{23}$の分母と分子に同じ数をたして約分すると，$\frac{4}{7}$になりました。たした数はいくつですか。

ヒント　分母と分子の差が等しくなるように，$\frac{4}{7}$の分母と分子に同じ数をかける。

12 時間の単位と計算

入試必出例題　赤シートで答えをかくしてくり返し解こう！

例題1　時間の単位

12345秒は，何時間何分何秒ですか。

解き方 12345秒は，12345÷60＝205あまり45より，205分45秒 ←秒を分と秒になおす

205分は，205÷60＝3あまり25より，3時間25分だから， ←分を時間と分になおす

12345秒は，**3**時間**25**分**45**秒

例題2　時間のたし算・ひき算

次の□にあてはまる数を求めなさい。

(1) 1時間28分18秒＋3時間47分53秒＝□時間□分□秒

(2) 4時間14分32秒－1時間39分57秒＝□時間□分□秒

解き方 (1) 同じ単位ごとにたし算をして，下の単位から順にくり上げていく。

1時間28分18秒＋3時間47分53秒＝4時間75分71秒

＝4時間76分11秒＝**5**時間**16**分**11**秒

(2) 同じ単位ごとにひき算ができるように，上の単位から順にくり下げていく。

4時間14分32秒－1時間39分57秒＝4時間13分92秒－1時間39分57秒

＝3時間73分92秒－1時間39分57秒＝**2**時間**34**分**35**秒

例題3　時間のかけ算・わり算

次の□にあてはまる数を求めなさい。

(1) 3時間27分35秒×3＝□時間□分□秒

(2) 12時間45分÷5＝□時間□分

(3) 14時間36分÷□＝2時間26分

解き方 (1) 3時間27分35秒×3＝9時間81分105秒＝9時間82分45秒

＝**10**時間**22**分**45**秒

(2) 12時間45分÷5＝10時間165分÷5＝**2**時間**33**分 ←時間を5の倍数にする

(3) 14時間36分÷□＝2時間26分

□＝14時間36分÷2時間26分＝876分÷146分＝**6**

音声をチェック！ 7ページ 14 時間の単位

▶解答は別冊 10 ページ

理解度確認ドリル

学習日　　月　　日

1 次の□にあてはまる数を求めなさい。

□(1) 3 時間27分31秒＝□秒

______

□(2) 55555秒＝□時間□分□秒

______時間______分______秒

□(3) 48245分＝□日□時間□分

______日______時間______分

□(4) 0.58日＝□時間□分□秒

______時間______分______秒

2 次の□にあてはまる数を求めなさい。

□(1) 2 時間56分43秒＋5 時間18分27秒＝□時間□分□秒

______時間______分______秒

□(2) 6 時間 3 分 8 秒－2 時間46分19秒＝□時間□分□秒

______時間______分______秒

□(3) 5 時間5分5秒＋2.24時間－$4\frac{5}{8}$時間＝□時間□分□秒

ヒント　0.24時間は60×0.24(分)，$\frac{5}{8}$時間は60×$\frac{5}{8}$(分)である。

______時間______分______秒

3 次の□にあてはまる数を求めなさい。

□(1) 5 時間35分25秒×3＝□時間□分□秒

______時間______分______秒

□(2) 6 時間17分30秒÷5＝□時間□分□秒

______時間______分______秒

□(3) 13時間48分÷2時間18分＝□

______

□(4) 1 日12時間12分÷36秒＝□

______

□(5) 34分12秒×□＝4時間33分36秒

______

□(6) 4 時間 1 分17秒÷□＝7 分47秒

______

13 メートル法の単位と計算

入試必出例題 赤シートで答えをかくしてくり返し解こう！

例題1 長さの計算

次の□にあてはまる数を求めなさい。

0.03km＋87m－250cm＝□m

解き方 1km＝ 1000 m，1m＝ 100 cm，1cm＝ 10 mm

0.03km＋87m－250cm＝30m＋87m－2.5m＝ 114.5 m

例題2 重さの計算

次の□にあてはまる数を求めなさい。

0.45t－13.8kg＋3200g＝□kg

解き方 1t＝ 1000 kg，1kg＝ 1000 g，1g＝ 1000 mg

0.45t－13.8kg＋3200g＝450kg－13.8kg＋3.2kg＝ 439.4 kg

例題3 面積の計算

次の□にあてはまる数を求めなさい。

(1) 0.0032km^2＋180a＝□ha

(2) 0.06ha＋0.45a－500000cm^2＝□m^2

解き方 1km^2＝ 100 ha，1ha＝ 100 a，1a＝ 100 m^2，1m^2＝ 10000 cm^2

(1) 0.0032km^2＋180a＝0.32ha＋1.8ha＝ 2.12 ha

(2) 0.06ha＋0.45a－500000cm^2＝600m^2＋45m^2－50m^2＝ 595 m^2

例題4 体積の計算

次の□にあてはまる数を求めなさい。

(1) 3dL＋0.07L－280mL＝□cm^3

(2) 4.5m^3÷180－150cm^3×12＝□L

解き方 1kL＝ 1000 L，1L＝ 10 dL＝ 1000 mL，1dL＝ 100 mL

1kL＝ 1 m^3，1L＝ 1000 cm^3，1dL＝ 100 cm^3，1mL＝ 1 cm^3

(1) 3dL＋0.07L－280mL＝300cm^3＋70cm^3－280cm^3＝ 90 cm^3

(2) 4.5m^3÷180－150cm^3×12＝4500L÷180－0.15L×12＝25L－1.8L＝ 23.2 L

音声をチェック！ 7ページ 15 長さの単位，16 重さの単位，17 面積の単位，18 体積の単位

▶解答は別冊 10 ページ

理解度確認ドリル

学習日　　月　　日

1 次の□にあてはまる数を求(もと)めなさい。

□(1) 0.1234km＋1234cm＋1234mm＝□m

□(2) 19280cm＋0.25km－□m＝10.7m

2 次の□にあてはまる数を求めなさい。

□(1) 1220g＋0.0035t＋2.4kg＝□g

□(2) 0.31t－□kg＋2500g＝17.5kg

3 次の□にあてはまる数を求めなさい。

□(1) 5.5a＋2.5ha＋100000cm^2＝□m^2

□(2) 0.12km^2－520a＋300m^2＝□ha

□(3) □ha－3800m^2－862a＝15ha

□(4) (22.2m^2＋3280cm^2)÷3.2m^2＝□

4 次の□にあてはまる数を求めなさい。

□(1) 0.4L＋2dL＋150cm^3＝□mL

□(2) 1.2L－720cm^3＋85dL＝□m^3

□(3) 0.00036m^3＋□cm^3－4.2dL＝0.51L

□(4) 0.035m^3×43－1125L＋580dL＝□dL

□ **5** 次の□にあてはまる数を求めなさい。

24cm×0.6m＋□cm×0.32m＝0.4m^2

ヒント 長さの単位(たんい)をcm，面積(めんせき)の単位をcm^{2}になおす。

14 和差算，分配算

入試必出例題 赤シートで答えをかくしてくり返し解こう！

●和差算（わさざん）は，数量（すうりょう）の大きさを線分（せんぶん）の長さで表した**線分図**をかき，線分の長さをそろえて考える。

例題1 2つの数量の和差算

和が69，差が17である2つの数を求（もと）めなさい。

解き方 線分図に表すと，右のようになる。

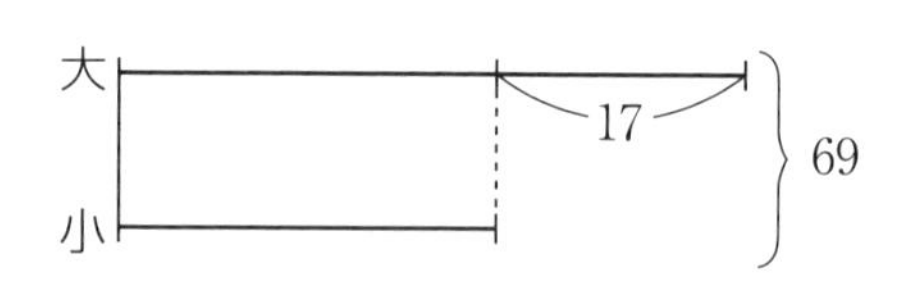

大きいほうの数の2倍は，69＋17＝86だから，

大きいほうの数は，86÷2＝**43** ←大＝(和＋差)÷2

小さいほうの数の2倍は，69－17＝52だから，

小さいほうの数は，52÷2＝**26** ←小＝(和－差)÷2 ※69－43＝26や43－17＝26と求めてもよい。

例題2 3つの数量の和差算

A，B，C 3つの数があり，その和は120です。BはAより15小さく，CはAより9大きいとき，A，B，C 3つの数を求めなさい。

解き方 線分図に表すと，右のようになる。

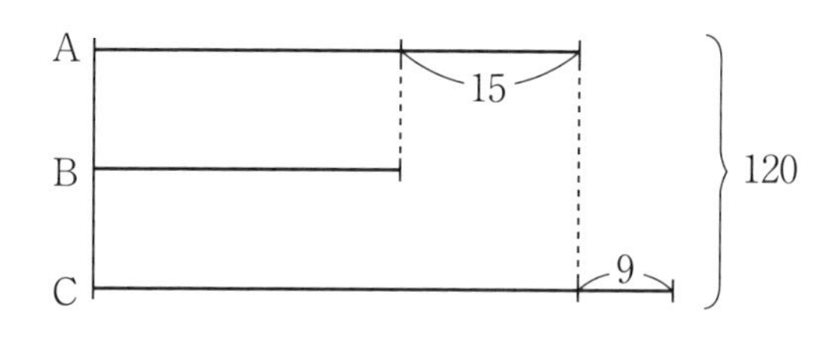

Aの3倍は，120＋15－9＝126だから，

A＝126÷3＝**42**

B＝A－15＝42－15＝**27**

C＝A＋9＝42＋9＝**51**

●分配算（ぶんぱいざん）は，いちばん小さい数量を①として，数量の関係（かんけい）を線分図に表して考える。

例題3 分配算

60枚（まい）のカードを兄と弟で分けたら，兄の枚数は弟の枚数の3倍より8枚多くなりました。2人のカードの枚数はそれぞれ何枚ですか。

解き方 少ないほうの弟の枚数を①とすると，

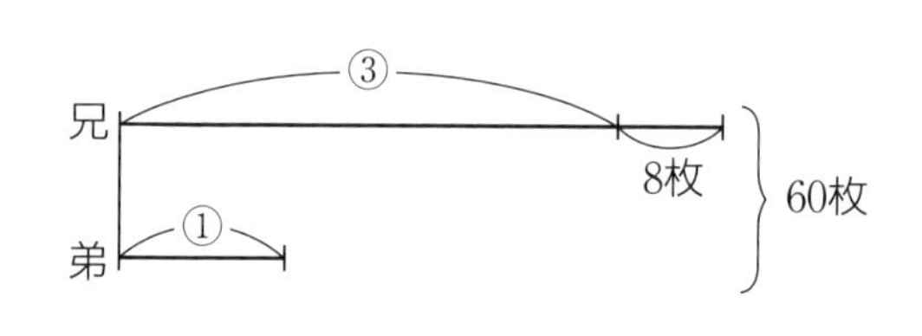

兄の枚数は，①×3＋8＝③＋8(枚)

③＋①＝④が60－8＝52(枚)にあたるから，

①にあたる弟の枚数は，52÷4＝**13**(枚)

兄の枚数は，60－13＝**47**(枚) ←または，13×3＋8＝47(枚)

音声をチェック！ 8ページ 19 和差算の公式

▶解答は別冊 11 ページ

14　和差算，分配算　理解度確認ドリル

学習日　　月　　日

1　次の問いに答えなさい。

□(1)　和が289，差が61である 2 つの整数を求めなさい。

□(2)　45個のあめを姉と弟で分けたら，姉のほうが 3 個多くなりました。姉の個数は何個ですか。

□(3)　周の長さが 1mで，縦が横よりも20cm長い長方形の面積は何cm^2ですか。

2　次の問いに答えなさい。

□(1)　A，B，C 3 人の年令の和は66才です。AはBより 5 才年上で，CはBより 8 才年下です。Aは何才ですか。

□(2)　4mのリボンを，長さが20cmずつちがう 4 本のリボンに切り分けるとき，いちばん短いリボンの長さは何cmですか。

□(3)　ある月の土曜日の日付の和が62であるとき，この月の 1 日は何曜日ですか。

ヒント　まず，この月の土曜日が 4 日あるのか 5 日あるのかを考える。

3　次の問いに答えなさい。

□(1)　1mのテープを 2 つに切ったところ，一方はもう一方の 2 倍より8cm短くなりました。長いほうのテープの長さは何cmですか。

□(2)　A，B，Cの 3 人でイチゴ狩りに行き，3 人合わせて207個のイチゴを取りました。Bが取った個数はAが取った個数の 2 倍で，Cが取った個数はBが取った個数の 2 倍よりも17個少なかったそうです。Cはイチゴを何個取りましたか。

ヒント　Aが取った個数を①として，B，Cが取った個数を①を使って表してみる。

15 消去算

入試 必出 例題　赤シートで答えをかくしてくり返し解こう！

例題1　一方をそろえて消去する

アンパン２個(こ)とカレーパン３個の代金の合計は780円，アンパン５個とカレーパン２個の代金の合計は960円です。アンパンとカレーパンは，それぞれ１個何円ですか。

解き方　アンパン１個の値段(ねだん)を㋐，
カレーパン１個の値段を㋕として
式に表すと，

｛ ㋐×2＋㋕×3＝780　…①
　 ㋐×5＋㋕×2＝960　…②

①の式を２倍，②の式を３倍して，
カレーパンの数を３と２の最小(さいしょう)公倍数
６にそろえると，

｛ ㋐×　4＋㋕×6＝1560　…③
　 ㋐×15＋㋕×6＝2880　…④

④の式から③の式をひくと，
㋐×11＝2880－1560＝1320
アンパン１個の値段は，
㋐＝1320÷11＝**120**(円)
カレーパン１個の値段は，①の式より，
㋕＝(780－120×2)÷3＝540÷3＝**180**(円)

例題2　一方を他方に代入する

メロン３個とリンゴ４個の代金の合計は2400円で，メロン１個の値段はリンゴ１個の値段よりも450円高いそうです。メロンとリンゴは，それぞれ１個何円ですか。

解き方　メロン１個の値段を㋱，
リンゴ１個の値段を㋷として
式に表すと，

｛ ㋱×3＋㋷×4＝2400　…①
　 ㋱＝㋷＋450　　　　…②

②の式を①の式に代入する
(①の㋱を㋷＋450におきかえる)と，
(㋷＋450)×3＋㋷×4＝2400，
㋷×3＋1350＋㋷×4＝2400，㋷×7＝1050
リンゴ１個の値段は，
㋷＝1050÷7＝**150**(円)
メロン１個の値段は，②の式より，
㋱＝150＋450＝**600**(円)

例題3　３つの数量(すうりょう)の消去算

A，B，C ３つの数があり，AとBの和は75，BとCの和は89，CとAの和は50です。A，B，Cはそれぞれいくつですか。

解き方　式に表すと，A＋B＝75…①，B＋C＝89…②，C＋A＝50…③
３つの式をすべてたすと，(A＋B＋C)×2＝214だから，A＋B＋C＝214÷2＝107…④
④－②より，A＝**18**　　④－③より，B＝**57**　　④－①より，C＝**32**

▶解答は別冊 12 ページ

理解度確認ドリル

学習日　　月　　日

1 次の問いに答えなさい。

□(1) 鉛筆(えんぴつ)1本とノート1冊(さつ)を買うと代金は190円で，鉛筆5本とノート3冊を買うと代金は690円です。鉛筆1本の値段(ねだん)は何円ですか。

□(2) 85冊のノートを男子に3冊，女子に2冊ずつ配ると1冊あまり，男子に2冊，女子に4冊ずつ配ると3冊不足(ふそく)します。女子は何人いますか。

2 次の問いに答えなさい。

□(1) ある店で，A，B 2種類(しゅるい)の弁当(べんとう)が売られています。Aを2個(こ)とBを3個買うと代金は2450円で，A 1個の値段はB 1個の値段よりも100円高いそうです。A 1個の値段は何円ですか。

□(2) ある遊園地では，大人2人と子ども5人の入園料の合計は8000円でした。また，子ども3人の入園料は大人2人の入園料と同じです。大人1人の入園料は何円ですか。

3 次の問いに答えなさい。

□(1) 3枚(まい)のコインA，B，Cがあります。AとBの重さの合計は50g，BとCの重さの合計は70g，CとAの重さの合計は80gです。Aのコインの重さは何gですか。

□(2) ある文具店では，A，B，Cの3種類のボールペンを売っています。1本あたりの値段は，BはAよりも60円高く，CはAよりも80円高いそうです。Aを2本，Bを4本，Cを3本買ったところ，代金は1470円でした。Cのボールペン1本の値段は何円ですか。

□(3) リンゴとモモとナシをそれぞれいくつか買うことにしました。リンゴ5個とモモ4個を買うと1320円，モモ3個とナシ8個を買うと1420円，リンゴ4個とモモ2個とナシ1個を買うと950円になります。リンゴ1個とモモ1個とナシ1個を買うと何円になりますか。

ヒント　3つの代金の関係(かんけい)を式に表し，3つの式をたしてみる。

和と差に関する問題

16 つるかめ算

入試必出例題 赤シートで答えをかくしてくり返し解こう！

例題1 つるかめ算

1個240円のナシと1個320円のモモを合わせて15個買ったら，代金は4320円でした。ナシとモモは，それぞれ何個買いましたか。

解き方 つるかめ算の考え方で，先に，値段の安いナシの個数から求める。

15個全部モモを買ったとすると，実際の代金より，320×15－4320＝480(円)多い。

モモ1個をナシ1個に取りかえるごとに，代金は，320－240＝80(円)ずつ減るから，

ナシの個数は，480÷80＝**6**(個)

モモの個数は，15－6＝**9**(個)

〈別解1〉つるかめ算の考え方で，先に，値段の高いモモの個数から求める。

15個全部ナシを買ったとすると，実際の代金より，4320－240×15＝720(円)少ない。

ナシ1個をモモ1個に取りかえるごとに，代金は，320－240＝80(円)ずつ増えるから，

モモの個数は，720÷80＝**9**(個)

ナシの個数は，15－9＝**6**(個)

〈別解2〉面積図を使って，先に，値段の安いナシの個数から求める。

縦を1個の値段，横を個数として面積図に表すと，右のようになる。

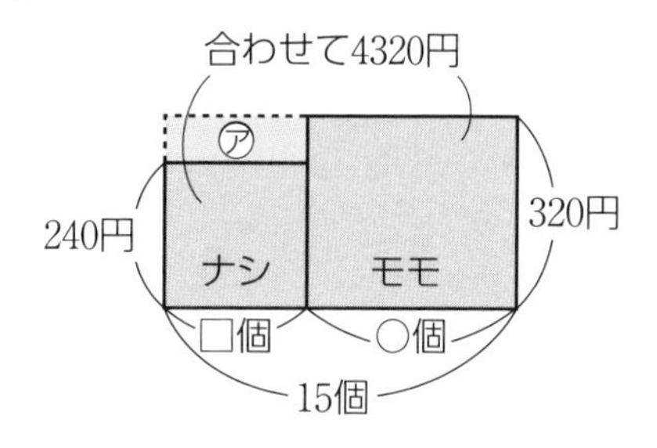

かげをつけた部分の面積は，実際の代金で，4320円。

㋐の部分の面積は，320×15－4320＝480(円)

ナシの個数は，□＝480÷(320－240)＝**6**(個)

モモの個数は，○＝15－6＝**9**(個)

〈別解3〉面積図を使って，先に，値段の高いモモの個数から求める。

右の面積図で，

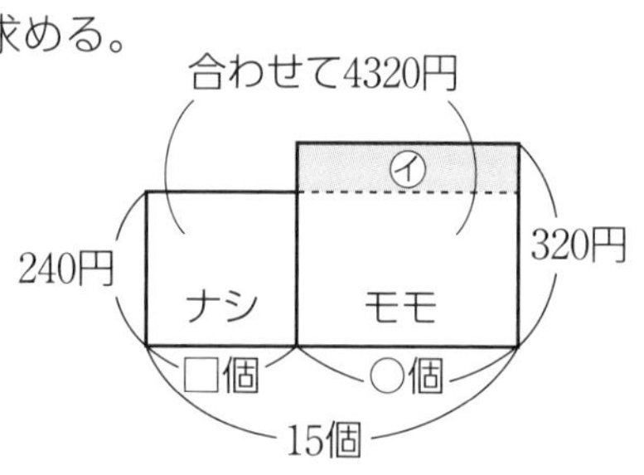

図形全体の面積は，実際の代金で，4320円。

㋑の部分の面積は，4320－240×15＝720(円)

モモの個数は，○＝720÷(320－240)＝**9**(個)

ナシの個数は，□＝15－9＝**6**(個)

▶解答は別冊 12 ページ

16 つるかめ算 理解度確認ドリル

学習日　　月　　日

1 次の問いに答えなさい。

□(1) 毎日 5 題か 7 題ずつ算数の問題を解(と)いたところ，40日間で250題解けました。7 題解いたのは何日ですか。

□(2) 100円と500円の 2 種類(しゅるい)の硬貨(こうか)が合わせて28枚(まい)あり，金額(きんがく)の合計は10000円です。100円硬貨は何枚ありますか。

□(3) ある果物屋(くだものや)で，1 個(こ)120円のリンゴと 1 個170円のナシを合わせて20個買い，250円のかごに入れたところ，ちょうど3000円になりました。リンゴを何個買いましたか。

2 次の問いに答えなさい。

□(1) ある品物をこわさずに組み立てると，1 個につき30円もらえる仕事があります。しかし，こわしてしまうと，1 個につき50円ひかれます。ある人が100個の品物についてこの仕事をして，2680円もらいました。こわしてしまった品物は何個ですか。

□(2) 硬貨を 1 枚投げて，表が出ると 3 点もらえ，裏(うら)が出ると 2 点減点(げんてん)されるゲームをしました。はじめの持ち点が30点で，10回ゲームをしたら，持ち点が45点になりました。表は何回出ましたか。

3 次の問いに答えなさい。

□(1) 10円，50円，100円の 3 種類の硬貨が合わせて15枚あり，合計金額は620円です。50円硬貨は何枚ありますか。

ヒント 合計金額の下 2 けたから，10円硬貨は 2 枚か 7 枚か12枚である。

□(2) 30円と50円と100円のお菓子(かし)を合わせて43個買いました。30円と50円のお菓子は同じ数だけ買い，代金は2380円でした。100円のお菓子は何個買いましたか。

ヒント 同じ数ずつあるものは，中間の値段(ねだん)(平均(へいきん)の値段)をとって，2 つの数量(すうりょう)のつるかめ算で考える。

17 差集め算，過不足算

入試必出例題　赤シートで答えをかくしてくり返し解こう！

例題1 差集め算

あめを子どもたちに配るのに，8個ずつ配る予定でちょうどの個数を用意しましたが，実際に配ったのは6個ずつだったので，あめが14個あまりました。子どもの人数と用意したあめの個数を求めなさい。

解き方 2通りの配り方で，1人に配る個数の差は，8－6＝2(個)

この差の2個が人数分集まって14個になるから，子どもの人数は，14÷2＝**7**(人)

用意したあめの個数は，8×7＝**56**(個)

〈別解〉子どもの人数を□人とすると，右の図より，

8×□－6×□＝2×□(個)が14個にあたるから，

子どもの人数は，□＝14÷2＝**7**(人)

用意したあめの個数は，8×7＝**56**(個)

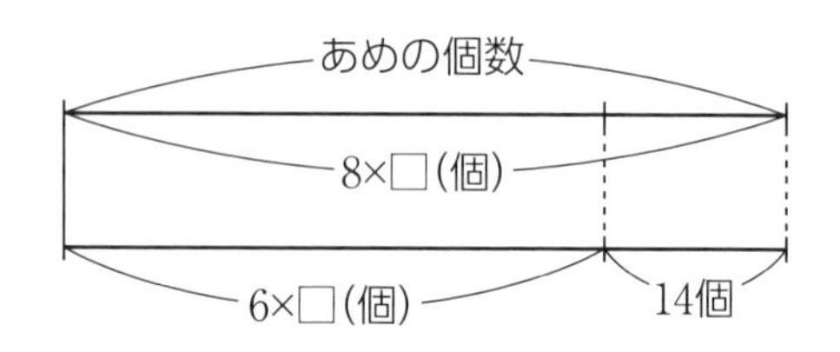

例題2 過不足算

次の問いに答えなさい。

(1) 色紙を子どもたちに配るのに，1人に5枚ずつ配ると24枚あまり，1人に8枚ずつ配ると12枚不足します。子どもの人数と色紙の枚数を求めなさい。

(2) 鉛筆を子どもたちに配るのに，1人に5本ずつ配ると30本あまり，1人に9本ずつ配っても6本あまります。子どもの人数と鉛筆の本数を求めなさい。

解き方 (1) 子どもの人数を□人とすると，

右の図より，8×□－5×□＝3×□(枚)が，

24＋12＝36(枚)にあたるから，

子どもの人数は，□＝36÷3＝**12**(人)

色紙の枚数は，5×12＋24＝**84**(枚)

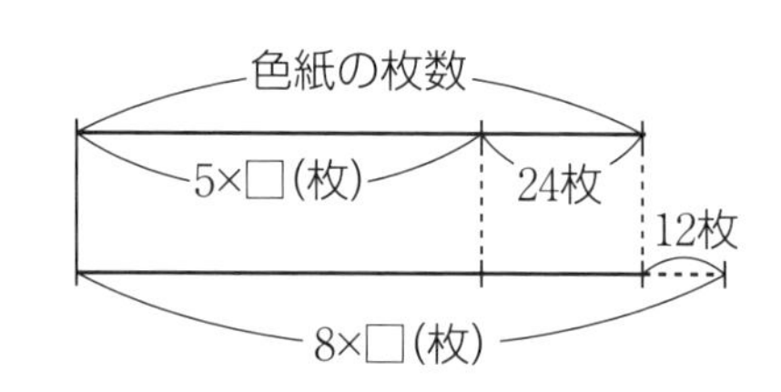

(2) 子どもの人数を□人とすると，

右の図より，9×□－5×□＝4×□(本)が，

30－6＝24(本)にあたるから，

子どもの人数は，□＝24÷4＝**6**(人)

鉛筆の本数は，5×6＋30＝**60**(本)

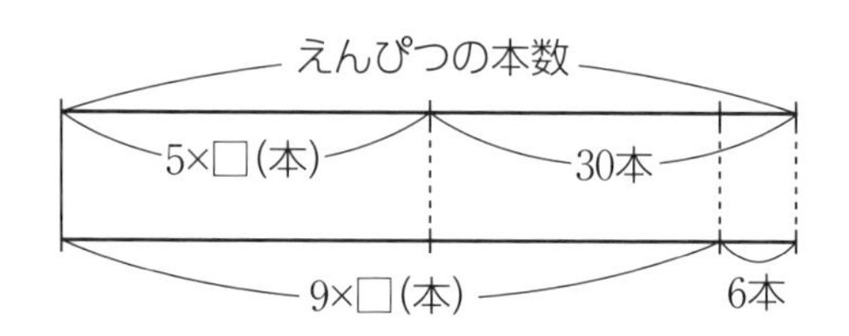

▶解答は別冊 14 ページ

17 差集め算，過不足算　理解度確認ドリル

学習日　　月　　日

1 次の問いに答えなさい。

□(1) ある店では，プリンとケーキが売られています。1 個あたりの値段はケーキのほうが100円高いそうです。プリンを17個買う金額で，ケーキはちょうど12個買うことができます。プリンは 1 個何円ですか。

ヒント 100円が12個集まって，プリン17－12＝5(個)分になる。

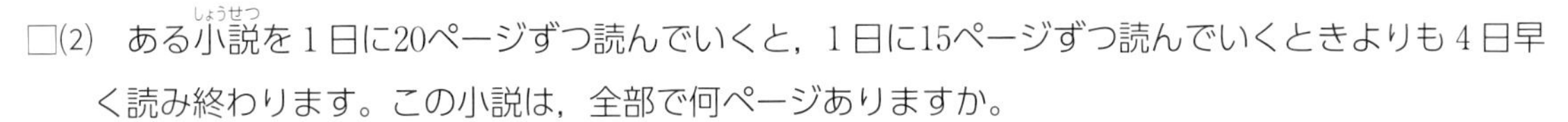

□(2) ある小説を 1 日に20ページずつ読んでいくと，1 日に15ページずつ読んでいくときよりも 4 日早く読み終わります。この小説は，全部で何ページありますか。

ヒント 20－15＝5(ページ)が20ページずつ読んでかかる日数分集まって，15×4＝60(ページ)になる。

□(3) 1 個150円のアイスを何個か買う予定で，おつりが出ないようにお金を持っていきました。実際は，1 個120円だったので，予定より 3 個多く買ったところ，お金が90円あまりました。はじめ，アイスを何個買う予定でしたか。

2 次の問いに答えなさい。

□(1) 子どもたちにチョコレートを配るのに，1 人に 8 個ずつ配ると13個不足し，1 人に 6 個ずつ配ると 1 個あまります。チョコレートは何個ありますか。

□(2) あるイベントの参加者にシールを配るのに，1 人に12枚ずつ配ると66枚不足し，1 人に 9 枚ずつ配っても12枚不足します。シールは何枚ありますか。

□(3) 子どもたちにあめを配るのに，1 人に 7 個ずつ配ると20個あまり，1 人に 9 個ずつ配っても 4 個あまります。あめは何個ありますか。

□(4) 長いすに児童が座るとき，2 人ずつ座ると 6 人が座れず，3 人ずつ座ると 1 脚だけ 1 人で座ることになり，さらに 3 脚あまります。児童の人数は何人ですか。

ヒント 2 人ずつ座ったときは 6 人があまり，3 人ずつ座ったときは空席の数だけ人数が不足すると考える。

18 平均算

入試必出例題　赤シートで答えをかくしてくり返し解こう！

例題1　平均の3公式

次の問いに答えなさい。

(1) ある班の4人の体重を調べたら，35kg，51kg，38kg，44kgでした。この班の体重の平均は何kgですか。

(2) ある工場では，1日に平均36個の製品をつくります。20日間では何個つくりますか。

(3) 1200題ある計算問題集を1日に平均8題ずつ解くと，何日で終わりますか。

解き方 (1) 平均＝ 合計÷人数 より，(35＋51＋38＋44)÷4＝168÷4＝ **42** (kg)

(2) 合計＝ 平均×日数 より，36×20＝ **720** (個)

(3) 日数＝ 合計÷平均 より，1200÷8＝ **150** (日)

例題2　部分の平均と全体の平均

あるクラスで計算テストをしたところ，男子18人の平均点は68点，女子14人の平均点は76点でした。クラス全体の平均点は何点ですか。

解き方 クラス全体の合計点は，68×18＋76×14＝1224＋1064＝2288(点)

クラスの人数は，18＋14＝32(人)

クラス全体の平均点は，2288÷32＝ **71.5** (点)

例題3　面積図の利用

ある小学校の6年生80人で算数のテストをしたところ，男子の平均点は80点，女子の平均点は72点，6年生全体の平均点は75.6点でした。男子の人数は何人ですか。

解き方 縦を点数，横を人数とした面積図に表すと，下のようになる。

図形ABCDEFと長方形GBCIの面積は，どちらも6年生全体の合計点を表していて，面積は等しい。したがって，長方形AHEFと長方形GHDIの面積も等しいから，男子の人数を□人とすると，

(80−72)×□＝(75.6−72)×80

□＝3.6×80÷8＝ **36** (人)

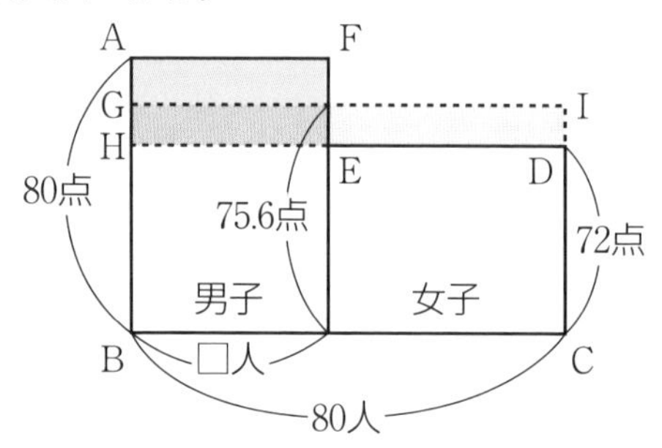

音声をチェック！ 8ページ 20 平均の3公式

▶解答は別冊 15 ページ

18 平均算 理解度確認ドリル

学習日　　月　　日

1 次の問いに答えなさい。

□(1) A，B，C 3 人の体重は，それぞれ37kg，46kg，34kgです。3 人の体重の平均（へいきん）は何kgですか。

□(2) 4.2aの畑を 1 日に平均$15m^2$ずつ耕（たがや）していくと，全部耕すのに何日かかりますか。

□(3) あるレストランの来客数をみると，金曜日は土曜日より90人少なく，日曜日は金曜日より30人多く，3 日間の平均は430人でした。金曜日の来客数は何人ですか。

ヒント　平均から 3 日間の合計人数を求（もと）めて，3 つの数量の和差算（わさざん）と考える。

2 次の問いに答えなさい。

□(1) これまでに算数のテストを 5 回受けて，その平均点は75点でした。次の 6 回目のテストで何点取れば，6 回のテストの平均点を78点にすることができますか。

□(2) 国語と社会の平均点は78.5点で，算数，理科，英語の平均点は66点でした。5 教科の平均点は何点ですか。

□(3) 36人のクラスで算数のテストをしたところ，クラス全体の平均点は81点，男子21人の平均点は76点でした。女子の平均点は何点ですか。

3 次の問いに答えなさい。

□(1) あるクラスで算数のテストを行ったところ，男子の平均点は76点，女子の平均点は85点，クラスの平均点は80点でした。男子の人数が20人のとき，女子の人数は何人ですか。

□(2) Aさんがこれまで受けた算数のテストの平均点は81点で，次のテストで95点を取ると，平均点は83点になるそうです。Aさんは，これまでテストを何回受けましたか。

ヒント　これまで受けたテストの回数を□回として，縦（たて）を点数，横をテストの回数とした面積図（めんせきず）に表す。

19 割合の基本

入試必出例題 赤シートで答えをかくしてくり返し解こう！

例題1 割合の3公式

次の□にあてはまる数を求めなさい。

(1) 20mは25mの□倍です。ただし，□は小数とします。

(2) 1時間の$\frac{2}{5}$は□分です。

(3) □m²の0.72にあたるのは180m²です。

解き方 (1) □倍は割合で，20mは比べられる量，25mはもとにする量だから，

割合＝比べられる量÷もとにする量 より，□＝20÷25＝**0.8**

(2) □分は比べられる量で，1時間(＝60分)はもとにする量，$\frac{2}{5}$は割合だから，

比べられる量＝もとにする量×割合 より，□＝$60\times\frac{2}{5}$＝**24**

(3) □m²はもとにする量で，0.72は割合，180m²は比べられる量だから，

もとにする量＝比べられる量÷割合 より，□＝180÷0.72＝**250**

百分率と歩合

● 割合を表す0.01を1%(パーセント)と表すことがあり，%を使って表した割合を 百分率 という。

● 割合を表す0.1を1割，0.01を1分，0.001を1厘と表すことがあり，割，分，厘を使って表した割合を 歩合 という。

小数	1	0.1	0.01	0.001
分数		$\frac{1}{10}$	$\frac{1}{100}$	$\frac{1}{1000}$
百分率	100%	10%	1%	0.1%
歩合	10割	1割	1分	1厘

例題2 百分率や歩合を使った問題

次の□にあてはまる数を求めなさい。

(1) 800人の60%は□人です。

(2) □円の3割7分5厘は600円です。

解き方 百分率や歩合を使った問題は，割合を小数や分数になおして計算する。

(1) 60%は0.6だから，□＝800×0.6＝**480**

(2) 3割7分5厘＝0.375＝$\frac{3}{8}$だから，□＝$600\div\frac{3}{8}=600\times\frac{8}{3}$＝**1600**

音声をチェック！ 8～9ページ 21 割合の3公式，22 百分率と歩合

▶解答は別冊 16 ページ

理解度確認ドリル

学習日　　月　　日

1 次の□にあてはまる数を求(もと)めなさい。

□(1) 56kgを1とみると，42kgは□にあたります。ただし，□は小数とします。

______

□(2) 1時間の$\frac{7}{12}$は□分です。

______

□(3) □Lの0.3は3.3Lです。

______

□(4) 950m^{2}の□割(わり)□分(ぶ)は646m^{2}です。

______割______分

□(5) □kgの0.8は256kgです。

______

□(6) 7500円の40%は□円です。

______

□(7) 1500円の2割4分は，1800円の□%と同じ金額(きんがく)です。

______

□(8) 600mの25%は，□kmの1割5分と同じ距離(きょり)です。

______

2 次の問いに答えなさい。

□(1) ある店の3日間の売り上げの合計は34000円でした。3日目の売り上げは全体の40%で，2日目の売り上げの1.6倍でした。1日目の売り上げは何円ですか。

______

□(2) 40個(こ)のミカンをA，B，Cの3人で分けました。はじめにAが全体の20%より2個多く取り，次にBが残(のこ)りの60%より3個少なく取り，最後(さいご)にCが残りの40%より4個多く取りました。ミカンは何個あまりましたか。

______

20 割合の問題

入試必出例題　赤シートで答えをかくしてくり返し解こう！

例題1　割合の積

ある公園があり，公園の面積の$\frac{2}{9}$は花だんで，花だんの$\frac{3}{20}$はチューリップ畑になっています。チューリップ畑の面積が60m²のとき，この公園の面積は何m²ですか。

解き方　この公園の面積を□m²とすると，

$\square\times\frac{2}{9}\times\frac{3}{20}=60$，$\square\times\frac{1}{30}=60$

$\square=60\div\frac{1}{30}=60\times30=$ **1800** (m²)

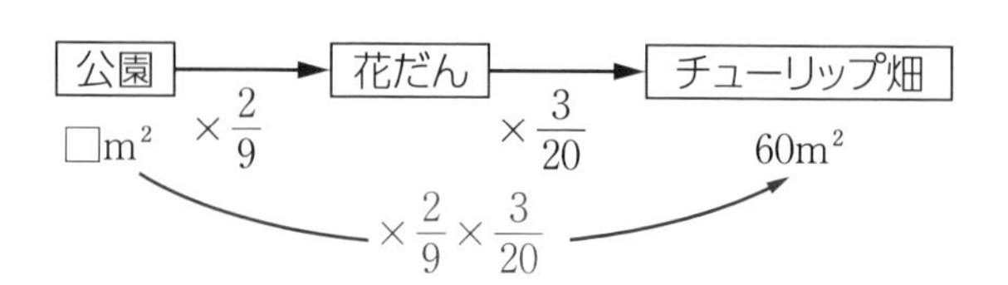

例題2　割合の増減

ある小学校の今年度の児童数は504人で，昨年度より5%増えました。この小学校の昨年度の児童数は何人ですか。

解き方　昨年度の児童数を1とすると，

今年度の児童数は1＋0.05＝1.05にあたるから，

昨年度の児童数は，504÷1.05＝ **480** (人)

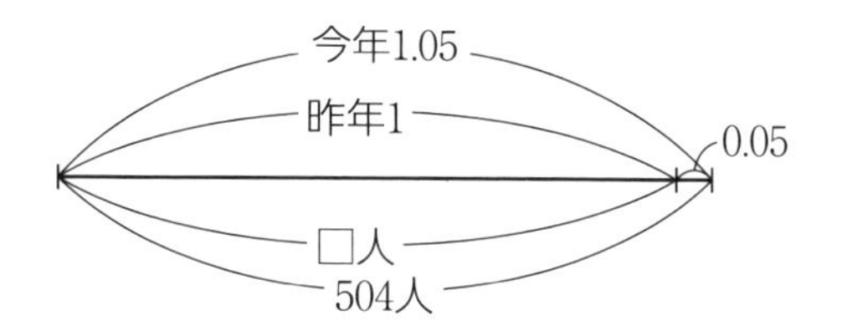

例題3　割合のグラフ

右の円グラフは，A市の土地利用のようすを表したものです。

(1)　これを長さ12cmの帯グラフに表すと，農地の部分の長さは何cmになりますか。

(2)　森林の面積は140km²です。宅地の面積は何km²ですか。

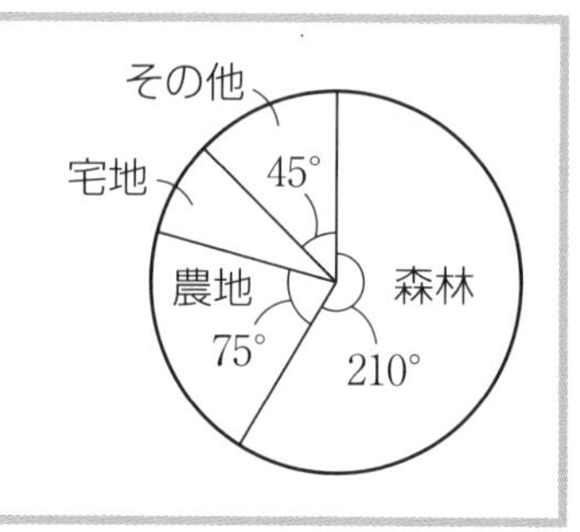

解き方　(1)　農地の部分の割合は，$\frac{75}{360}=\frac{5}{24}$だから，

12cmの帯グラフに表したときの長さは，$12\times\frac{5}{24}=$ **2.5** (cm)

(2)　宅地のおうぎ形の中心角は，360°－(210°＋75°＋45°)＝360°－330°＝30°だから，

宅地の面積は，$140\times\frac{30}{210}=140\times\frac{1}{7}=$ **20** (km²)

▶解答は別冊 16 ページ

20 割合の問題　理解度確認ドリル

学習日　　月　　日

1 次の問いに答えなさい。

□(1) あるイベントに参加した人の60%は子どもであり，子どもの65%は男の子でした。男の子の人数が78人のとき，このイベントの参加者の数は何人でしたか。

□(2) おじの家は土地全体の$\frac{1}{4}$をしめていて，残りが庭です。また，池は庭の$\frac{2}{5}$をしめています。池の面積が24m^{2}のとき，土地全体の面積は何m^{2}ですか。

□(3) 落ちた高さの40%だけ跳ね上がるボールを，ある高さから落としたところ，3回目に跳ね上がった高さは16cmでした。はじめ，何cmの高さから落としましたか。

2 次の問いに答えなさい。

□(1) 今週の空き缶の回収量は，先週の 8%増の81kgでした。先週の空き缶の回収量は何kgでしたか。

□(2) ある農家の今年の米の収穫量は4590kgで，去年より15%減りました。この農家の去年の米の収穫量は何kgでしたか。

□(3) 水が氷になると，体積は$\frac{1}{11}$増えます。600cm^{3}の氷が水になると，体積は何cm^{3}減りますか。

3 右の円グラフは，ある国の血液型別の人数の割合を表したものです。

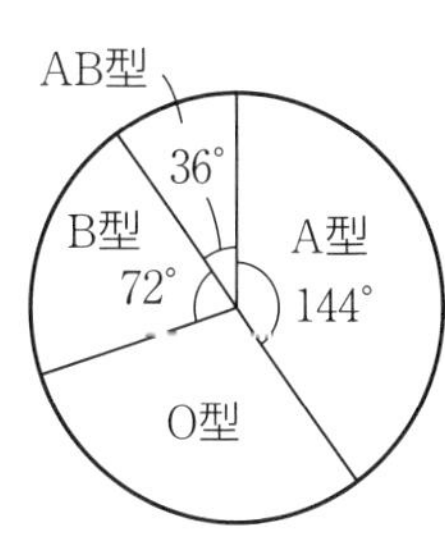

□(1) これを15cmの帯グラフに表すと，O型の部分の長さは何cmになりますか。

□(2) この国のA型の人の数が約1280万人のとき，この国の人口は約何万人ですか。

割合と比に関する問題

21 売買損益算(1)

入試必出例題　赤シートで答えをかくしてくり返し解こう！

原価と定価

●原価とは仕入れ値のことで，原価に利益を見込んでつけた金額が定価である。

●定価＝原価＋利益＝原価×(1＋利益率)

●原価＝定価÷(1＋利益率)

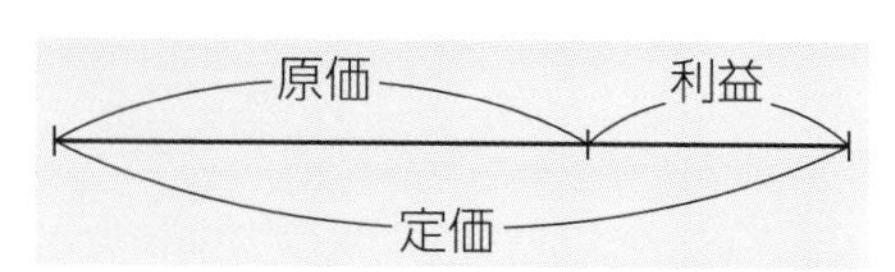

例題1 定価や原価を求める

次の問いに答えなさい。

(1)　原価1500円の製品に，原価の 2 割の利益を見込んで定価をつけました。この製品の定価は何円ですか。

(2)　ある食品に，原価の25%の利益があるように，500円の定価をつけました。この食品の原価は何円ですか。

解き方 (1)　原価を 1 とすると，定価は1＋0.2＝1.2にあたるから，←2 割＝0.2

定価は，1500×1.2＝ **1800** (円) ←定価 ＝ 原価×(1＋利益率)

(2)　原価を 1 とすると，定価は1＋0.25＝1.25にあたるから，←25%＝0.25

原価は，500÷1.25＝ **400** (円) ←原価＝定価÷(1＋利益率)

定価と売り値

●売り値＝定価－値引き額＝定価×(1－値引き率)

●定価＝売り値÷(1－値引き率)

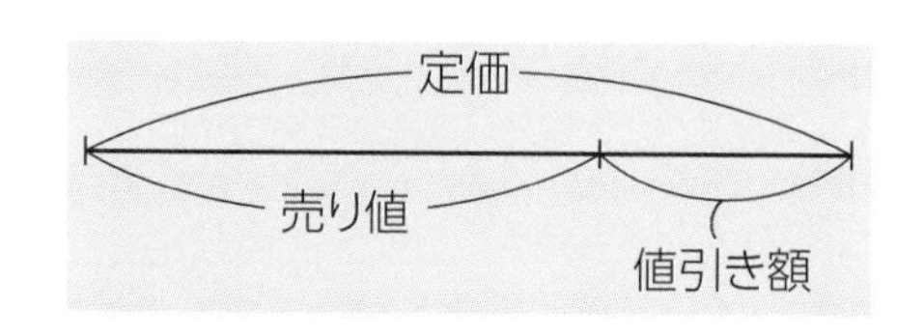

例題2 売り値や定価を求める

次の問いに答えなさい。

(1)　定価6000円の衣料品を 3 割引きで売ると，売り値は何円ですか。

(2)　ある商品を，定価の15%引きの1020円で売りました。この商品の定価は何円ですか。

解き方 (1)　定価を 1 とすると，売り値は1－0.3＝0.7にあたるから，←3割＝0.3

売り値は，6000×0.7＝ **4200** (円) ←売り値＝定価×(1－値引き率)

(2)　定価を 1 とすると，売り値は1－0.15＝0.85にあたるから，←15%＝0.15

定価は，1020÷0.85＝ **1200** (円) ←定価＝売り値÷(1－値引き率)

▶解答は別冊 17 ページ

1 次の問いに答えなさい。

□(1) 3600円で仕入れた商品に，仕入れ値(ね)の3割(わり)の利益(りえき)を見込(みこ)んで定価(ていか)をつけました。この商品の定価は何円ですか。

□(2) ある商品に原価の40%の利益を見込んで，1960円の定価をつけました。この商品の原価は何円ですか。

□(3) 原価1500円の商品を，利益を見込んで定価1860円で売りました。このときの利益率(りえきりつ)は，原価の何%ですか。

2 次の問いに答えなさい。

□(1) 定価2000円のTシャツを2割引きで売ると，売り値は何円ですか。

□(2) ある電器店(でんきてん)で，展示品(てんじひん)のテレビを定価の35%引きの50700円で買いました。このテレビの定価は何円ですか。

□(3) 特売日(とくばいび)に，定価12000円のスニーカーを7200円で買いました。定価の何%引きで買ったことになりますか。

□(4) ある商品を定価の3割引きで買うと，代金は5250円になります。この商品を定価の4割5分引きで買うと，代金は3割引きで買うよりもいくら安くなりますか。

□**3** ある商品を定価の**10%**引きで売ると，原価に対して**100**円の利益があり，定価の**14%**引きで売ると**400**円の損失(そんしつ)になります。この商品の定価は何円ですか。

ヒント　値引き率の差(さ)が何円にあたるかを考える。

22 売買損益算(2)

入試必出例題　赤シートで答えをかくしてくり返し解こう！

例題1 値引き(ねび)した商品の利益(りえき)

原価(げんか)2000円の商品に，原価の 4 割(わり)の利益を見込(みこ)んで定価をつけましたが，売れなかったので，定価の 2 割 5 分(ぶ)引きにして売り出しました。この商品の売り値は何円ですか。また，この商品が売れたときの利益は何円ですか。

解き方 原価を 1 とすると，定価は1＋0.4＝1.4にあたるから，

定価は，2000×1.4＝2800(円) ←定価＝原価×(1＋利益率(りえきりつ))

定価を 1 とすると，売り値は1－0.25＝0.75にあたるから，

売り値は，2800×0.75＝ **2100** (円) ←売り値＝定価×(1－値引き率)

売れたときの利益は，2100－2000＝ **100** (円) ←利益＝売り値－原価

例題2 値引きした商品の原価

次の問いに答えなさい。

(1) ある商品に，原価の25%の利益を見込んで定価をつけましたが，売れなかったので，定価の15%引きの2125円で売りました。この商品の原価は何円ですか。

(2) ある商品に，原価の 3 割の利益を見込んで定価をつけましたが，売れなかったので，定価の 2 割引きで売ったところ，200円の利益がありました。この商品の原価は何円ですか。

解き方 (1) 金額(きんがく)がわかっているのは売り値の2125円だから，

売り値から，割合(わりあい)を使って，定価，原価の順(じゅん)に金額を求(もと)めていく。

定価を 1 とすると，売り値は1－0.15＝0.85にあたるから，

定価は，2125÷0.85＝2500(円) ←定価 ＝ 売り値 ÷(1－ 値引き率)

原価を 1 とすると，定価は1＋0.25＝1.25にあたるから，

原価は，2500÷1.25＝ **2000** (円) ←原価 ＝ 定価 ÷(1＋ 利益率)

(2) 金額がわかっているのは利益の200円だけだから，

原価を 1 として，定価，売り値，利益を，順に割合で表していく。

原価を 1 とすると，定価は，1＋0.3＝1.3

売り値は，定価の 2 割引きだから，1.3×(1－0.2)＝1.3×0.8＝1.04

利益の200円は，1.04－1＝0.04にあたるから，

原価は，200÷0.04＝ **5000** (円) ←原価＝利益÷利益率

▶解答は別冊 17 ページ

22　売買損益算(2)　理解度確認ドリル

学習日　　月　　日

1 次の問いに答えなさい。

□(1) 定価2500円の品物があります。定価で売れば原価の 2 割 5 分の利益がありますが，定価の 1 割 4 分引きで売りました。利益は何円ですか。

□(2) 原価3000円の商品に20%の利益を見込んで定価をつけ，200円引きで60個売ったときの利益は何円ですか。

□(3) 原価800円の品物を100個仕入れて，3 割増しで定価をつけて売ったところ，75個売れました。残りの品物を定価の 2 割引きですべて売ると，利益は合わせて何円ですか。

2 次の問いに答えなさい。

□(1) ある商品に，原価の 5 割の利益を見込んで定価をつけましたが，売れなかったので，定価の 3 割引きの3150円で売りました。この商品の原価は何円ですか。

□(2) ある品物に，原価の 2 割の利益を見込んで定価をつけましたが，売れなかったので，240円の値引きをして売ったところ，160円の利益がありました。この品物の原価は何円ですか。

□(3) ある商品に，原価の40%の利益を見込んで定価をつけましたが，売れなかったので，定価の15%引きで売り，2850円の利益がありました。この商品の原価は何円ですか。

3 **モモ 1 個を120円で何個か仕入れ，4800円の利益を見込んで定価をつけて売り始めました。ところが，そのうち15個が売れ残ったため，実際の利益は1800円でした。**

□(1) モモ 1 個の定価は何円ですか。

□(2) 仕入れたモモの個数は何個ですか。

割合と比に関する問題

23 相当算

入試必出例題　赤シートで答えをかくしてくり返し解こう！

例題1 相当算の基本

ペットボトルに入っていたコーヒーを$\frac{5}{18}$だけ飲んだら，残りは650mLになりました。はじめ，ペットボトルには何mLのコーヒーが入っていましたか。

解き方 はじめにペットボトルに入っていたコーヒーの量を1とすると，

残りの650mLは，$1-\frac{5}{18}=\frac{13}{18}$にあたるから，

はじめにペットボトルに入っていたコーヒーの量は，$650\div\frac{13}{18}=$ **900** (mL)

例題2 残りの量と全体の量

ある小説を，1日目は全体の$\frac{2}{9}$だけ読み，2日目は残りの$\frac{3}{8}$だけ読んだら，残りはあと70ページになりました。この小説は，全部で何ページありますか。

解き方 この小説のページ数を1とすると，

残りの70ページは，

$1\times\left(1-\frac{2}{9}\right)\times\left(1-\frac{3}{8}\right)=\frac{35}{72}$にあたるから，

この小説のページ数は，$70\div\frac{35}{72}=$ **144** (ページ)

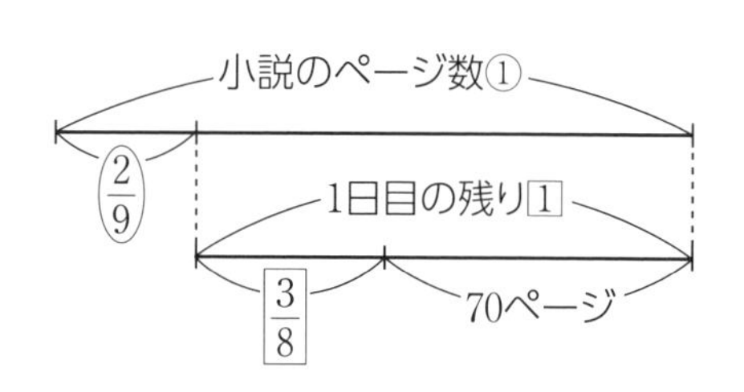

例題3 容器の重さ

ある容器に水を入れて重さをはかります。容器の$\frac{1}{6}$だけ水を入れると300gになり，$\frac{4}{9}$だけ水を入れると500gになります。この容器の重さは何gですか。

解き方 この容器いっぱいに入る水の重さを1とすると，

$500-300=200$(g)が，$\frac{4}{9}-\frac{1}{6}=\frac{5}{18}$にあたるから，

容器いっぱいに入る水の重さは，$200\div\frac{5}{18}=720$(g)

容器の重さは，$300-720\times\frac{1}{6}=300-120=$ **180** (g)

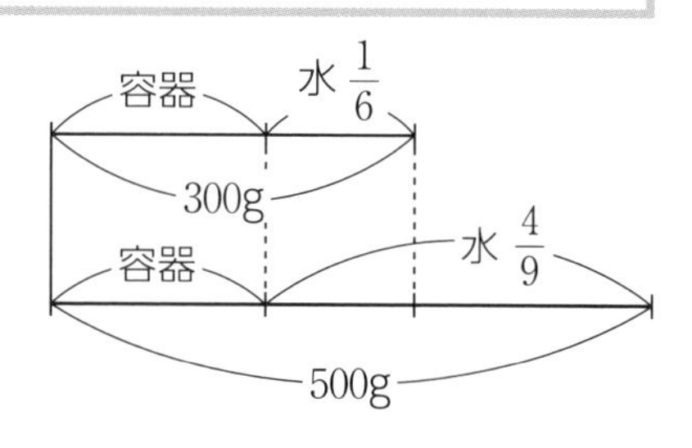

▶解答は別冊 18 ページ

理解度確認ドリル

学習日　　月　　日

1 次の問いに答えなさい。

□(1) 現在(げんざい)の所持金の30%でケーキを買うと560円残(のこ)ります。現在の所持金は何円ですか。

□(2) ある本を全体の$\frac{8}{15}$読みましたが，まだ112ページ残っています。この本は全部で何ページありますか。

□(3) コンパスと筆入れとボールペンを買ったところ，代金はそれぞれ所持金の25%，50%，10%で，残金(ざんきん)は450円でした。コンパスの値段(ねだん)は何円ですか。

2 次の問いに答えなさい。

□(1) 書店で所持金の$\frac{3}{8}$を使い，さらにコンビニで残金の$\frac{5}{7}$を使ったら，250円残りました。はじめの所持金は何円でしたか。

□(2) ある池に，棒(ぼう)をまっすぐに底(そこ)まで入れます。はじめに棒の長さの$\frac{3}{4}$を入れ，次に水面から出ている長さの$\frac{4}{5}$を入れたら底に届(とど)き，水面から出ている棒の長さは15cmでした。この池の深さは何cmですか。

□(3) ある本を，1日目に全体の$\frac{2}{5}$より3ページ少なく，2日目に残りの$\frac{2}{3}$より7ページ多く，3日目に30ページ読んで読み終わりました。この本は全部で何ページありますか。

ヒント　まず，1日目の残りのページ数を求(もと)める。1日目の残りページ数の$1-\frac{2}{3}$が7+30(ページ)にあたる。

□ 3 ある容器(ようき)に水が$\frac{3}{4}$だけ入っているときの全体の重さは400gです。また，この容器に水が$\frac{2}{3}$だけ入っているときの全体の重さは370gです。この容器の重さは何gですか。

24 比の基本

入試 必出 例題　赤シートで答えをかくしてくり返し解こう！

例題1　比を簡単にする

次の比を簡単にしなさい。

(1)　15：27　　(2)　0.8：1.2　　(3)　$\frac{2}{3}:\frac{3}{5}$

解き方 (1)　整数の比を簡単にするには，最大公約数でわる。

15：27＝(15÷3)：(27÷3)＝**5**：**9**

(2)　小数の比を簡単にするには，まず，10や100などをかけて，整数の比になおす。

0.8：1.2＝(0.8×10)：(1.2×10)＝8：12＝(8÷4)：(12÷4)＝**2**：**3**

(3)　分数の比を簡単にするには，通分して，分子の比にする。　←分母の最小公倍数をかけてもよい

$\frac{2}{3}:\frac{3}{5}=\frac{10}{15}:\frac{9}{15}=$ **10**：**9**　←または，$\frac{2}{3}:\frac{3}{5}=\left(\frac{2}{3}\times15\right):\left(\frac{3}{5}\times15\right)=10:9$

例題2　比例式の□を求める

次の□にあてはまる数を求めなさい。

(1)　□：7＝6：21　　(2)　81：45＝□：5

解き方　**A：B＝C：Dならば，A×D＝B×C**を利用する。　←外側の2数の積と内側の2数の積は等しい

(1)　□：7＝6：21

□×21＝7×6

□＝7×6÷21＝**2**

(2)　81：45＝□：5

45×□＝81×5

□＝81×5÷45＝**9**

比例配分

●ある数量をA：Bに分けるとき，**Aにあたる数量＝全体の数量×$\frac{A}{A+B}$**

●ある数量をA：B：Cに分けるとき，**Aにあたる数量＝全体の数量×$\frac{A}{A+B+C}$**

例題3　比例配分

800円を兄と弟で3：2の金額の比に分けるとき，弟は何円もらえますか。

解き方　弟がもらえる金額は，$800\times\frac{2}{3+2}=800\times\frac{2}{5}=$ **320**(円)

音声をチェック！ 9ページ 23 比を簡単にする

▶解答は別冊 18 ページ

24　比の基本　理解度確認ドリル

学習日　　月　　日

1　次の比を簡単にしなさい。

□(1)　56：128

□(2)　7.2：2.16

□(3)　$\frac{7}{12}:\frac{4}{9}$

□(4)　$0.5:2\frac{2}{7}$

2　次の□にあてはまる数を求めなさい。

□(1)　3：5＝□：180

□(2)　□：$\frac{1}{5}$＝2.4：3

□(3)　32cm：□m＝2：5

□(4)　3 時間12分：2 時間□分 ＝8：7

3　次の問いに答えなさい。

□(1)　AとBが持っているコミックの冊数の比は11：5で，Bは15冊持っています。Aは何冊持っていますか。

□(2)　地球の半径は6400kmで，地上400kmのところに人工衛星があります。この人工衛星の位置は半径24cmの地球儀で考えると，地球儀の表面から何cmはなれたところにあるといえますか。

4　次の問いに答えなさい。

□(1)　ある中学校の 1 年生と 2 年生と 3 年生の生徒数の比は，15：14：16で，全校生徒数は360人です。3 年生は何人いますか。

□(2)　A中学校の人数は169人で，男子と女子の人数の比は 7：6 です。B中学校の女子はA中学校の女子より 6 人多く，B中学校の男子と女子の人数の比は 8：7 です。B中学校の人数は何人ですか。

25 比の問題

入試必出例題　赤シートで答えをかくしてくり返し解こう！

例題1 連比

A：B＝3：4，B：C＝5：2のとき，A：B：Cを最も簡単な整数の比で表しなさい。

解き方 2つの比に共通なBの値を，その最小公倍数にそろえる。

A：B＝3：4＝(3×5)：(4×5)＝15：20

B：C＝5：2＝(5×4)：(2×4)＝20：8

したがって，A：B：C＝**15**：**20**：**8**

A	：	B	：	C
3	：	4		
		5	：	2
15	：	**20**	：	**8**

（×5，×4）

例題2 逆比

Aの$\frac{3}{4}$倍とBの$\frac{2}{5}$倍が等しいとき，A：Bを最も簡単な整数の比で表しなさい。

解き方 $A\times\frac{3}{4}=B\times\frac{2}{5}=1$とすると，$A=1\div\frac{3}{4}=\frac{4}{3}$，$B=1\div\frac{2}{5}=\frac{5}{2}$

したがって，$A:B=\frac{4}{3}:\frac{5}{2}=\frac{8}{6}:\frac{15}{6}=$ **8**：**15**

例題3 公式と比

A，B 2つの長方形があり，AとBの縦の長さの比が4：9，横の長さの比が15：8であるとき，AとBの面積の比を最も簡単な整数の比で表しなさい。

解き方 A，Bの縦の長さをそれぞれ④，⑨，横の長さをそれぞれ[15]，[8]とすると，

長方形の面積＝縦×横 より，

AとBの面積の比は，(④×[15])：(⑨×[8])＝60：72＝**5**：**6**

例題4 比の和と差

父からもらったねん土を，兄と弟で重さの比が5：3になるように分けたところ，兄のほうが180g重くなりました。2人が父からもらったねん土は何gありましたか。

解き方 重さの比の差5−3＝2が180gにあたるから，1にあたる重さは，180÷2＝90(g)

2人が父からもらったねん土は，重さの比の和5＋3＝8にあたるから，90×8＝**720**(g)

▶解答は別冊 19 ページ

25　比の問題　理解度確認ドリル

学習日　　月　　日

1　次の問いに答えなさい。

□(1)　A：B＝2：5，B：C＝6：5のとき，A：B：Cを最も簡単な整数の比で表しなさい。

□(2)　A：C＝5：3，B：C＝7：4のとき，A：B：Cを最も簡単な整数の比で表しなさい。

2　次の問いに答えなさい。

□(1)　右の図のように，2つの長方形AとBが重なっていて，重なっている部分の面積はAの面積の$\frac{1}{3}$で，Bの面積の$\frac{4}{15}$です。長方形AとBの面積の比を，最も簡単な整数の比で表しなさい。

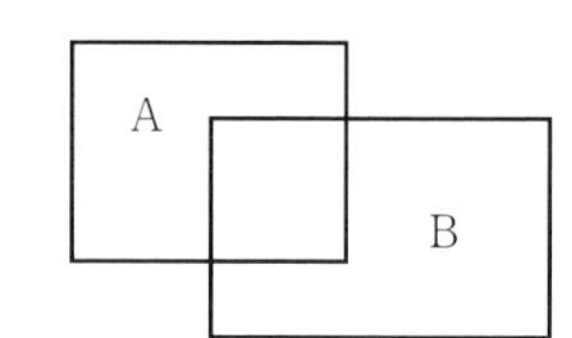

ヒント　重なっている部分の面積は等しいから，$A\times\frac{1}{3}=B\times\frac{4}{15}$が成り立つ。

□(2)　Aの$\frac{4}{5}$とBの$\frac{3}{5}$とCの$\frac{1}{2}$が等しいとき，A：B：Cを最も簡単な整数の比で表しなさい。

3　次の問いに答えなさい。

□(1)　A，B 2つの三角形があり，AとBの底辺の長さの比が3：4，高さの比が6：5であるとき，AとBの面積の比を最も簡単な整数の比で表しなさい。

□(2)　P，Q 2つの直方体があり，縦の長さの比が2：5，横の長さの比が7：6，高さの比が9：7であるとき，PとQの体積の比を最も簡単な整数の比で表しなさい。

4　次の問いに答えなさい。

□(1)　母からもらった折り紙を，姉と妹で枚数の比が9：5になるように分けたところ，姉のほうが12枚多くなりました。2人が母からもらった折り紙は何枚ですか。

□(2)　A中学校とB中学校の生徒数の比は5：8で，その差は72人でした。A中学校の生徒数は何人ですか。

26 濃度算(1)

入試必出例題　赤シートで答えをかくしてくり返し解こう！

食塩水の濃度

●食塩水の濃度とは，食塩水にとけている食塩の重さの割合のことで，ふつう，百分率で表す。

食塩水の濃度＝食塩の重さ÷食塩水の重さ　←食塩水の重さ＝水の重さ＋食塩の重さ

●食塩の重さ＝食塩水の重さ×食塩水の濃度

●食塩水の重さ＝食塩の重さ÷食塩水の濃度

例題1　濃度算の3公式

次の問いに答えなさい。

(1)　200gの水に食塩を50g混ぜると，何%の食塩水になりますか。

(2)　8%の食塩水300gには，食塩が何gふくまれていますか。

(3)　12%の食塩水に48gの食塩がふくまれているとき，この食塩水は何gありますか。

解き方　(1)　この食塩水の重さは，200＋50＝250(g)だから，

濃度は，50÷250＝**0.2** ➡ **20**%　←食塩水の濃度＝食塩の重さ÷食塩水の重さ

(2)　8%は0.08だから，この食塩水にふくまれている食塩の重さは，

300×0.08＝**24**(g)　←食塩の重さ＝食塩水の重さ×食塩水の濃度

(3)　12%は0.12だから，この食塩水の重さは，

48÷0.12＝**400**(g)　←食塩水の重さ＝食塩の重さ÷食塩水の濃度

例題2　混ぜ合わせた食塩水の濃度

次の□にあてはまる数を求めなさい。

(1)　3%の食塩水200gと8%の食塩水300gを混ぜ合わせると，□%の食塩水ができます。

(2)　7%の食塩水250gと□%の食塩水150gを混ぜ合わせると，10%の食塩水ができます。

解き方　(1)　□%の食塩水の重さは，200＋300＝500(g)

この食塩水にふくまれている食塩の重さは，200×0.03＋300×0.08＝6＋24＝30(g)

したがって，求める濃度は，30÷500＝**0.06**より，□＝**6**(%)

(2)　7%の食塩水250gにふくまれている食塩の重さは，250×0.07＝17.5(g)

10%の食塩水にふくまれている食塩の重さは，(250＋150)×0.1＝400×0.1＝40(g)

□%の食塩水150gにふくまれている食塩の重さは，40－17.5＝22.5(g)

したがって，求める濃度は，22.5÷150＝**0.15**より，□＝**15**(%)

▶解答は別冊 19 ページ

26　濃度算(1)　理解度確認ドリル

学習日　　月　　日

1　次の問いに答えなさい。

□(1)　180gの水に食塩(しょくえん)を20g混(ま)ぜると，何%の食塩水になりますか。

□(2)　6%の食塩水150gには，食塩が何gふくまれていますか。

□(3)　9%の食塩水に食塩が27gふくまれているとき，この食塩水は何gありますか。

□(4)　15%の食塩水180gにふくまれている水の重さは何gですか。

□(5)　水に食塩25gをとかして 5%の食塩水をつくるには，何gの水が必要(ひつよう)ですか。

2　次の□にあてはまる数を求(もと)めなさい。

□(1)　4%の食塩水150gと12%の食塩水50gを混ぜ合わせると，□%の食塩水になります。

□(2)　9%の食塩水800gに水を100g加(くわ)えると，□%の食塩水になります。

□(3)　10%の食塩水340gに食塩を20g加えると，□%の食塩水になります。

□(4)　6%の食塩水200gに食塩12gと水288gを加えると，□%の食塩水になります。

□(5)　□%の食塩水210gと 5%の食塩水240gを混ぜ合わせると，3.6%の食塩水になります。

□(6)　□%の食塩水300gに水を120g加えると，5%の食塩水になります。

27 濃度算(2)

入試必出例題　赤シートで答えをかくしてくり返し解こう！

例題1 加えたり蒸発させたりした水の重さ，加えた食塩の重さ

次の□にあてはまる数を求めなさい。

(1) 8%の食塩水250gに水を□g加えたら，5%の食塩水ができました。

(2) 6%の食塩水300gから水を□g蒸発させたら，9%の食塩水ができました。

(3) 10%の食塩水340gに食塩を□g加えたら，15%の食塩水ができました。

解き方 (1) 食塩水に水を加えても，**食塩**の重さは変わらない。

8%の食塩水250gにふくまれている食塩の重さは，250×0.08＝20(g)

水を加えてできた5%の食塩水の重さは，20÷0.05＝400(g)

したがって，加えた水の重さは，□＝400−250＝**150**(g)

(2) 食塩水から水を蒸発させても，**食塩**の重さは変わらない。

6%の食塩水300gにふくまれている食塩の重さは，300×0.06＝18(g)

水を蒸発させてできた9%の食塩水の重さは，18÷0.09＝200(g)

したがって，蒸発させた水の重さは，□＝300−200＝**100**(g)

(3) 食塩水に食塩を加えても，**水**の重さは変わらない。

10%の食塩水340gにふくまれている水の重さは，340×(1−0.1)＝306(g)で，（1−0.1：水の割合）

これは食塩を加えてできた15%の食塩水の，1−0.15＝0.85にあたるから，

できた15%の食塩水の重さは，306÷0.85＝360(g)

したがって，加えた食塩の重さは，□＝360−340＝**20**(g)

例題2 てんびん図の利用

4%の食塩水と10%の食塩水を混ぜて 8%の食塩水をつくるには，2 種類の食塩水をどんな割合で混ぜればよいですか。最も簡単な整数の比で表しなさい。

解き方 てんびんの棒の両はしを混ぜる前の濃度，おもりをそれぞれの食塩水の重さ，支点を混ぜた後の濃度として，**てんびん図**に表す。

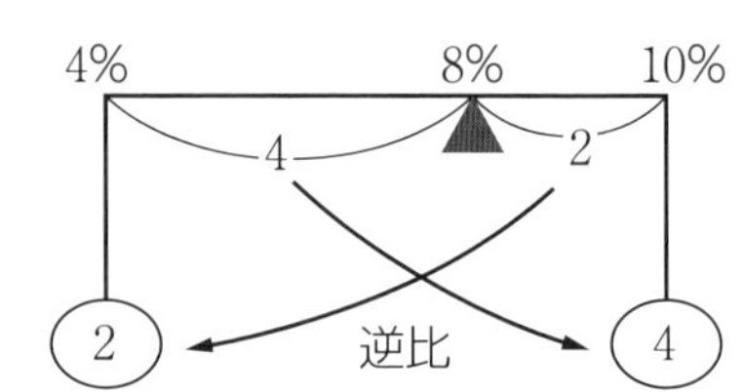

右のてんびん図で，おもりの重さの比は，支点からはしまでの長さの逆比になるから，

(4%の食塩水の重さ)：(10%の食塩水の重さ)

＝(10−8)：(8−4)＝2：4＝**1**：**2**

▶解答は別冊 20 ページ

1 次の□にあてはまる数を求(もと)めなさい。

□(1) 14%の食塩水(しょくえんすい)300gに水を□g加(くわ)えると，10%の食塩水になります。

□(2) 9%の食塩水500gから水を□g蒸発(じょうはつ)させたら，12%の食塩水になりました。

□(3) 3%の食塩水720gに食塩を□g加えると，10%の食塩水ができます。

□(4) 5%の食塩水□gに食塩を20g加えた後，水を20g蒸発させると，9%の食塩水になります。

ヒント 食塩を加えた後，同じ重さの水を蒸発させても，食塩水の重さは変(か)わらない。

2 次の□にあてはまる数を求めなさい。 ヒント それぞれてんびん図に表して考える。

□(1) 5%の食塩水300gと12%の食塩水□gを混(ま)ぜ合わせると，9%の食塩水になります。

□(2) 14%の食塩水□gと 6%の食塩水を混ぜ合わせると，12%の食塩水が400gできます。

□(3) 10%の食塩水□gに食塩を加えたら，20%の食塩水が360gできました。

3 容器(ようき)Aには **4%**の食塩水が**300g**，容器Bには**10%**の食塩水が**200g**入っています。**2** つの容器から同じ重さの食塩水を同時に取り出し，**A**から取り出した食塩水は**B**に，**B**から取り出した食塩水は**A**に入れてよくかき混ぜたら，**2** つの容器の食塩水の濃度(のうど)は等しくなりました。

□(1) かき混ぜた後の容器Aの食塩水の濃度は何%ですか。

ヒント かき混ぜた後の容器Aの食塩水の濃度は，全部混ぜた食塩水の濃度と等しい。

□(2) 容器Aから取り出した食塩水は何gですか。

28 倍数算

入試必出例題 赤シートで答えをかくしてくり返し解こう！

例題1 一方が一定

はじめ，兄と弟の所持金の比(ひ)は 4：3 でしたが，兄が200円使ったので，兄と弟の所持金の比は 6：5 になりました。兄のはじめの所持金は何円でしたか。

解き方 兄が200円使っても，**弟** **の所持金は変(か)わらない**から，

弟の所持金の比を 3 と 5 の最小公倍数(さいしょうこうばいすう)15にそろえると，

はじめ　4：3＝(4×5)：(3×5)＝20：15
その後　6：5＝(6×3)：(5×3)＝18：15
（弟の比を 15 にそろえる）

兄の比の差(さ)20－18＝2が200円にあたるから，1 にあたる金額(きんがく)は，200÷2＝100(円)

20にあたる兄のはじめの所持金は，100×20＝ **2000** (円)

例題2 和が一定

はじめ，姉と妹の所持金の比は 5：2 でしたが，姉が妹に800円あげたので，姉と妹の所持金の比は 3：2 になりました。姉のはじめの所持金は何円でしたか。

解き方 姉が妹に800円あげても，**2 人の所持金の** **和** **は変わらない**から，

比の和を(5＋2＝)7と(3＋2＝)5の最小公倍数35にそろえると，

はじめ　5：2＝(5×5)：(2×5)＝25：10
その後　3：2＝(3×7)：(2×7)＝21：14
（比の和を 35 にそろえる）

姉の比の差25－21＝4が800円にあたるから，1 にあたる金額は，800÷4＝200(円)

25にあたる姉のはじめの所持金は，200×25＝ **5000** (円)

例題3 差が一定

はじめ，AとBの所持金の比は 8：5 でしたが，2 人とも350円ずつ使ったので，AとBの所持金の比は 3：1 になりました。Aのはじめの所持金は何円でしたか。

解き方 2 人が350円ずつ使っても，**2人の所持金の** **差** **は変わらない**から，

比の差を(8－5＝)3と(3－1＝)2の最小公倍数 6 にそろえると，

はじめ　8：5＝(8×2)：(5×2)＝16：10
その後　3：1＝(3×3)：(1×3)＝ 9： 3
（比の差を 6 にそろえる）

Aの比の差16－9＝7が350円にあたるから，1 にあたる金額は，350÷7＝50(円)

16にあたるAのはじめの所持金は，50×16＝ **800** (円)

▶解答は別冊 21 ページ

理解度確認ドリル

学習日　　月　　日

1 次の問いに答えなさい。

□(1) はじめ，AとBの所持金の比は 6：5 でしたが，Aが450円使ったので，AとBの所持金の比は 3：4 になりました。Aのはじめの所持金は何円でしたか。

□(2) はじめ，姉と妹の所持金の比は 8：5 でしたが，妹がお手伝いをして母から300円もらったので，姉と妹の所持金の比は 4：3 になりました。妹の現在の所持金は何円ですか。

2 次の問いに答えなさい。

□(1) はじめ，兄と弟の所持金の比は 7：5 でしたが，兄が弟に660円渡したので，兄と弟の所持金の比は 2：3 になりました。兄のはじめの所持金は何円でしたか。

□(2) はじめ，A，B，Cの所持金の比は25：18：7 でしたが，AがCに500円あげたところ，A，B，Cの所持金の比は10：9：6 になりました。3 人の所持金の合計は何円ですか。

3 次の問いに答えなさい。

□(1) はじめ，AとBの所持金の比は 5：3 でしたが，2 人とも900円の買い物をしたので，残金の比は 3：1 になりました。Aのはじめの所持金は何円でしたか。

□(2) はじめ，兄と弟の所持金の比は 3：1 でしたが，2 人ともお手伝いをして1200円もらったので，2 人の所持金の比は 2：1 になりました。お手伝い後の弟の所持金は何円ですか。

□**4** はじめ，姉と弟の所持金の比は **5：2** でしたが，姉がケーキを買ったので，姉と弟の所持金の比は **9：4** になりました。その後，姉が弟に**1000**円あげたので，姉と弟の所持金の比は **7：6** になりました。姉が買ったケーキの値段は何円ですか。

ヒント　まず，姉がケーキを買う前後の弟の所持金の比をそろえる。

29 年令算

入試必出例題　赤シートで答えをかくしてくり返し解こう！

例題1　年令(ねんれい)の和を考える

現在(げんざい)，父と子の年令を合わせると50才で，4年前の父の年令は子の年令の5倍でした。現在，父は何才ですか。

解き方　父と子の年令の和は，1年に **2** 才ずつ増(ふ)えるから，

4年前の2人の年令の和は，$50-2\times4=50-8=42$(才)

このとき，父と子の年令の比(ひ)は5：1だから，

4年前の父の年令は，$42\times\frac{5}{5+1}=42\times\frac{5}{6}=35$(才)

現在の父の年令は，$35+4=$ **39** (才)

例題2　年令の差(さ)を考える

次の問いに答えなさい。

(1)　現在，母の年令は31才で，子の年令は4才です。母の年令が子の年令の4倍になるのは，今から何年後ですか。

(2)　現在，父の年令は44才で，子の年令は14才です。父の年令が子の年令の6倍であったのは，今から何年前ですか。

解き方　(1)　今から□年後の子の年令を①とすると，

母の年令は，①×4＝④

右の線分図より，

④－①＝③が，31－4＝27(才)にあたるから，

①＝27÷3＝9(才)

したがって，□＝9－4＝ **5** (年後)

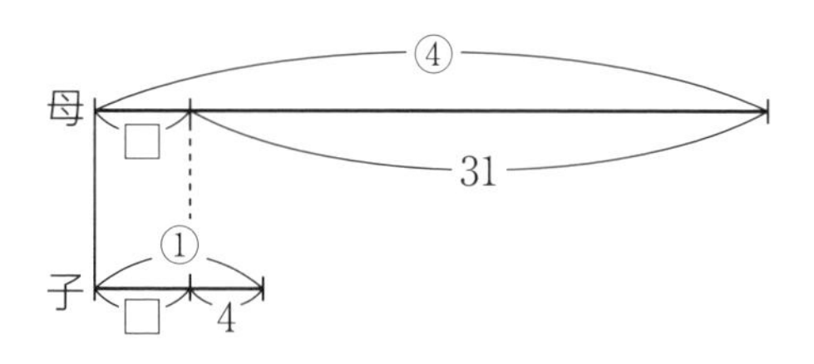

(2)　今から□年前の子の年令を①とすると，

父の年令は，①×6＝⑥

右の線分図より，

⑥－①＝⑤が，44－14＝30(才)にあたるから，

①＝30÷5＝6(才)

したがって，□＝14－6＝ **8** (年前)

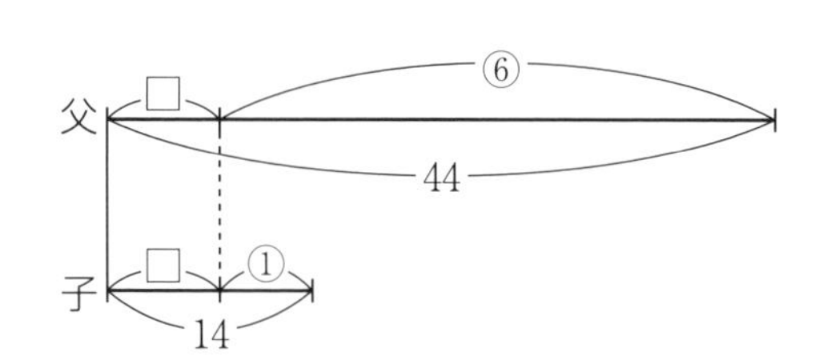

▶解答は別冊 22 ページ

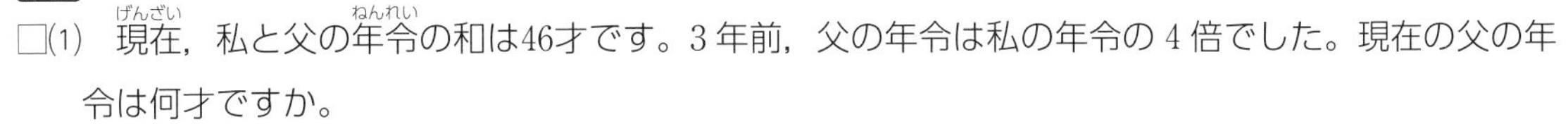

1 次の問いに答えなさい。

□(1) 現在，私と父の年令の和は46才です。3 年前，父の年令は私の年令の 4 倍でした。現在の父の年令は何才ですか。

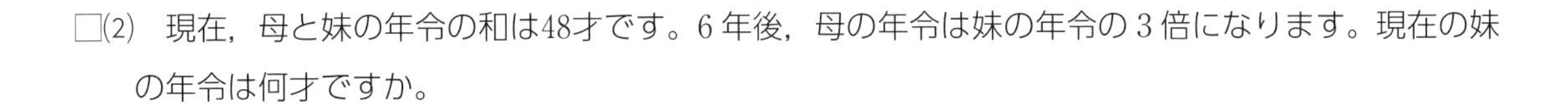

□(2) 現在，母と妹の年令の和は48才です。6 年後，母の年令は妹の年令の 3 倍になります。現在の妹の年令は何才ですか。

2 次の問いに答えなさい。

□(1) 現在，父の年令は41才で，子の年令は 9 才です。父の年令が子の年令の 3 倍になるのは，今から何年後ですか。

□(2) 現在，私の年令は12才で，母の年令は42才です。母の年令が私の年令の 4 倍だったのは，今から何年前ですか。

□(3) 現在，母の年令は37才で，2 人の子の年令は 8 才と 3 才です。2 人の子の年令の和が母の年令と等しくなるのは，今から何年後ですか。

ヒント 今から□年後とすると，母の年令は37＋□(才)，2 人の子の年令の和は8＋3＋□×2(才)である。

□(4) 現在，父と子の年令の差は30才です。14年後，父の年令は子の年令の 2 倍になります。現在の子の年令は何才ですか。

ヒント 現在の子の年令を□才として線分図に表してみる。

□**3** **現在の母の年令は子の年令の 5 倍ですが，42年後に母の年令は子の年令の1.5倍になります。現在の母の年令は何才ですか。**

ヒント 差が一定の倍数算を利用する。現在の母と子の年令の比は 5：1 で，42年後は1.5：1＝3：2 である。

30 仕事算，のべ算

入試必出例題　赤シートで答えをかくしてくり返し解こう！

例題1　仕事算

次の問いに答えなさい。

(1) 畑を耕(たがや)すのに，A 1人ですると6時間，B 1人ですると9時間かかります。この畑を2人でいっしょに耕すと，何時間何分かかりますか。

(2) かべにペンキをぬるのに，A 1人でぬると5時間，B 1人でぬると7時間かかります。このかべにペンキをぬるのに，はじめA 1人で2時間ぬり，残(のこ)りを2人でいっしょにぬると，ぬり終わるのに，全部で何時間何分かかりますか。

解き方 (1) **全体の仕事量(しごとりょう)を6と9の最小公倍数(さいしょうこうばいすう)18とすると，**

Aの1時間あたりの仕事量は18÷6＝3，Bの1時間あたりの仕事量は18÷9＝2だから，

2人でいっしょにしたときにかかる時間は，$18\div(3+2)=\frac{18}{5}$(時間) ➡ **3** 時間 **36** 分

〈別解(べっかい)〉 **全体の仕事量を1とすると，**　　$\frac{3}{5}$時間＝$60\times\frac{3}{5}$(分)

Aの1時間あたりの仕事量は$1\div6=\frac{1}{6}$，Bの1時間あたりの仕事量は$1\div9=\frac{1}{9}$だから，

2人でいっしょにしたときにかかる時間は，$1\div\left(\frac{1}{6}+\frac{1}{9}\right)=\frac{18}{5}$(時間) ➡ **3** 時間 **36** 分

(2) 全体の仕事量を5と7の最小公倍数35とすると，

Aの1時間あたりの仕事量は35÷5＝7，Bの1時間あたりの仕事量は35÷7＝5

はじめA 1人で2時間した仕事量は，7×2＝14だから，残りの仕事量は，35－14＝21

これを2人でいっしょにしたときにかかる時間は，$21\div(7+5)=\frac{21}{12}=\frac{7}{4}$(時間)だから，

ぬり終わるのにかかった時間は，全部で，$2+1\frac{3}{4}=3\frac{3}{4}$(時間) ➡ **3** 時間 **45** 分

例題2　のべ算

6人が15日働(はたら)いて終わる仕事を，はじめ5人で6日間働き，その後は4人で働きました。この仕事を終えるのに，全部で何日かかりましたか。

解き方 **1人が1日でする仕事を1とすると，**全体の仕事量は，1×6×15＝90

はじめの6日間でした仕事量は，1×5×6＝30

残りの90－30＝60の仕事をするのにかかった日数は，60÷(1×4)＝15(日)だから，

この仕事を終えるのにかかった日数は，全部で，6＋15＝ **21** (日)

▶解答は別冊 22 ページ

30　仕事算，のべ算　理解度確認ドリル

学習日　　月　　日

1　次の問いに答えなさい。

□(1)　ある仕事をするのに，A 1人だと 1 時間20分，B 1人だと 2 時間かかります。この仕事をAとBの 2 人ですると何分かかりますか。

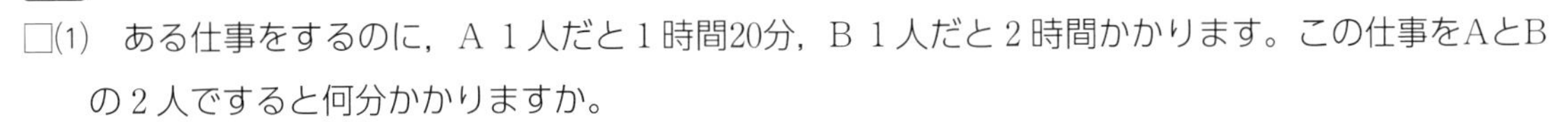

□(2)　ある仕事をするのに，A 1人だと20日，B 1人だと24日，C 1人だと30日かかります。この仕事を 3 人ですると何日かかりますか。

□(3)　ある仕事をAが 1 人ですると45分かかり，AとBが 2 人ですると30分かかります。この仕事をBが 1 人ですると何分かかりますか。

□(4)　ある仕事をするのに，A 1人ですると30日かかり，AとBの 2 人ですると20日かかり，BとCの 2 人ですると15日かかります。この仕事をAとCが 2 人ですると何日かかりますか。

□(5)　ある仕事をするのに，A 1人ですると24日かかり，B 1人ですると18日かかります。この仕事をするのに，Aが17日間仕事をした後，A，Bの 2 人で残りの仕事をしました。2 人で仕事をした日数は何日間ですか。

□(6)　ある仕事をするのに，A 1人では30日，B 1人では45日かかります。2 人いっしょにこの仕事を始めましたが，途中でBが何日か休んだので，ちょうど20日かかりました。Bが休んだのは何日間ですか。　**ヒント**　つるかめ算を利用する。

2　次の問いに答えなさい。

□(1)　40人で行えば40分で終わる仕事があります。この仕事をはじめの10分間は45人で行い，そこから50人で最後まで行いました。全部で何分かかりましたか。

□(2)　7 人で毎日働いて24日かかる仕事があります。はじめの 6 日間は 7 人で行い，残りを 2 人増やして行うと，7 人で毎日働くより何日早く終わりますか。

速さに関する問題

31 速さの基本

入試必出例題 赤シートで答えをかくしてくり返し解こう！

例題1 速さの3公式

次の問いに答えなさい。

(1) 720mの道のりを12分で歩いたときの速さは，分速何mですか。

(2) 時速48kmの自動車で5時間走ると何km進みますか。

(3) 1周(しゅう)400mのトラックを秒速5mで1周すると，何秒かかりますか。

解き方 (1) 分速とは，**1分間** に進む道のりで表した速さである。

速さ＝**道のり÷時間** より，720÷12＝**60**(m) ➡ 分速 **60** m

(2) 時速とは，**1時間** に進む道のりで表した速さである。

道のり＝**速さ×時間** より，48×5＝**240**(km)

(3) 秒速とは，**1秒間** に進む道のりで表した速さである。

時間＝**道のり÷速さ** より，400÷5＝**80**(秒)

例題2 速さの単位換算(たんいかんさん)

次の□にあてはまる数を求(もと)めなさい。

時速 ア km＝分速3km＝秒速 イ m

解き方 ア **1時間＝60分** だから，分速を時速になおすには，**60** をかければよい。

分速3km＝時速(3×60)km＝時速 **180** km

イ **1km＝1000m** だから，kmをmになおすには，**1000** をかければよい。

また，**1秒＝$\frac{1}{60}$分** だから，分速を秒速になおすには，**60** でわればよい。

分速3km＝秒速(3×1000÷60)m＝秒速 **50** m

例題3 速さの比較(ひかく)

時速45kmと秒速15mでは，どちらのほうが速いですか。

解き方 速さの種類(しゅるい)と長さの単位(たんい)をどちらかにそろえて比(くら)べる。

秒速15m＝時速(15×60×60÷1000)km＝時速 **54** kmだから，

秒速15m のほうが速い。 ←時速45km＝秒速(45×1000÷60÷60)m＝秒速12.5mとして比べてもよい

音声をチェック！ 9ページ 24 速さの3公式

▶解答は別冊 23 ページ

31 速さの基本 理解度確認ドリル

学習日 月 日

1 次の問いに答えなさい。

□(1) 200mを25秒で走った人の速さは，秒速何mですか。

□(2) 分速250mの自転車で 6 分間走ると，何m進みますか。

□(3) 150kmの道のりを時速60kmの自動車で走ると，何時間何分かかりますか。

2 次の□にあてはまる数を求(もと)めなさい。

□(1) 秒速15m＝分速□m

□(2) 分速80m＝時速□km

□(3) 分速96m＝秒速□m

□(4) 時速15km＝分速□m

□(5) 秒速20m＝時速□km

□(6) 時速108km＝秒速□m

3 次の問いに答えなさい。

□(1) 秒速65mと時速216kmでは，どちらのほうが速いですか。

□(2) 8kmを 2 時間で歩いたAと，350mを 5 分で歩いたBでは，どちらのほうが速いですか。

□**4** 子どもが歩いて学校に向かいました。家にいた母親は子どもの忘(わす)れ物に気づき，自転車で子どもを追いかけます。母親は，分速 **200m**だと **6** 分で，分速**155m**だと **9** 分で子どもに追いつきます。子どもの歩く速さは分速何**m**ですか。

ヒント 2 通りの母親の追いかけ方で，道のりの差(さ)と時間の差から，子どもの速さが求められる。

32 速さの問題

入試必出例題　赤シートで答えをかくしてくり返し解こう！

例題1　速さと単位

1.2kmの道のりを80秒で走る自動車の速さは，分速何mですか。

解き方　求めるのは「分速□m」だから，時間の単位を「分」に，長さの単位を「m」になおす。

1.2km＝1200m，80秒＝$\frac{80}{60}$分＝$\frac{4}{3}$分だから，

この自動車の速さは，1200÷$\frac{4}{3}$＝**900**(m) ➡ 分速**900**m

〈別解〉1.2÷80＝0.015より，この自動車の速さは，秒速0.015km

秒速0.015km＝分速(0.015×1000×60)m＝分速**900**m

例題2　往復の平均の速さ

片道24kmの道のりを往復するのに，行きは時速 8km，帰りは時速12kmで進みました。このときの往復の平均の速さは，時速何kmですか。

解き方　**往復の平均の速さ＝往復の道のり÷往復にかかった時間**　である。

往復の道のりは，24×2＝48(km)

往復にかかった時間は，24÷8＋24÷12＝3＋2＝5(時間)だから，

往復の平均の速さは，48÷5＝**9.6**(km) ➡ 時速**9.6**km

注意　往復の平均の速さ＝(行きの速さ＋帰りの速さ)÷2　ではない。

例題3　速さのつるかめ算

3900mの道のりを自転車で走るのに，はじめは分速180mで，途中から分速240mで進んだところ，18分かかりました。途中で速さを変えたのは，出発してから何分後ですか。

解き方　18分を全部分速240mで走ったとすると，実際に走った道のりより，

240×18－3900＝4320－3900＝420(m)多い。

分速を240mから180mに変えると，1 分間に進む道のりは，

240－180＝60(m)ずつ減るから，分速180mで走った時間は，420÷60＝**7**(分間)

したがって，途中で速さを変えたのは，出発してから**7**分後。

※　46ページ〈別解 2〉のような面積図に表して求めてもよい。

▶解答は別冊 24 ページ

理解度確認ドリル

学習日　　月　　日

1 次の問いに答えなさい。

□(1) 42kmの道のりを 2 時間20分で走る人の速さは，分速何mですか。

□(2) 5 分で225m歩く人が12km歩くと，何時間何分何秒かかりますか。

□(3) 家から駅に向かって時速4.2kmで 9 分歩いた後，分速140mで 5 分30秒走ったら駅に着きました。家から駅までの道のりは何kmですか。

2 次の問いに答えなさい。

□(1) 6kmの登山道を往復(おうふく)するのに，上りは 4 時間，下りは 2 時間かかりました。往復の平均(へいきん)の速さは時速何kmですか。

□(2) 1800mはなれた家と公園を往復するのに，行きは分速60mで歩き，帰りは分速120mで走りました。このときの往復の平均の速さは，分速何mですか。

□(3) 7.2kmはなれたA町とB町の間を自転車で往復しました。行きの速さは分速160mで，往復の平均の速さは分速192mでした。帰りの速さは分速何mですか。

3 次の問いに答えなさい。

□(1) 家から4160mはなれた図書館に行くのに，はじめは分速80mで歩き，途中(とちゅう)から分速120mで走ったら，家を出てから46分で図書館に着きました。分速80mで歩いた時間は何分間ですか。

□(2) 家から 5kmはなれた公園に行くのに，はじめは時速 8kmで走り，つかれたので途中で10分間休けいし，その後は時速 3kmで歩いたら，ちょうど 1 時間かかりました。時速 8kmで走った道のりは何kmですか。

33 速さと比の基本

入試必出例題　赤シートで答えをかくしてくり返し解こう！

例題1　速さ，道のり，時間と比

次の問いに答えなさい。比は，最も簡単な整数の比で表しなさい。

(1) 一定の速さの自転車で走ったら，P地点からQ地点までは15分，Q地点からR地点までは20分かかりました。PQ間，QR間の道のりの比を求めなさい。

(2) 兄が10分で歩く道のりを，弟は12分で歩くとき，兄と弟の速さの比を求めなさい。

(3) 妹が240m歩く間に，姉は300m歩くとき，妹と姉の速さの比を求めなさい。

解き方 (1) **速さが同じとき，道のりの比と時間の比は** 等しい から，

PQ間とQR間の道のりの比は，15：20＝ **3** ： **4**

(2) **道のりが同じとき，速さの比と時間の比は** 逆比になる から，

兄と弟の速さの比は，$\frac{1}{10}:\frac{1}{12}=\frac{6}{60}:\frac{5}{60}=$ **6** ： **5**

(3) **時間が同じとき，速さの比と道のりの比は** 等しい から，

妹と姉の速さの比は，240：300＝ **4** ： **5**

例題2　速さの3公式と比

次の問いに答えなさい。比は，最も簡単な整数の比で表しなさい。

(1) AとBの歩いた道のりの比は3：4，歩いた時間の比は5：6のとき，AとBの速さの比を求めなさい。

(2) CとDの歩く速さの比は9：10です。Cが8分，Dが6分歩いたとき，CとDの歩いた道のりの比を求めなさい。

解き方 (1) 速さを求める公式より，**速さの比は，** (道のり÷時間) **の比と等しい。**

AとBの歩いた道のりの比が3：4，歩いた時間の比が5：6だから，

AとBの速さの比は，$\frac{3}{5}:\frac{4}{6}=\frac{18}{30}:\frac{20}{30}=18:20=$ **9** ： **10**

(2) 道のりを求める公式より，**道のりの比は，** (速さ×時間) **の比と等しい。**

CとDの歩く速さの比が9：10，歩いた時間の比が8：6＝4：3だから，

CとDの歩いた道のりの比は，(9×4)：(10×3)＝36：30＝ **6** ： **5**

※ 時間を求める公式より，**時間の比は，** (道のり÷速さ) **の比と等しい。**

▶解答は別冊 24 ページ

1 次の問いに答えなさい。比は，最も簡単な整数の比で表しなさい。

□(1) ある池の周りをA，Bの 2 人が走りました。Aが 8 周する間にBが 6 周したとき，AとBの速さの比を求めなさい。

□(2) A駅とB駅の間を，普通列車は18分で，特急列車は15分で走ります。普通列車と特急列車の速さの比を求めなさい。

□(3) 一定の速さで走る自動車が，鉄橋を通過するのに72秒，トンネルを通過するのに 2 分かかりました。鉄橋とトンネルの長さの比を求めなさい。ただし，自動車の長さは考えないものとします。

2 次の問いに答えなさい。

□(1) A地点からB地点を通ってC地点まで行ったとき，AB間とBC間の速さの比は 8：9，かかった時間の比は 6：5 でした。AB間とBC間の道のりの比を，最も簡単な整数の比で表しなさい。

□(2) 兄と弟の歩く速さの比は 5：3 です。2 人は家を同時に出発し，兄は750m先の駅へ，弟は420m先の図書館へ，それぞれ歩いて行きました。目的地に先に着くのはどちらですか。

□(3) 家からおじの家まで，その道のりの$\frac{1}{5}$を徒歩で，残りはバスで移動しました。歩いた時間は，バスに乗っていた時間の 3 倍です。徒歩とバスの速さの比を，最も簡単な整数の比で表しなさい。

3 家から **5km**はなれた駅に行くのに，**3km**進んだところから歩く速さを **2** 倍にしたところ，家を出てからちょうど **1** 時間後に駅に着きました。

□(1) 歩く速さを 2 倍にしたのは，家を出てから何分後ですか。

□(2) 途中で速さを変えなければ，家を出てから何分後に駅に着きましたか。

速さに関する問題

34 速さと比の問題

入試必出例題　赤シートで答えをかくしてくり返し解こう！

例題1　速さと比

次の問いに答えなさい。

(1)　家から学校まで分速75mで歩くと，分速60mで歩くよりも3分早く着きます。家から学校までの道のりは何mですか。

(2)　P地点とQ地点の間を，行きは時速 4km，帰りは時速 6kmで往復(おうふく)したら，5時間かかりました。PQ間の道のりは何kmですか。

(3)　1周(しゅう)400mのトラックをAは60秒，Bは75秒で走ります。2人が同時にスタートして400m走ると，Aがゴールしたとき，Bはゴールの手前何mのところを走っていますか。

解き方　(1)　速さの比は，75：60＝5：4だから，かかる時間の比は，$\frac{1}{5}:\frac{1}{4}=4:5$

分速75mで歩いてかかる時間を④，分速60mで歩いてかかる時間を⑤とすると，

⑤－④＝①が3分にあたるから，分速60mで歩いてかかる時間は，3×5＝15(分)

家から学校までの道のりは，60×15＝ **900** (m)

(2)　行きと帰りの速さの比は，4：6＝2：3だから，かかる時間の比は，$\frac{1}{2}:\frac{1}{3}=3:2$

行きにかかった時間は，$5\times\frac{3}{3+2}=3$(時間)だから，PQ間の道のりは，4×3＝ **12** (km)

(3)　AとBのかかる時間の比は，60：75＝4：5だから，速さの比は，$\frac{1}{4}:\frac{1}{5}=5:4$

Aが400m走る間にBが□m走るとすると，道のりの比は速さの比と等しいから，

400：□＝5：4 ➡ □＝400×4÷5＝320

したがって，Bが走っているところは，ゴールの手前400－320＝ **80** (m)

例題2　歩はばと歩数

兄が5歩で歩く道のりを弟は6歩で歩き，兄が10歩進む間に弟は9歩進みます。兄と弟の歩く速さの比を，最(もっと)も簡単(かんたん)な整数の比で表しなさい。

解き方　兄と弟の歩はばの比は，$\frac{1}{5}:\frac{1}{6}=6:5$ ←歩はばの比は，同じ道のりを歩く歩数の逆比(ぎゃくひ)になる。

兄が10歩進む間に弟は9歩進むから，**道のり＝歩はば×歩数**より，

兄と弟の同じ時間に歩く道のりの比は，(6×10)：(5×9)＝60：45＝4：3

速さの比は，道のりの比に等しいから，兄と弟の速さの比は， **4** ： **3**

▶解答は別冊 25 ページ

34 速さと比の問題 理解度確認ドリル

学習日 月 日

1 次の問いに答えなさい。

□(1) A地点からB地点まで時速60kmで進むと，時速40kmで進むよりも30分早く着きます。A地点からB地点までの道のりは何kmですか。

□(2) 家から学校まで行くのに，分速80mで歩くと予定よりも10分おそく到着(とうちゃく)し，分速60mで歩くと予定よりも15分おそく到着します。家から学校までの道のりは何mですか。

□(3) 8 時に家を出て駅まで行きます。分速70mで歩くと予定の時刻(じこく)に 2 分遅刻(ちこく)し，分速80mで歩くと予定の時刻よりも 3 分早く到着します。駅に到着する予定の時刻は 8 時何分ですか。

□(4) 家と公園の間を往復(おうふく)するのに，行きは時速7.2kmで走り，帰りは時速4.8kmで歩いたら，往復で24分かかりました。家から公園までの道のりは何mですか。

□(5) 150mを兄は20秒，弟は24秒で走ります。2 人が同時にスタートして150m走ると，兄がゴールしたとき，弟はゴールの手前何mのところを走っていますか。

□(6) AとBの走る速さの比(ひ)は10：9です。また，BとCの走る速さの比も10：9です。A，B，Cの 3 人が100m競走(きょうそう)をすると，AはCに何mの差(さ)をつけて勝ちますか。

ヒント 速さの比から道のりの比を求(もと)め，Bの道のりの比をそろえる。

2 次の問いに答えなさい。

□(1) Aが 4 歩進む間にBは 5 歩進みます。Aが 6 歩で進む道のりをBは 7 歩で進みます。AとBの歩く速さの比を，最(もっと)も簡単(かんたん)な整数の比で表しなさい。

□(2) 家から駅まで，兄は1200歩，弟は1350歩で歩きました。兄と弟の歩はばの差が 8cmのとき，家から駅までは何mありますか。

35 旅人算(1)

入試必出例題 赤シートで答えをかくしてくり返し解こう！

旅人算の公式

●出会うまでの時間＝2 人の間の道のり÷2 人の速さの和

●追いつくまでの時間＝2 人の間の道のり÷2 人の速さの差

例題1 旅人算の基本

次の問いに答えなさい。

(1) 780mはなれたP，Q 2 地点間を，兄は分速75mでP地点から，弟は分速55mでQ地点から同時に向かい合って出発しました。2 人が出会うのは，出発してから何分後ですか。また，出会う場所は，P地点から何mの地点ですか。

(2) 妹が分速60mで家を出発してから10分後に，忘れ物に気づいた姉が分速180mで妹を追いかけました。姉が妹に追いつくのは，姉が家を出発してから何分後ですか。また，追いついた場所は，家から何mの地点ですか。

解き方 (1) 2 人は 1 分間に，75＋55＝130(m)ずつ近づくから，

2 人が出会うのは，出発してから，780÷130＝**6**(分後) ← 出会うまでの時間＝2 人の間の道のり÷2 人の速さの和

出会う場所は，P地点から，75×6＝**450**(m)の地点。

(2) 姉が家を出発したとき，妹は，60×10＝600(m)先にいる。

姉は 1 分間に，180－60＝120(m)ずつ妹に近づくから，

姉が妹に追いつくのは，出発してから，600÷120＝**5**(分後) ← 追いつくまでの時間＝2 人の間の道のり÷2 人の速さの差

追いついた場所は，家から，180×5＝**900**(m)の地点。

例題2 池の周りを回る

1 周1800mの池の周りを，Aは分速130mで，Bは分速70mで，同じ地点から同時に出発します。

(1) 同じ方向に進むとき，AがBにはじめて追いつくのは，出発してから何分後ですか。

(2) 反対方向に進むとき，2 人がはじめて出会うのは，出発してから何分後ですか。

解き方 (1) Aが1800m先にいるBを追いかけると考えると，

AがBにはじめて追いつくのは，出発してから，1800÷(130－70)＝**30**(分後)

(2) 1800mはなれている 2 人が向かい合って進むと考えると，

2 人がはじめて出会うのは，出発してから，1800÷(130＋70)＝**9**(分後)

▶解答は別冊 26 ページ

35　旅人算(1)　理解度確認ドリル

学習日　　月　　日

1　次の問いに答えなさい。

□(1)　805mはなれたところにいる姉と妹が，向かい合って歩き始めました。姉の速さは分速65m，妹の速さは分速50mです。2人が出会うのは，歩き始めてから何分後ですか。

□(2)　AとBの2人が同じところから出発して，たがいに反対方向に進みます。Aは分速90mで，Bは分速70mで進みます。2 人が 4kmはなれるのは，出発してから何分後ですか。

□(3)　妹は毎分75mの速さで家を出発し，その14分後に姉は毎分96mの速さで家を出発して妹を追いかけました。姉が妹に追いつくのは，姉が家を出発してから何分後ですか。

□(4)　1kmはなれているP地点とQ地点の間を，兄はP地点から，弟はQ地点から同時に出発して，PQ間をそれぞれ往復（おうふく）します。兄の歩く速さが分速75m，弟の歩く速さが分速50mのとき，2 人が 2 回目に出会うのは，出発してから何分後ですか。

ヒント　まず，2 人が 2 回目に出会うまでに歩く道のりの和を考える。

□(5)　兄は家から，弟は学校から同時に向かい合って出発します。兄は分速80m，弟は分速50mで歩きます。2 人が出会うまでに弟は途中（とちゅう）で 2 分休けいしました。また，出会うまでに，兄は弟よりも790m多く歩きました。家から学校までの道のりは何mですか。

ヒント　出会いの旅人算ではなく，歩いた道のりの差がわかっているので，追いつきの旅人算で考える。

2　次の問いに答えなさい。

□(1)　1 周（しゅう）3.2kmの公園の周（まわ）りを，姉は分速100m，妹は分速60mの速さで，同じ場所から同時に出発し，反対方向に進みます。2 人がはじめて出会うのは，出発してから何分後ですか。

□(2)　1 周4800mの池があります。AとBが同じ場所から，この池の周りを同じ方向に向かって走り出すと，1 時間後にAはBにはじめて追いつきます。Aの速さが分速250mのとき，Bの速さは分速何mですか。

36 旅人算(2)

入試必出例題 赤シートで答えをかくしてくり返し解こう！

例題1 旅人算と比(ひ)

公園の周(まわ)りを1周(しゅう)するのに，Aは走って6分，Bは歩いて14分かかります。

(1) 2人が同じ場所から同時に反対方向に進むと，2人がはじめて出会うのは，出発してから何分何秒後ですか。

(2) 2人が同じ場所から同時に同じ方向に進むと，AがBにはじめて追いつくのは，出発してから何分何秒後ですか。

解き方 (1) AとBの速さの比は，かかる時間の逆比(ぎゃくひ)で，$\frac{1}{6}:\frac{1}{14}=\frac{7}{42}:\frac{3}{42}=7:3$

Aの速さを⑦，Bの速さを③とすると，公園の周りの長さは，⑦×6＝㊷

2人の速さの和は，⑦＋③＝⑩だから，2人がはじめて出会うのは，出発してから，

㊷÷⑩＝42÷10＝4.2(分後) ➡ **4** 分 **12** 秒後 ←60×0.2＝12(秒)

(2) 2人の速さの差(さ)は，⑦－③＝④だから，AがBにはじめて追いつくのは，出発してから，

㊷÷④＝42÷4＝10.5(分後) ➡ **10** 分 **30** 秒後 ←60×0.5＝30(秒)

例題2 和差算の利用(りよう)

次の問いに答えなさい。

(1) 1周1200mの池の周りを，AとBが同じ場所から反対方向に歩くと8分で出会い，同じ方向に歩くとAはBに40分で追いつきます。2人の速さはそれぞれ分速何mですか。

(2) ある公園の周りを，CとDが同じ場所から反対方向に進むと5分で出会い，同じ方向に進むとCはDに35分で追いつきます。CとDの速さの比(ひ)を最(もっと)も簡単(かんたん)な整数の比で表しなさい。

解き方 (1) 2人の速さの和は，1200÷8＝150(m) ➡ 分速150m

2人の速さの差は，1200÷40＝30(m) ➡ 分速30m

速いほうのAの速さは，(150＋30)÷2＝90(m) ➡ 分速 **90** m ←和差算の利用

おそいほうのBの速さは，150－90＝60(m) ➡ 分速 **60** m

(2) 公園の周りの長さを5と35の最小(さいしょう)公倍数㉟とすると，

2人の速さの和は，㉟÷5＝⑦　2人の速さの差は，㉟÷35＝①

CとDの速さの比は，{(⑦＋①)÷2}：{(⑦－①)÷2}＝④：③＝ **4** ： **3** ←和差算の利用

▶解答は別冊 26 ページ

1 次の問いに答えなさい。

□(1) 1周2000mの池の周りを兄と妹が同時に同じ場所から反対方向に歩き始めると，2人は20分後に出会います。兄と妹の速さの比が3：2であるとき，妹の速さは分速何mですか。

＿＿＿＿＿＿

□(2) 家から学校まで行くのに，姉は15分，弟は18分かかります。弟が家を出発してから1分後に姉が家を出発すると，姉は何分後に弟に追いつきますか。

＿＿＿＿＿＿

□(3) ある池の周りを，Aは毎分60m，Bは毎分80mの速さで歩きます。2人が同じ場所から反対方向に出発したら，20分後に出会いました。同じ場所から同じ方向に出発すると，2人同時にスタート地点にもどってくるのは，出発してから何分後ですか。

ヒント　2人同時にスタート地点にもどってくるのは，それぞれ何周したときかを，速さの比から考える。

＿＿＿＿＿＿

2 次の問いに答えなさい。

□(1) 1周1800mの公園の周りを，A，Bの2人が同じところから同時にスタートして走ります。同じ方向に進むとAはBを1時間後に追いこします。また，反対方向に進むと2人は10分後にすれちがいます。2人の走る速さは，それぞれ分速何mですか。

A＿＿＿＿＿＿　B＿＿＿＿＿＿

□(2) ある島を1周する道路があり，A，Bの2人がこの道路を自転車で走りました。2人が同じ場所から同じ方向に進んだらAはBに3時間後に追いつき，2人が反対方向に進んだら20分後にすれちがいました。AとBが島を1周するのにかかる時間の比を，最も簡単な整数の比で表しなさい。

＿＿＿＿＿＿

3 **あるサイクリングコースを，A，Bの2人が自転車で1周しました。AはこのコースのP地点を出発し，28分後にP地点にもどりました。BはAと同時にP地点を出発し，Aとは反対の方向に進んで1周しました。2人は出発してから15分45秒後にすれちがいました。**

□(1) AとBの速さの比を最も簡単な整数の比で表しなさい。

＿＿＿＿＿＿

□(2) AがP地点にもどったとき，BはP地点まであと1960mの地点にいました。このサイクリングコース1周の長さは何mですか。

＿＿＿＿＿＿

速さに関する問題

37 速さのグラフ

入試必出例題　赤シートで答えをかくしてくり返し解こう！

例題1　速さのグラフ

兄は家から駅まで歩いて行きました。途中で休けいし，また同じ速さで歩いて駅に向かいました。弟は兄から15分おくれて家を出発し，兄と同じ道を自転車で駅に向かいました。右の図は，そのときの時間と道のりの関係をグラフに表したものです。

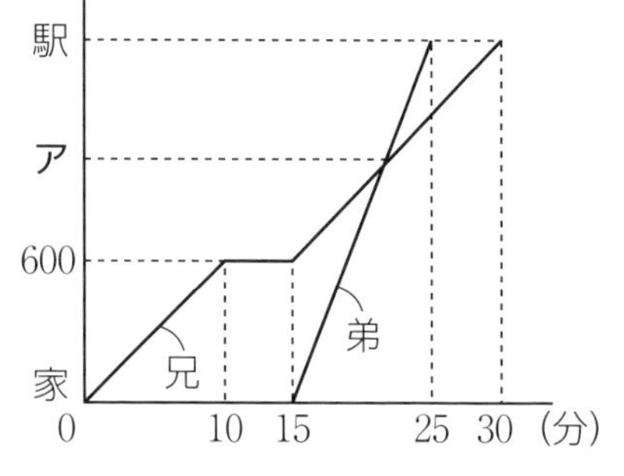

(1)　兄の歩く速さは分速何mですか。

(2)　家から駅までの道のりは何mですか。

(3)　グラフのアにあてはまる数を求めなさい。

解き方　(1)　兄は，600mを10分で歩いているから，$600\div10=$ **60**(m) ➡ 分速 **60** m

(2)　分速60mで$30-(15-10)=25$(分)歩いた道のりだから，$60\times25=$ **1500**(m)

(3)　弟の自転車の速さは，$1500\div(25-15)=150$(m) ➡ 分速150m

弟が兄に追いつくまでにかかる時間は，$600\div(150-60)=\frac{20}{3}$(分)だから，

$ア=150\times\frac{20}{3}=$ **1000**

例題2　2人の間の距離を表すグラフ

弟が家を出た後，忘れ物に気づいた姉が家を出て弟を追いかけました。右の図は，弟が家を出てからの時間と2人の間の距離の関係をグラフに表したものです。

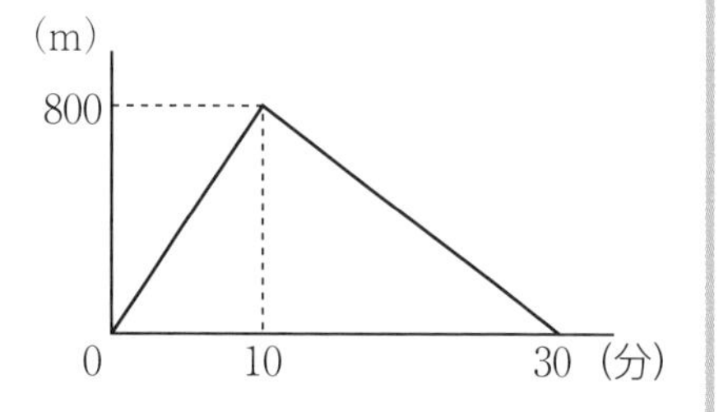

(1)　弟の速さは分速何mですか。

(2)　姉の速さは分速何mですか。

解き方　(1)　弟は，800m進むのに10分かかっているから，$800\div10=$ **80**(m) ➡ 分速 **80** m

(2)　姉が弟に追いつくまでに進んだ道のりは，弟が進んだ道のりと同じで，$80\times30=2400$(m)

姉は2400m進むのに，$30-10=20$(分)かかっているから，

姉の速さは，$2400\div20=120$(m) ➡ 分速 **120** m

〈別解〉　姉は，800m先の弟に追いつくのに，$30-10=20$(分)かかっているから，

2人の速さの差は，$800\div20=40$(m) ➡ 分速40m ← 2人の速さの差＝2人の間の道のり÷追いつくまでの時間

姉の速さは，$80+40=$ **120**(m) ➡ 分速 **120** m

▶解答は別冊 27 ページ

37 速さのグラフ　理解度確認ドリル

学習日　　月　　日

1 弟が 9 時に家を出て，3600mはなれた駅まで行きました。家を出てバス停まで360m歩き，2 分待ってからバスに乗りました。その後，忘れ物に気づいた母が，同じ道を分速900mの自動車で駅に向かったところ，バスより 1 分早く駅に着きました。右の図は，弟が家を出てからの時間と家からの道のりの関係をグラフに表したものです。

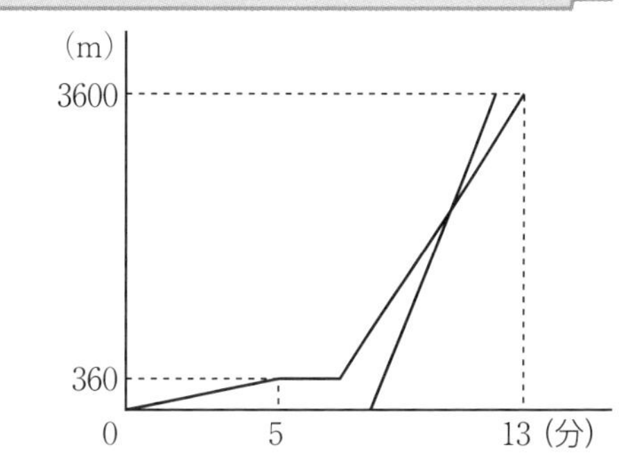

□(1) 弟の歩く速さは，分速何mですか。

□(2) バスの速さは分速何mですか。

□(3) 母が家を出たのは，9 時何分ですか。

□(4) 母がバスを追いぬいたのは，家から何mの地点ですか。

2 兄が 8 時に家を出て，2200mはなれた運動場まで歩いて向かいました。数分後，弁当を忘れたことに気づいた母が，分速120mで走って兄を追いかけました。母は途中で兄に追いついて弁当を渡し，すぐに同じ速さで走って家にもどりました。右の図は，兄が家を出てからの時間と 2 人の間の距離の関係をグラフに表したものです。

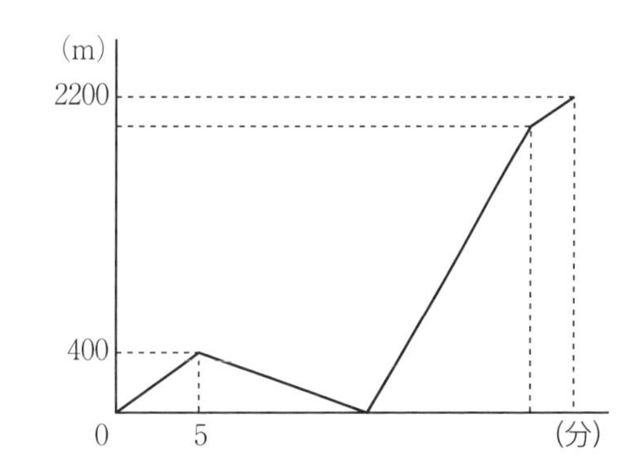

□(1) 兄の歩く速さは，分速何mですか。

□(2) 母が兄に弁当を渡したのは，何時何分ですか。

□(3) 母が家にもどったとき，兄は運動場まであと何mのところにいますか。

速さに関する問題

38 通過算

入試必出例題　赤シートで答えをかくしてくり返し解こう！

通過算の公式

●鉄橋やトンネルを通過するのにかかる時間＝(鉄橋やトンネルの長さ＋列車の長さ)÷速さ

●トンネルに完全にかくれている時間＝(トンネルの長さ－列車の長さ)÷速さ

例題1　通過算の基本

長さが120mで，秒速20mで走っている電車があります。

(1)　この電車は，長さ600mの鉄橋を渡り始めてから渡り終わるまでに何秒かかりますか。

(2)　この電車が長さ1kmのトンネルに入ったとき，完全にかくれている時間は何秒ですか。

解き方 (1)　鉄橋を渡り始めてから渡り終わるまでに進む道のりは，600＋120＝720(m)だから，それにかかる時間は，720÷20＝ **36** (秒)

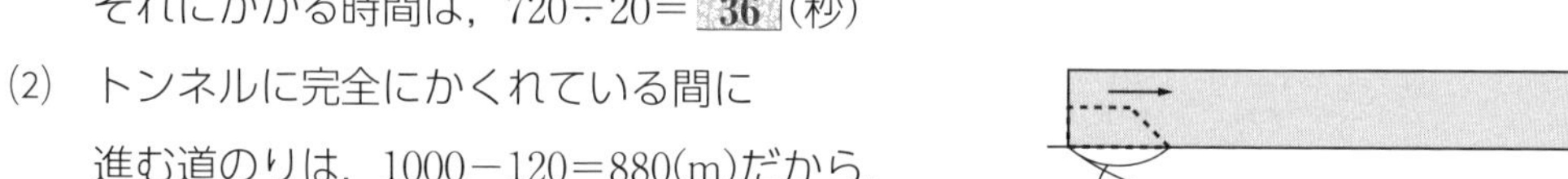

(2)　トンネルに完全にかくれている間に進む道のりは，1000－120＝880(m)だから，その間の時間は，880÷20＝ **44** (秒)

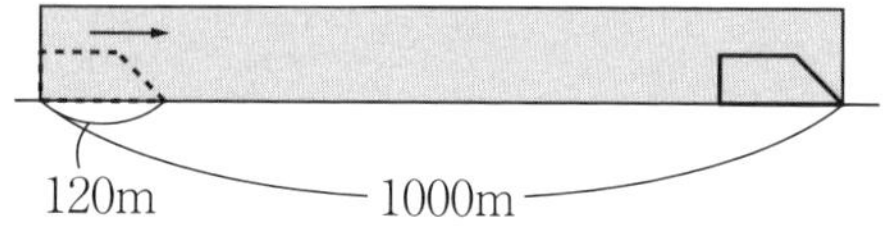

2つの列車のすれちがいと追いこしの公式

●すれちがいにかかる時間＝列車の長さの和÷速さの和　←一方の列車は止まっていると考える

●追いこしにかかる時間＝列車の長さの和÷速さの差　←追いこされる列車は止まっていると考える

例題2　列車のすれちがいと追いこし

秒速30mで走る長さ150mの列車Aと，秒速20mで走る長さ200mの列車Bがあります。

(1)　列車AとBが向かい合って走っているとき，すれちがうのに何秒かかりますか。

(2)　列車AがBを追いかけているとき，追いついてから追いこすまでに何秒かかりますか。

解き方 (1)　列車Bが止まっていると考えると，列車Aは秒速30＋20＝50(m)で，200＋150＝350(m)進んで列車Bとすれちがうから，かかる時間は，350÷50＝ **7** (秒)

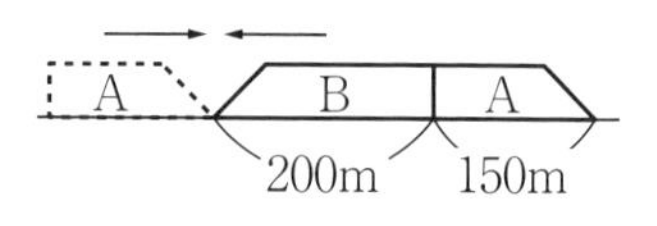

(2)　追いこされる列車Bが止まっていると考えると，列車Aは秒速30－20＝10(m)で，200＋150＝350(m)進んで列車Bを追いこすから，かかる時間は，350÷10＝ **35** (秒)

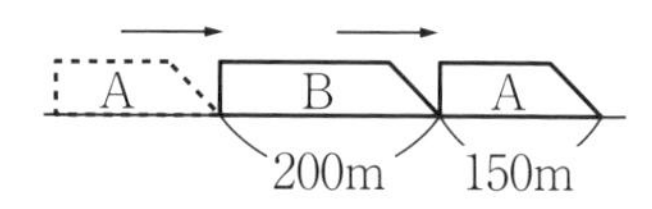

▶解答は別冊 28 ページ

38　通過算　理解度確認ドリル

学習日　　月　　日

1　次の問いに答えなさい。

□(1)　長さが96mで，秒速18mで走る電車があります。この電車は長さ1.2kmの鉄橋を渡(わた)り始めてから渡り終わるまでに何秒かかりますか。

＿＿＿＿＿＿

□(2)　長さが135mで，時速54kmで走る列車があります。この列車が長さ 3kmのトンネルに入ったとき，完全(かんぜん)にかくれている時間は何分何秒ですか。

＿＿＿＿＿＿

□(3)　ある列車は，長さ180mの駅のホームを通過(つうか)するのに15秒かかります。また，ホームに立っている人の前を通過するのに 6 秒かかります。この列車の速さは時速何kmですか。

＿＿＿＿＿＿

□(4)　ある電車が225mの鉄橋を通過するのに15秒，3870mのトンネルを通過するのに 2 分30秒かかりました。この電車の速さは秒速何mですか。また，この電車の長さは何mですか。

速さ＿＿＿＿＿＿　長さ＿＿＿＿＿＿

□(5)　秒速25mの電車が鉄橋を渡り始めてから，先頭が鉄橋の$\frac{3}{8}$のところまで進むのに36秒かかりました。このまま速さを変(か)えずに進むと，渡り終えるまでにさらに66秒かかりました。鉄橋と電車の長さは，それぞれ何mですか。

鉄橋＿＿＿＿＿＿　電車＿＿＿＿＿＿

2　次の問いに答えなさい。

□(1)　秒速35mで走る長さ200mの急行列車と，秒速25mで走る長さ220mの普通(ふつう)列車が反対方向からすれちがいました。急行列車と普通列車が出会ってからはなれるまでに何秒かかりますか。

＿＿＿＿＿＿

□(2)　秒速28mで走る長さ240mの列車Aが，秒速20mで走る長さ176mの列車Bに追いつき追いこしました。追いついてから追いこすまでに何秒かかりましたか。

＿＿＿＿＿＿

□(3)　長さ105mの電車Aが時速72kmで走っています。電車Aが長さ75mの電車Bに追いついてから完全に追いこすのに24秒かかりました。電車Bの速さは時速何kmですか。

＿＿＿＿＿＿

39 時計算，流水算

入試 必出 例題　赤シートで答えをかくしてくり返し解こう！

長針と短針の進む角度

●時計の針が1分間に進む角度は，長針が$360°÷60=6°$，短針が$360°÷12÷60=0.5°$
したがって，長針は短針より，1分間に$6°-0.5°=$ **5.5°** 多く進む。

例題1　時計算の基本

次の問いに答えなさい。
(1) 5時50分に時計の長針と短針がつくる小さいほうの角度は何度ですか。
(2) 8時と9時の間で，時計の長針と短針がぴったり重なるのは8時何分ですか。

解き方 (1) 5時に，短針は長針より，$360°÷12×5=150°$先にある。
50分間に，長針は短針よりも，$5.5°×50=275°$多く進むから，
5時50分に両針がつくる小さいほうの角度は，$275°-150°=$ **125°**
(2) 8時に，短針は長針より，$360°÷12×8=240°$先にある。
1分間に，長針は短針に5.5°ずつ近づくから，8時と9時の間で，
両針がぴったり重なるのは，$\underline{240÷5.5}=\frac{480}{11}=$ **$43\frac{7}{11}$**(分) ➡ 8時 **$43\frac{7}{11}$** 分
（旅人算の利用）

流水算の公式

●船の上りの速さ＝静水時の速さ－川の流れの速さ
●船の下りの速さ＝静水時の速さ＋川の流れの速さ
●船の静水時の速さ＝(上りの速さ＋下りの速さ)÷2
●川の流れの速さ＝(下りの速さ－上りの速さ)÷2

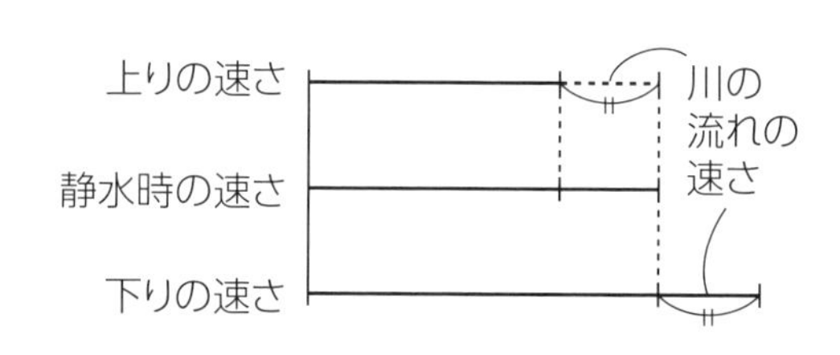

例題2　流水算の基本

35kmはなれている川下のP地点と川上のQ地点の間を，船が往復しました。P地点からQ地点まで上るのに3.5時間，Q地点からP地点まで下るのに2.5時間かかりました。
船の静水時の速さと，川の流れの速さを求めなさい。

解き方 船の上りの速さは，$35÷3.5=10$(km) ➡ 時速10km
船の下りの速さは，$35÷2.5=14$(km) ➡ 時速14km
したがって，船の静水時の速さは，$(10+14)÷2=$ **12** (km) ➡ 時速 **12** km
また，川の流れの速さは，$(14-10)÷2=$ **2** (km) ➡ 時速 **2** km

音声をチェック！ 9ページ 25 時計算の基本①，26 時計算の基本②

▶解答は別冊 28 ページ

学習日　　月　　日

1 次の問いに答えなさい。

□(1)　8 時20分に時計の長針（ちょうしん）と短針（たんしん）がつくる小さいほうの角度は何度ですか。

______

□(2)　6 時45分に時計の長針と短針がつくる小さいほうの角度は何度ですか。

______

□(3)　4 時と 5 時の間で，時計の長針と短針がぴったり重なるのは 4 時何分ですか。

______

□(4)　2 時と 3 時の間で，時計の長針と短針のつくる角度が180°になるのは 2 時何分ですか。

______

□(5)　5 時と 6 時の間で，時計の長針と短針のつくる角度が90°になるのは 5 時何分ですか。すべて求（もと）めなさい。

______

2 次の問いに答えなさい。

□(1)　ある川をボートで2.4km上るのに25分かかり，同じところを下るのに15分かかりました。静水時（せいすいじ）のボートの速さと川の流れの速さは，それぞれ分速何mですか。

静水時のボート______　川の流れ______

□(2)　川下のP地点と川上のQ地点の間を，船が往復（おうふく）しました。P地点からQ地点までは 5 時間かかり，Q地点からP地点までは 3 時間かかりました。川の流れの速さが時速 3kmのとき，P地点からQ地点までは何kmありますか。

______

□(3)　静水時の速さが分速100mの船が，川に沿（そ）って 3kmはなれたP地点とQ地点の間を往復しています。P地点からQ地点までは40分かかるとき，Q地点からP地点までは何分かかりますか。

______

□(4)　ある船が川を30km上るのに，いつもは 2 時間かかります。今回は途中（とちゅう）でエンジンが30分間止まってしまったので，2 時間36分かかりました。このときの川の流れの速さは，時速何kmですか。

______

40 数　列

入試必出例題　赤シートで答えをかくしてくり返し解こう！

例題1　いろいろな数列

次の数列は，あるきまりにしたがって並んでいます。□にあてはまる数を求めなさい。

(1)　1，2，4，7，ア，16，22，29，イ，46，……

(2)　1，2，4，8，ウ，32，64，エ，256，512，……

(3)　1，2，3，5，8，オ，21，34，55，カ，144，……

解き方　(1)　となり合う2数の差は，1ずつ増えていくから，

1　2　4　7
+1　+2　+3

ア＝7＋4＝**11**　　イ＝29＋8＝**37**

(2)　それぞれの数は，前の数の2倍になっているから，

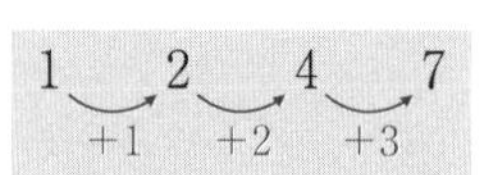

ウ＝8×2＝**16**　　エ＝64×2＝**128**

(3)　3番目以降の数は，前の2数の和になっているから，

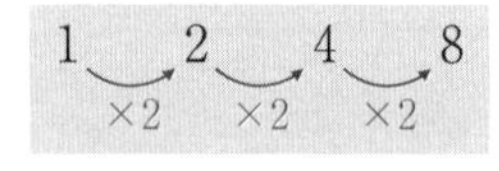

オ＝5＋8＝**13**　　カ＝34＋55＝**89**

等差数列の公式

●となり合う2数の差が一定である数列を**等差数列**といい，等しい差を**公差**という。

●**等差数列のN番目の数＝はじめの数＋公差×(N－1)**

●**等差数列の和＝(はじめの数＋N番目の数)×個数÷2**

例題2　等差数列

次のように，あるきまりにしたがって数が並んでいます。

2，5，8，11，14，17，20，23，……

(1)　20番目の数はいくつですか。

(2)　92は何番目の数ですか。

(3)　はじめの数から33番目の数までの和を求めなさい。

解き方　この数列は，はじめの数が2，公差が3の等差数列である。

(1)　20番目の数は，2＋3×(20－1)＝2＋57＝**59**

(2)　92を□番目の数とすると，2＋3×(□－1)＝92

□にあてはまる数を求めると，3×(□－1)＝90，□－1＝30，□＝**31**(番目)

(3)　33番目の数は，2＋3×(33－1)＝2＋96＝98

はじめの数から33番目の数までの和は，(2＋98)×33÷2＝**1650**

▶解答は別冊 29 ページ

40 数 列　理解度確認ドリル

学習日　月　日

1 次の数は，あるきまりにしたがって並(なら)んでいます。□にあてはまる数を求(もと)めなさい。

□(1) 1, 3, 7, 13, ア, 31, 43, イ, 73, ……

ア＿＿＿＿　イ＿＿＿＿

□(2) 1, 3, 9, 27, 81, ア, ……, イ, 59049, ……

ア＿＿＿＿　イ＿＿＿＿

□(3) 1, 3, 4, 7, 11, ア, 29, イ, 76, ……

ア＿＿＿＿　イ＿＿＿＿

□(4) $\frac{1}{2}$, $\frac{3}{4}$, $\frac{5}{8}$, ア, $\frac{9}{32}$, ……, イ, $\frac{17}{512}$, ……

ア＿＿＿＿　イ＿＿＿＿

□(5) $\frac{1}{3}$, $\frac{1}{2}$, $\frac{3}{5}$, $\frac{2}{3}$, $\frac{5}{7}$, ア, $\frac{7}{9}$, ……, $\frac{9}{10}$, イ, ……

ヒント　約分(やくぶん)されている分数を見つけて，もとの分数にもどして考える。

ア＿＿＿＿　イ＿＿＿＿

2 次のように，あるきまりにしたがって数が並んでいます。

1, 5, 9, 13, 17, 21, 25, ……

□(1) 30番目の数はいくつですか。

＿＿＿＿

□(2) 173は何番目の数ですか。

＿＿＿＿

□(3) はじめの数から50番目の数までの和を求めなさい。

＿＿＿＿

□**3** あるきまりにしたがって，整数が次のように並んでいます。

1, 1, 2, 1, 2, 3, 1, 2, 3, 4, 1, 2, 3, 4, 5, 1, ……

左から数えて **100** 番目の整数はいくつですか。　ヒント　100を 1 から始まる整数の和で表してみる。

＿＿＿＿

いろいろな問題

41 規則性の問題

入試必出例題　赤シートで答えをかくしてくり返し解こう！

例題1 数表

右の図のように，整数が並んでいます。

	1列	2列	3列	4列	…
1行	1	4	9	16	…
2行	2	3	8	15	…
3行	5	6	7	14	…
4行	10	11	12	13	…
⋮	⋮	⋮	⋮	⋮	

(1) 1行6列の数はいくつですか。

(2) 8行1列の数はいくつですか。

(3) 8行5列の数はいくつですか。

(4) 70は何行何列の数ですか。

(5) 95は何行何列の数ですか。

解き方 (1) 1行目には，$1=1\times1$，$4=2\times2$，$9=3\times3$，$16=4\times4$，……のように，列の数を2回かけた数が並んでいるから，1行6列の数は，$6\times6=$ **36**

(2) 8行1列の数は，1行7列の数の次の数だから，$7\times7+1=$ **50**

(3) 8行5列の数は，8行の左から数えて5番目の数だから，
$50+5-1=$ **54** ←8行の数は，左から，50，51，52，53，54，…

(4) 9行1列の数は，$8\times8+1=65$
70は，9行の左から$70-65+1=6$(番目)の数で，
9行6列 の数である。←9行の数は，左から，65，66，67，68，69，70，…

(5) 1行10列の数は，$10\times10=100$
95は，10列の上から$100-95+1=6$(番目)の数で，
6行10列 の数である。←10列の数は，上から，100，99，98，97，96，95，…

例題2 図形と規則性

右の図のように，マッチ棒を並べて，次々と正三角形を横に加えていきます。

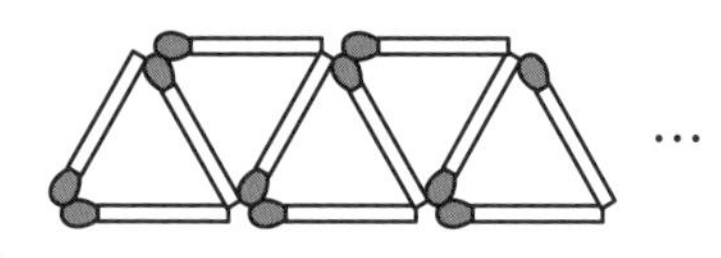

(1) 正三角形を10個つくるとき，必要なマッチ棒の数は何本ですか。

(2) 75本のマッチ棒を使うと，正三角形は何個できますか。

解き方 (1) マッチ棒の数は，はじめの数が3，公差が2の等差数列になるから，
正三角形を10個つくるとき，必要なマッチ棒の数は，$3+2\times(10-1)=3+18=$ **21**(本)

(2) 正三角形が□個できるとすると，$3+2\times(□-1)=75$
□にあてはまる数を求めると，$2\times(□-1)=72$，$□-1=36$，□= **37**(個)

▶解答は別冊 30 ページ

理解度確認ドリル

学習日　　月　　日

1 右の図のように，整数が並(なら)んでいます。

	1列	2列	3列	4列	……
1行	1	8	9	16	……
2行	2	7	10	15	……
3行	3	6	11	14	……
4行	4	5	12	13	……

□(1) 1行10列の数はいくつですか。

□(2) 1行15列の数はいくつですか。

□(3) 2行50列の数はいくつですか。

□(4) 2行目の数を50列まですべて加(くわ)えるといくつになりますか。

2 右の図のように，整数が並んでいます。

1段目　1
2段目　2　3
3段目　4　5　6
4段目　7　8　9　10
5段目　11　12　13　………
⋮　………………………

□(1) 6段目(だんめ)の右はしの数はいくつですか。

□(2) 9段目の左から5番目の数はいくつですか。

□(3) 10段目に並ぶ数をすべて加えるといくつになりますか。

3 右の図のようにマッチ棒(ぼう)を並べて，正三角形を大きくしていきます。4段目には，小さい正三角形が7個(こ)並んでいます。

1段目→
2段目→
3段目→
4段目→

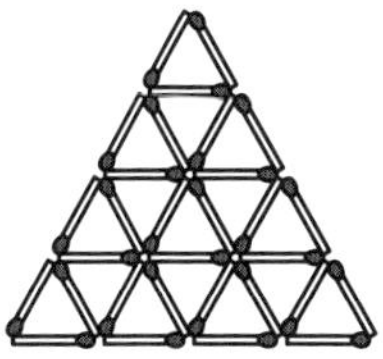

□(1) 10段目には，小さい正三角形が何個並びますか。

□(2) 10段目までつくるとき，必要(ひつよう)なマッチ棒の数は何本ですか。

□(3) 20段目までつくった正三角形の中に，小さい正三角形は何個ありますか。

いろいろな問題

42 植木算

入試必出例題　赤シートで答えをかくしてくり返し解こう！

例題1 植木算の基本

次の問いに答えなさい。

(1) 長さ180mの道の片側に，6m間かくで木を植えていきます。

① 道のはしからはしまで植えるとき，木は何本必要ですか。

② 道の両はしには電柱を立てるとき，木は何本必要ですか。

③ 道の一方のはしには電柱を立て，もう一方のはしには木を植えるとき，木は何本必要ですか。

(2) 周りの長さが900mの池の周りに10m間かくで木を植えるとき，木は何本必要ですか。

解き方 (1)① 両はしにも植える場合だから，必要な木の本数は，

180÷6＋1＝**31**(本) ←木の本数＝間の数＋1

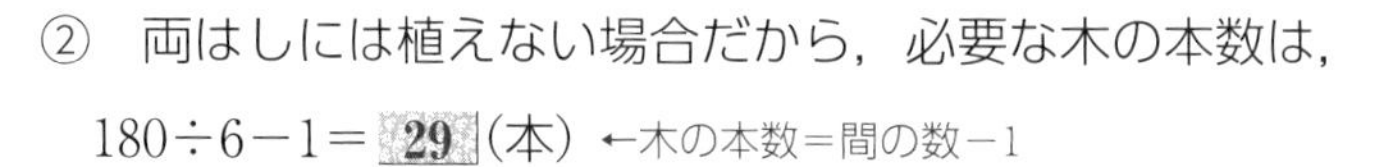

② 両はしには植えない場合だから，必要な木の本数は，

180÷6−1＝**29**(本) ←木の本数＝間の数−1

③ 一方のはしには植える場合だから，必要な木の本数は，

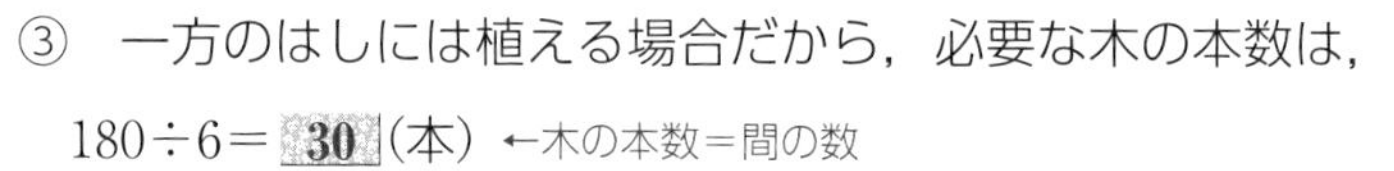

180÷6＝**30**(本) ←木の本数＝間の数

(2) 池の周りに植える場合だから，必要な木の本数は，

900÷10＝**90**(本) ←木の本数＝間の数

例題2 植木算の利用

次の問いに答えなさい。

(1) 長さ15cmのテープを，のりしろを2cmにして20本つなげると，全体の長さは何cmになりますか。

(2) 長さ8mの丸太をはしから1.6mずつに切り分けます。1回切るのに6分かかり，1回切るごとに2分休むことにすると，切り終えるのに全部で何分かかりますか。

解き方 (1) のりしろの数は，20−1＝19(か所)だから，のりしろの合計は，2×19＝38(cm)

したがって，全体のテープの長さは，15×20−38＝**262**(cm)

(2) 長さ1.6mの丸太は，8÷1.6＝5(本)できる。

切る回数は，5−1＝4(回)で，休む回数は，4−1＝3(回) ←最後に切った後の休みはない

したがって，切り終えるのにかかる時間は，全部で，6×4＋2×3＝**30**(分)

音声をチェック！ 10ページ 27 植木算の基本

▶解答は別冊 30 ページ

42　植木算　理解度確認ドリル

学習日　　月　　日

1 次の問いに答えなさい。

□(1) 長さ480mのまっすぐな道路の片側(かたがわ)に，30mおきに木を植えます。両はしには信号機(しんごうき)を立てるとき，木は全部で何本必要(ひつよう)ですか。

□(2) 180mはなれた 2 本の木の間に 9 本の木を植えます。等間かくで植えるとき，木と木の間かくは何mにすればよいですか。

□(3) 池の周(まわ)りに50本の木を植えます。木と木の間かくは 4mのところが35か所，残(のこ)りはすべて 3mとしたとき，池の周りの長さは何mですか。

□(4) 縦(たて)24m，横33mの長方形の土地の周上(しゅうじょう)に，等間かくでくいを打ちます。くいの数をできるだけ少なくするとき，くいは何本必要ですか。ただし，土地の四すみには必(かなら)ずくいを打つものとします。

□**2** 池の周りに，桜(さくら)の木を等間かくで植えます。**5mおきに植えるときには，8mおきに植えるときよりも36本多く桜の木が必要です。池の周りは何mありますか。**

ヒント　8mおきのときに必要な桜の木を□本として，縦を間かく，横を本数とした面積図(めんせきず)に表してみる。

3 次の問いに答えなさい。

□(1) あるビルのエレベーターは，1 階から 4 階まで上がるのに 6 秒かかります。このエレベーターは，地下 2 階から地上10階まで上がるのに何秒かかりますか。

□(2) 長さ12cmのテープを，のりしろを 1cmにして50本つなげると，全体の長さは何cmになりますか。

□(3) 長さ 6mの丸太が 4 本あります。これらの丸太を 1 本ずつ，はしから1.5mずつに切り分けます。1 回切るのに 5 分かかり，1 回切るごとに 3 分休むことにすると，全部切り終えるのに何分かかりますか。ただし，2 本以上(いじょう)の丸太を同時に切ることはしないことにします。

いろいろな問題

43 周期算，日暦算

入試必出例題　赤シートで答えをかくしてくり返し解こう！

例題1 周期算

あるきまりにしたがって，100個のご石を次のように並べました。

●○○●○●○●○○●○●○●○○●……

(1) 100番目のご石は，白と黒のどちらですか。

(2) 100個のご石の中に，黒いご石は全部で何個ありますか。

解き方 ご石の並びは，●○○●○●○の7個を周期としたくり返しになっている。

(1) 100番目のご石は，100÷7＝14あまり2より，
7個の周期を14回くり返したあとの2個目で，**白**

(2) 黒いご石は，7個の周期の中に3個ずつ，はんぱの2個(●○)の中に1個あるから，
全部で，3×14＋1＝**43**(個)

例題2 日暦算

次の問いに答えなさい。

(1) ある年の3月15日は火曜日です。この年の6月25日は何曜日ですか。

(2) 2025年1月1日は水曜日です。2030年1月1日は何曜日ですか。

(3) 4月20日から100日後は，何月何日ですか。

解き方 (1) 3月15日から6月25日までの日数は，(31－15＋1)＋30＋31＋25＝103(日)で，
103÷7＝14あまり5より，14週間と5日。
6月25日は，火曜日からはじまる曜日の周期(火水木金土日月)の5番目で，**土曜日**

(2) 365÷7＝52あまり1より，翌年の1月1日の曜日は，
平年では1日先へ，うるう年(この場合は2028年)では2日先へずれるから，
2030年の1月1日の曜日は，水曜日から，1＋1＋1＋2＋1＝6(日)先へずれて，**火曜日**

(3) 100日後の日付を求めるので，4月20日は入れないで全日数を数える。
4月20日の100日後は，4月20日＋100日＝4月120日
4月120日は，5月120日－30日＝5月90日 ←4月の30日をひく
5月90日は，6月90日－31日＝6月59日 ←5月の31日をひく
6月59日は，7月59日－30日＝**7月29日** ←6月の30日をひく

※ 4月20日から100日目は，4月20日は入れて数えるので，7月28日

音声をチェック！ 10ページ 28 日暦算の基本①，29 日暦算の基本②

▶解答は別冊 31 ページ

43　周期算，日暦算　理解度確認ドリル

学習日　　月　　日

1　あるきまりにしたがって，**200**個（こ）のご石を次のように並（なら）べました。

○○●○●○●○●○○●○●○●○●○○●○●○●○●○……

□(1)　200番目のご石は，白と黒のどちらですか。

____

□(2)　200個のご石の中に，白いご石は全部で何個ありますか。

____

2　**1，2，3，4** の **4** 種類（しゅるい）の数字を，あるきまりにしたがって，次のように並べました。

1，2，3，4，3，2，1，2，3，4，3，2，1，2，3，……

□(1)　はじめから数えて50番目の数はいくつですか。

____

□(2)　はじめから順（じゅん）に50番目の数まで加（くわ）えると，その和はいくつになりますか。

____

3　次の問いに答えなさい。

□(1)　2019年１月１日は火曜日でした。令和（れいわ）に変（か）わった2019年５月１日は何曜日でしたか。

____

□(2)　ある年の３月３日は金曜日です。この年の８月10日は何曜日ですか。

____

□(3)　2020年９月１日は火曜日でした。2024年９月１日は何曜日ですか。ただし，2020年と2024年はうるう年で，２月は29日まであり，１年は366日あります。

____

□(4)　５月10日の50日後は何月何日ですか。また，50日前は何月何日ですか。

50日後__________　50日前__________

□(5)　2022年２月２日は水曜日でした。2022年の22回目の水曜日は何月何日でしたか。

ヒント　2022年の１回目の水曜日は１月何日かを求（もと）め，22回目の水曜日はその何日後かを求める。

____

いろいろな問題

44 方陣算，集合算

入試必出例題　赤シートで答えをかくしてくり返し解こう！

例題1　方陣算

次の問いに答えなさい。

(1)　ご石を正方形の形にしきつめました。いちばん外側の周りの個数が48個のとき，ご石は全部で何個ありますか。

(2)　ご石を正方形の形にしきつめたら，13個あまりました。そこで，縦も横も１列ずつ増やそうとしたら，８個足りませんでした。ご石は全部で何個ありますか。

解き方 (1)　右の図のように４つに区切って考えると，

いちばん外側の正方形の１辺のご石の個数は，

48÷4＋1＝13(個)　←１辺の個数＝周りの個数÷4＋1

したがって，ご石の個数は，全部で，13×13＝**169**(個)

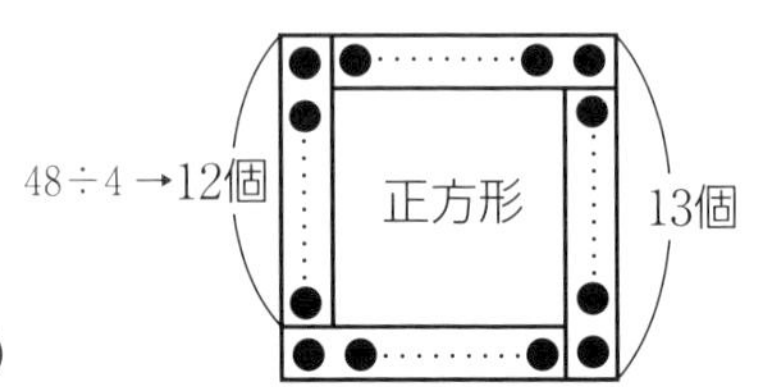

(2)　縦も横も１列ずつ増やすのに必要なご石の個数は，

13＋8＝21(個)

右の図のように考えると，はじめの正方形の１辺の個数は，

(21－1)÷2＝10(個)　←はじめの正方形の１辺の個数＝(あまり＋不足－1)÷2

したがって，ご石の個数は，全部で，10×10＋13＝**113**(個)

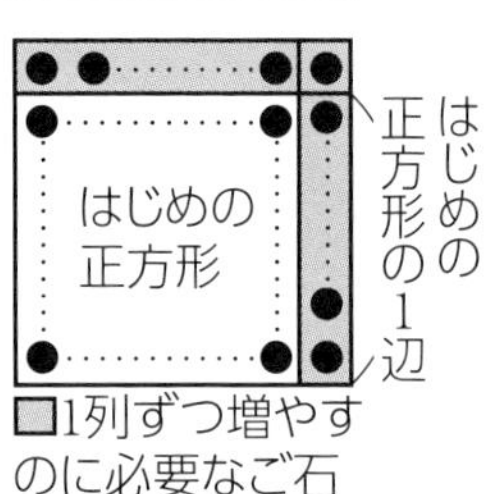

例題2　集合算

ある学校の５年生80人に，通学で電車かバスを利用しているかをアンケートしたところ，電車を利用している生徒は28人，バスを利用している生徒は35人，どちらも利用している生徒は12人いました。

(1)　電車だけを利用している生徒は何人いますか。

(2)　どちらも利用していない生徒は何人いますか。

解き方　図に表すと，右のようになる。

(1)　電車だけを利用している生徒は，図の**ア**の部分で，

28－12＝**16**(人)

(2)　どちらも利用していない生徒は，図の**イ**の部分で，

80－(28＋35－12)＝80－51＝**29**(人)

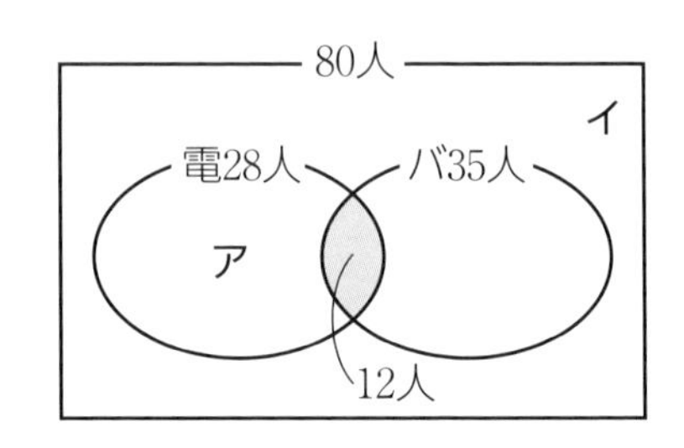

▶解答は別冊 32 ページ

44　方陣算，集合算　理解度確認ドリル

学習日　　月　　日

1　次の問いに答えなさい。

□(1)　400個のご石を正方形の形にしきつめました。いちばん外側には，何個のご石が並んでいますか。

□(2)　ご石を正方形の形にしきつめました。いちばん外側の周りの個数が64個のとき，ご石は全部で何個ありますか。

□(3)　ご石を正方形の形にしきつめたら，18個あまりました。そこで，縦も横も 1 列ずつ増やそうとしたら，11個足りませんでした。ご石は全部で何個ありますか。

2　次の問いに答えなさい。

□(1)　あるクラスで持ち物検査をしたところ，ハンカチを持っている人は23人，ティッシュを持っている人は25人，どちらも持っている人は18人，どちらも持っていない人は 9 人でした。このクラスの人数は何人ですか。

□(2)　40人のクラスで，通学に電車を利用する生徒は25人，バスを利用する生徒は16人，どちらも利用しない生徒は 8 人です。電車とバスの両方を利用する生徒は何人いますか。

□(3)　36人のクラスで，A，B 2 問のクイズを出したところ，Aができた人は21人，Bができた人は18人，どちらもできなかった人が 7 人いました。Aだけができた人は何人いますか。

3　**35人のクラスで，犬とねこのどちらを飼っているかを調査したところ，犬を飼っている人は13人，ねこを飼っている人は27人でした。**

□(1)　どちらも飼っていない人は，最も多くて何人ですか。

□(2)　どちらも飼っている人は，最も少なくて何人ですか。

いろいろな問題

45 ともなって変わる2つの量

入試必出例題　赤シートで答えをかくしてくり返し解こう！

比例

● 2 つの数量x，yがあり，xの値が 2 倍，3 倍，……になると，
それにともなってyの値も 2 倍，3 倍，……になるとき，yはxに **比例** するという。

● yがxに比例するとき，**$y \div x$** の値は，いつも決まった数になる。　←y＝決まった数×x

例題1 比例の関係

5mの重さが40gの針金があります。この針金12mの重さは何gですか。

解き方 針金の重さは長さに比例する。
この針金1mの重さは，$40 \div 5 = 8$(g)だから，12mの重さは，$8 \times 12 =$ **96** (g)

反比例

● 2 つの数量x，yがあり，xの値が 2 倍，3 倍，……になると，
それにともなってyの値が$\frac{1}{2}$倍，$\frac{1}{3}$倍，……になるとき，yはxに **反比例** するという。

● yがxに反比例するとき，**$x \times y$** の値は，いつも決まった数になる。　←y＝決まった数÷x

例題2 反比例の関係

歯数18の歯車Aと歯数24の歯車Bがかみ合っています。Aを60回転させると，Bは何回転しますか。

解き方 歯車AとBで，進んだ歯数(歯車の歯数×回転数)は等しいから，
Bの回転数を□回転とすると，$18 \times 60 = 24 \times □$，$□ = 18 \times 60 \div 24 =$ **45** (回転)

例題3 バネの長さ

あるバネに35gのおもりをつるすとバネの長さは19cmになり，50gのおもりをつるすとバネの長さは22cmになります。おもりを何もつるさないときのバネの長さは何cmですか。ただし，バネののびる長さはおもりの重さに比例するものとします。

解き方 $50 - 35 = 15$(g)のおもりで，バネは，$22 - 19 = 3$(cm)のびるから，
おもり 1gあたりののびる長さは，$3 \div 15 = 0.2$(cm)
35gのおもりでは，$0.2 \times 35 = 7$(cm)のびるから，
おもりを何もつるさないときのバネの長さは，$19 - 7 =$ **12** (cm)

▶解答は別冊 32 ページ

理解度確認ドリル

学習日　　月　　日

1 次の x, y について，y が x に比例するもの，y が x に反比例するものをそれぞれすべて選び，記号で答えなさい。

ア　長さ15cmのろうそくを x cm燃やしたときの残りの長さ y cm

イ　時速50kmで走る自動車の走った時間 x 時間と進んだ道のり y km

ウ　面積が24cm²の三角形の底辺の長さ x cmと高さ y cm

エ　正方形の1辺の長さ x cmと面積 y cm²

オ　180ページの本を1時間に x ページずつ読むとき，読み終えるまでにかかる時間 y 時間

カ　5%の食塩水 x gにふくまれている食塩の重さ y g

□比例＿＿＿＿＿＿　□反比例＿＿＿＿＿＿

2 次の問いに答えなさい。

□(1)　1.8Lの砂の重さをはかったら3kgありました。この砂2.1Lの重さは何kgですか。

＿＿＿＿＿＿

□(2)　1日に3分の割合でおくれる時計があります。この時計を午前7時に正しい時刻に合わせたとき，その日の午後9時に，この時計は午後何時何分何秒を指していますか。

＿＿＿＿＿＿

□(3)　ある日の相場で，イギリスの通貨であるポンドが1ポンド140円，アメリカの通貨であるドルが1ドル105円でした。このとき，50ドルは何ポンドですか。

＿＿＿＿＿＿

□(4)　歯数18の歯車Aと歯数30の歯車Bがかみ合っています。Aが3秒間に15回転するとき，Bは4秒間に何回転しますか。

＿＿＿＿＿＿

3 **のびる長さがおもりの重さに比例するバネがあります。このバネに10gのおもりをつるすとバネの長さは12.8cmになり，20gのおもりをつるすとバネの長さは14cmになりました。**

□(1)　おもりをつるしていないとき，バネの長さは何cmですか。

＿＿＿＿＿＿

□(2)　バネの長さが16.4cmのとき，つるしたおもりの重さは何gですか。

＿＿＿＿＿＿

46 ニュートン算

入試必出例題 赤シートで答えをかくしてくり返し解こう！

例題1 行列と入場口

ある遊園地では，開園前に240人の行列ができていて，開園後も１分間に８人の割合(わりあい)で行列に加(くわ)わっていきます。入場口を４か所開けると，開園後１時間で行列はなくなります。ただし，１か所の入場口から１分間に入場できる人数はどこも同じです。

(1) 開園後１時間で入場できる人数は何人ですか。

(2) １か所の入場口から１分間に入場できる人数は何人ですか。

(3) 入場口を６か所にして開園すると，行列がなくなるまで何分かかりますか。

(4) 開園後12分以内(いない)に行列をなくすためには，入場口を最低(さいてい)何か所開ければよいですか。

解き方 (1) 開園後１時間(60分)で入場できる人数は，

240＋8×60＝**720**(人) ←開園前の行列の人数＋開園後１時間に行列に加わる人数

(2) １か所の入場口から１時間に入場できる人数は，720÷4＝180(人)だから，

１か所の入場口から１分間に入場できる人数は，180÷60＝**3**(人)

(3) 入場口を６か所にすると，行列の人数は１分間に，3×6－8＝10(人)ずつ減っていくから，

行列がなくなるまでに，240÷10＝**24**(分)かかる。

(4) 12分以内に入場する人数は，最大で，240＋8×12＝336(人)

１つの入場口から12分で入場できる人数は，3×12＝36(人)だから，

336÷36＝9.3…より，入場口を最低**10**か所開ければよい。 ←９か所では行列はなくならない

例題2 井戸とくみ上げポンプ

一定の割合で水がわき出る井戸があります。毎分10Lの割合で水をくみ上げるポンプを使うと，井戸の水は30分で空(から)になります。また，毎分15Lの割合で水をくみ上げるポンプを使うと，井戸の水は18分で空になります。この井戸は，毎分何Lの割合で水がわき出ていますか。

解き方 右の図より，

30－18＝12(分間)にわき出る水は，

10×30－15×18＝30(L)だから，

１分間にわき出る水は，

30÷12＝**2.5**(L)

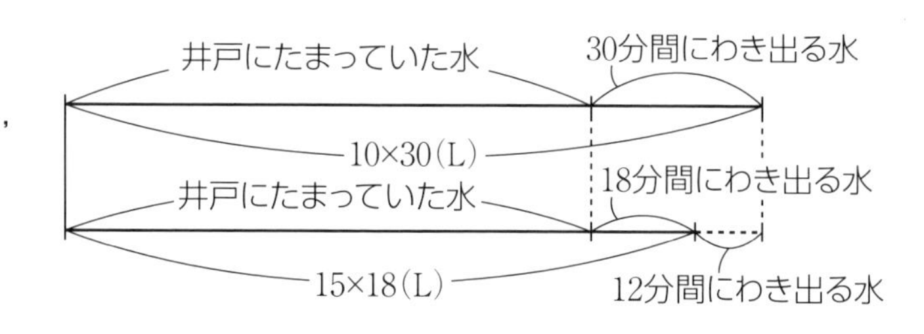

▶解答は別冊 33 ページ

理解度確認ドリル

学習日　月　日

1 あるイベント会場では，開場前に450人の行列ができていて，開場後も1分間に27人の割合（わりあい）で行列に加（くわ）わっていきます。入場口を3か所開けると，開場後50分で行列はなくなります。ただし，1か所の入場口から1分間に入場できる人数はどこも同じです。

□(1) 開場後50分で入場できる人数は何人ですか。

□(2) 1か所の入場口から1分間に入場できる人数は何人ですか。

□(3) 入場口を6か所にして開場すると，行列がなくなるまで何分かかりますか。

□(4) 開場後5分以内（いない）に行列をなくすためには，入場口を最低（さいてい）何か所開ければよいですか。

2 一定の割合で水がわき出ている井戸があります。この井戸の水は，毎分25Lずつくみ上げるポンプを使うと18分でなくなり，毎分30Lずつくみ上げるポンプを使うと12分でなくなります。

□(1) この井戸は，毎分何Lの割合で水がわき出ていますか。

□(2) 水をくみ出すとき，井戸にたまっていた水は何Lですか。

□(3) 毎分30Lずつくみ上げるポンプを2台使うと，井戸の水は何分でなくなりますか。

3 水の入った水そうがあります。この水そうに一定の割合で水を入れながら，ポンプで水をくみ出します。水そうの中の水をすべてくみ出すのに，ポンプ3台では10時間かかり，ポンプ4台では5時間かかります。

□(1) ポンプ1台が1時間にくみ出す水の量（りょう）を1とすると，はじめ，水そうに入っていた水の量はいくつにあたりますか。

□(2) ポンプ5台では，水そうの中の水をすべてくみ出すのに何時間何分かかりますか。

データの整理

入試必出例題　赤シートで答えをかくしてくり返し解こう！

代表値

●データの特徴を表す値を**代表値**といい，平均値，最頻値，中央値がある。

●**平均値**…データの値の平均 ➡ **平均＝合計÷個数**

●**最頻値**…データの値の中で，最も多い値

●**中央値**…データの値を大きさの順に並べたときの中央の値 ← データの数が偶数のときは，中央の２つの値の平均値をとる

例題1 度数分布表

次のデータは，あるクラスの生徒20人の体重です。

35　40　36　34　40　33　38　44　34　44

40　45　33　38　34　36　30　35　31　34（kg）

(1) 平均値は何kgですか。

(2) 中央値は何kgですか。

(3) 最頻値は何kgですか。

(4) このデータを右の度数分布表に整理するとき，度数が最も多いのは，何kg以上何kg未満の階級ですか。
また，その階級に入る生徒の人数の割合は，全体の何％ですか。

体重(kg)	人数(人)
30以上～35未満	
35　～40	
40　～45	
45　～50	
合　計	20

解き方 (1) データの値の合計を求めると，734kgになるから，
平均値は，734÷20＝**36.7**(kg)

(2) データの値を小さい順に並べると，次のようになる。

30　31　33　33　34　34　34　34　35　35　36　36　38　38　40　40　40　44　44　45

中央値は，中央の10番目と11番目の平均値をとって，
(35＋36)÷2＝**35.5**(kg)

(3) データの中で最も多い値は，４個ある**34**kgだから，
最頻値は，**34**kg

(4) 階級とは，データを整理するために用いる区間で，
度数とは，各階級に入っているデータの個数である。
データを度数分布表に整理すると，右のようになる。
度数が最も多いのは，人数が８人の**30kg以上35kg未満**の階級で，
この階級に入る生徒の人数の割合は，8÷20＝0.4 ➡ **40**％

体重(kg)	人数(人)
30以上～35未満	**8**
35　～40	**6**
40　～45	**5**
45　～50	**1**
合　計	20

▶解答は別冊 34 ページ

47　データの整理　理解度確認ドリル

学習日　　月　　日

1　右の図は，あるクラスの女子20人のソフトボール投げの記録を，ドットプロットに整理したものです。

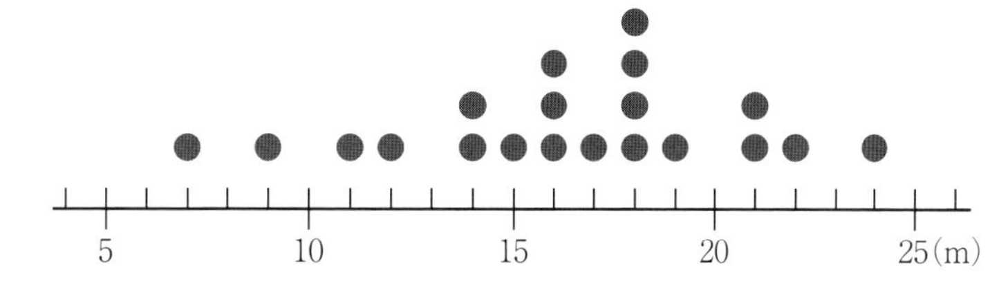

□(1)　最頻値は何mですか。

□(2)　中央値は何mですか。

□(3)　平均値は何mですか。

□(4)　このデータを右の度数分布表に整理するとき，度数が最も多いのはどの階級ですか。また，その階級に入る生徒の人数の割合は，全体の何%ですか。

記録(m)	人数(人)
5以上～10未満	
10　～15	
15　～20	
20　～25	
合　計	20

階級＿＿＿＿＿＿　割合＿＿＿＿＿＿

2　30人のクラスで，各50点満点の国語と算数のテストをしました。右の表は，そのときの人数を得点別にまとめたものです。例えば，国語が20点で，算数が30点の生徒は 6 人います。

算数の点数

国語の点数	10	20	30	40	50
10					1
20			6	3	
30		2	1		4
40	1	5		2	1
50			3		1

□(1)　国語の点数が算数の点数より高い人は何人いますか。

□(2)　2 教科の合計点が80点の人は全体の何%ですか。

□(3)　合計点が高いのは，国語と算数のどちらですか。

□(4)　国語の平均点は何点ですか。

いろいろな問題

48 論理・推理

入試必出例題　赤シートで答えをかくしてくり返し解こう！

例題1　うその証言

A，B，Cの３人が100m競走をして，その結果について３人に聞いてみると，右のように答えました。
３人のうち１人だけがうそをついています。
うそをついている人と３人の順位を答えなさい。
ただし，同着はなかったものとします。

A「Cは３着でした。」
B「Aは１着ではありません。」
C「Bは１着でした。」

解き方　１人がうそをついていると仮定し，他の２人の発言とくいちがいがないかを調べる。

- Aがうそをついているとすると，Cは１着か２着。
  Cの発言より，Bは１着だから，Cは２着で，Aは３着。
  これはBの発言とも合っているので，おかしい点はない。
- Bがうそをついているとすると，Aは１着であるが，
  これはCの発言とくいちがうのでおかしい。
- Cがうそをついているとすると，Bは２着か３着。
  Aの発言よりCは３着で，Bの発言よりAは２着となるから，これはおかしい。

したがって，うそをついているのは **A** で，
３人の順位は，Aが **3** 着，Bが **1** 着，Cが **2** 着。

例題2　順番整理

A，B，C，Dの４人の体重について，A，B，Cの３人が，次のように言いました。
A「ぼくとBの体重の平均は，Cの体重と同じだよ。」
B「ぼくとの体重差が最も大きいのはDだよ。」
C「２人ずつの体重をたして最も軽くなるのは，ぼくとBの体重をたしたときだね。」
同じ体重の人がいないとき，４人を体重の軽い順に左から並べなさい。

解き方　AがBより体重が軽いことを，不等号を使って，A<Bと表すことにする。
まず，Aの発言より，A<C<B　または，B<C<A
次に，Cの発言より，B<C<A<D　または，B<C<D<A
最後に，Bの発言より，B<C<A<D
したがって，４人を体重の軽い順に左から並べると，**B，C，A，D**

▶解答は別冊 34 ページ

理解度確認ドリル

学習日　　月　　日

1　A，B，Cの 3 人が，次のように証言しています。

A「B君はうそつきだ。」

B「C君は正直者だね。」

C「A君はうそつきだよ。」

正直者は必ず本当のことを言い，うそつきは必ずうそをつくとして，次の問いに答えなさい。

□(1)　Aがうそつきだとすると，B，Cはそれぞれ正直者，うそつきのどちらですか。

B＿＿＿＿＿＿＿　C＿＿＿＿＿＿＿

□(2)　うそつきが 2 人いるとすると，Aは正直者，うそつきのどちらですか。

＿＿＿＿＿＿＿

□**2**　A，B，C，Dの 4 人が100m競走をして，その結果について 4 人に聞いてみると，次のように答えました。4 人のうち 1 人だけがうそをついています。

うそをついているのは誰ですか。また，4 人を速かった順に左から並べなさい。ただし，同着はなかったものとします。

A「ぼくは 1 位か 2 位のどちらかだよ。」

B「ぼくは 2 位だったよ。」

C「ぼくはB君には負けたけど，A君には勝ったよ。」

D「ぼくは 1 位でもないし，3 位でもないよ。」

うそをついている人＿＿＿＿＿＿＿　4 人の順位＿＿＿＿＿＿＿

3　A，B，C，D，Eの 5 人が算数のテストを受けて，次のように言っています。テストは全部で 5 問出題され，配点は 1 問20点です。

A「5 人の得点は20点ずつの差で，0 点はいなかったね。」

B「ぼくとC君 2 人の平均点は，5 人の平均点より低かったよ。」

C「ぼくは最低点でも最高点でもなかったよ。」

D「ぼくよりB君のほうが得点は高かったよ。」

E「ぼくの得点は，B君とD君の得点の合計と同じだったよ。」

□(1)　5 人の平均点は何点ですか。

＿＿＿＿＿＿＿

□(2)　5 人を得点の低い順に左から並べなさい。

＿＿＿＿＿＿＿

49 場合の数の基本

入試必出例題　赤シートで答えをかくしてくり返し解こう！

積の法則

●ことがらA，Bがあり，Aの起こり方が***a*通り**，そのそれぞれについてBの起こり方が***b*通り**ずつあるとき，ことがらA，Bが続けて起こる場合の数は，全部で，$\boldsymbol{a \times b}$**(通り)**ある。

例題1　積の法則の利用

右の図のように道が通っているとき，A地点からB地点を通ってC地点まで行く行き方は，全部で何通りありますか。

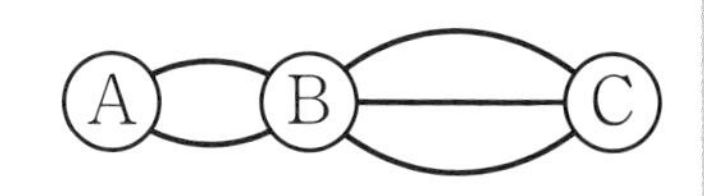

解き方　A地点からB地点までの行き方が 2 通り。

そのそれぞれについて，B地点からC地点までの行き方が 3 通りずつあるから，

A地点からB地点を通ってC地点まで行く行き方は，全部で，2×3＝**6**(通り)

例題2　樹形図の利用

A，B，Cの 3 枚のコインを同時に投げるとき，2 枚は表，1 枚は裏が出る場合は何通りありますか。

解き方　右の図のように樹形図をかいて調べると，

2 枚は表，1 枚は裏が出るのは，○をつけた **3** 通り。

〈参考〉　3 枚のコインを同時に投げるとき，右の樹形図より，

表と裏の出方は，全部で 8 通りある。

これは，積の法則より，2×2×2＝8(通り)と求めることもできる。

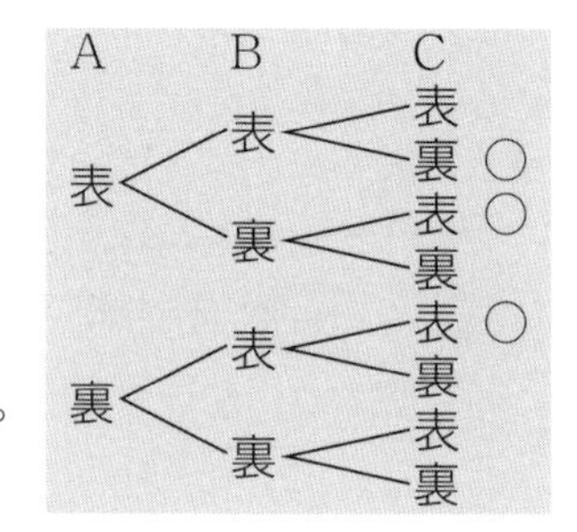

例題3　表の利用

大小 2 つのサイコロを同時に投げるとき，目の数の積が 6 の倍数になる場合は何通りありますか。

解き方　右のような表をつくって調べると，

目の数の積が 6 の倍数になる場合は，○をつけた **15** 通り。

〈参考〉　右の表より，2 つのサイコロを同時に投げるとき，

目の数の出方は，全部で36通りある。

これは，積の法則より，6×6＝36(通り)と求めることもできる。

大＼小	1	2	3	4	5	6
1						○
2			○			○
3		○		○		○
4			○			○
5						○
6	○	○	○	○	○	○

▶解答は別冊 35 ページ

理解度確認ドリル

学習日　　月　　日

1 次の問いに答えなさい。

□(1) 右の図のようにA地点からB地点まで 5 本の道が通っているとき，A地点とB地点を往復(おうふく)する道の選び方は，全部で何通りありますか。ただし，行きに通った道は，帰りは通れないものとします。

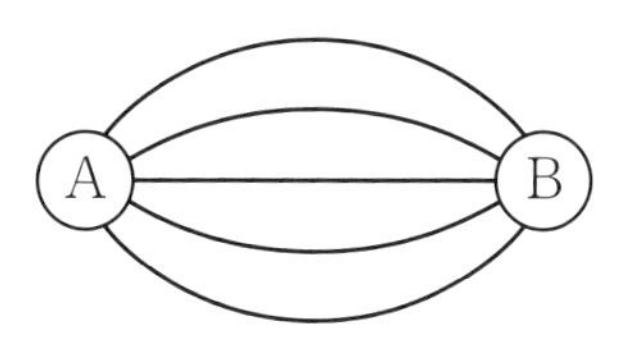

□(2) 6 種類(しゅるい)のTシャツと 3 種類のジーンズと 4 種類のスニーカーを持っているとき，Tシャツとジーンズとスニーカーの組み合わせは，全部で何通りありますか。

2 A，B，C，Dの 4 枚(まい)のコインを同時に投げます。

□(1) 表と裏(うら)が 2 枚ずつ出る場合は何通りありますか。

□(2) 1 枚は表，3 枚は裏が出る場合は何通りありますか。

3 次の問いに答えなさい。

□(1) 大小 2 つのサイコロを同時に投げるとき，目の数の和が 9 以上(いじょう)になる場合は何通りありますか。

□(2) 大小 2 つのサイコロを同時に投げるとき，目の数の差(さ)が 2 になる場合は何通りありますか。

□(3) 右の図のような正五角形ABCDEがあります。サイコロを 1 つ投げて，出た目の数だけ頂点(ちょうてん)をAからB，C，D，……と移動(いどう)する点をPとします。例(たと)えば，4 の目が出たら点Eに移動します。サイコロを 2 回投げたとき，点Pが頂点Bにくる目の出方は何通りありますか。

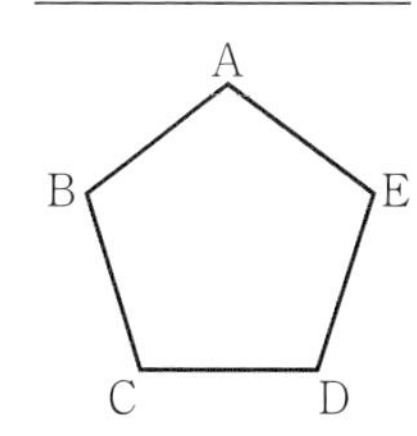

□ **4** A，B，Cの 3 つのサイコロを同時に投げるとき，目の和が 8 になる場合は何通りありますか。

ヒント　Aの目の数 1～6 のそれぞれについて，B，Cの目の数を調べる。

50 順列と組み合わせ

入試必出例題 赤シートで答えをかくしてくり返し解こう！

順列の公式① ※いくつかのものを，順序を考えて１列に並べることを順列という。

●異なるN個のものを１列に並べる順列は，**N×(N−1)×(N−2)×……×2×1(通り)**

例題1 並び方

A，B，C，Dの４人が横１列に並ぶとき，並び方は全部で何通りありますか。

解き方 順列の公式を使って，4×3×2×1＝**24**(通り)

順列の公式②

●異なるN個のものからA個を選び，それらを１列に並べる順列は，

N×(N−1)×(N−2)×……×(N−A+1)(通り) ←N個から１ずつ減るA個の数の積

例題2 数字カード

次の５枚のカードの中から３枚を使って３けたの整数をつくるとき，
３けたの整数はそれぞれ何通りできますか。

(1) [1]，[2]，[3]，[4]，[5]　　(2) [0]，[1]，[2]，[3]，[4]

解き方 (1) 異なる５枚から３枚を選んで１列に並べる順列だから，5×4×3＝**60**(通り)

(2) 百の位を[0]にすることはできないから，百の位は[0]以外の4通り。十の位と一の位は，百の位で選んだ数以外の異なる４枚から２枚を選んで１列に並べる順列だから，
できる３けたの整数は，4×4×3＝**48**(通り)

組み合わせの公式 ※組み合わせとは，選ぶ順序を考えない選び方である。

●異なるN個のものから２個を選ぶ組み合わせは，**N×(N−1)÷2(通り)**

例題3 選手の選び方

A，B，C，D，Eの５人の中から，次の人数の選手を選んでチームをつくるとき，チームのつくり方はそれぞれ何通りありますか。

(1) ２人のチーム　　(2) ４人のチーム

解き方 (1) ５人の中から２人を選ぶ組み合わせだから，5×4÷2＝**10**(通り)

(2) ５人の中から４人を選ぶということは，選手ではない１人を選ぶことと同じだから，
チームのつくり方は，**5**通り。

音声をチェック！ 11ページ 31 順列，32 組み合わせ

▶解答は別冊 36 ページ

50 順列と組み合わせ　理解度確認ドリル

学習日　　月　　日

1 男子 2 人と女子 3 人の 5 人が横 1 列に並(なら)ぶとき，次の問いに答えなさい。

□(1) 5 人の並び方は，全部で何通りありますか。

□(2) 男女交互(こうご)に並ぶ並び方は何通りありますか。

□(3) 両はしに女子が並ぶ並び方は何通りありますか。

□(4) 男子 2 人がとなり合って並ぶ並び方は何通りありますか。

2 次の問いに答えなさい。

□(1) [1], [2], [3], [4] の 4 枚(まい)のカードの中から 3 枚のカードを並べて 3 けたの整数をつくるとき，3 の倍数は何通りできますか。

(2) [0], [1], [2], [3], [4] の 5 枚のカードを並べて 5 けたの整数をつくるとき，

□① 整数は全部で何通りできますか。

□② 偶数(ぐうすう)は何通りできますか。　ヒント　一の位(くらい)の数が 0 の場合と 2，4 の場合に分けて考える。

□(3) [1], [2], [3], [3] の 4 枚のカードの中から 3 枚を並べて 3 けたの整数をつくるとき，整数は全部で何通りできますか。　ヒント　百の位が 1，2 の場合と 3 の場合で場合分けして考える。

3 次の問いに答えなさい。

□(1) 6 人の中から 2 人の当番を選(えら)ぶとき，選び方は全部で何通りありますか。

□(2) 5 人の中から 3 人の当番を選ぶとき，選び方は全部で何通りありますか。

51 いろいろな場合の数(1)

入試必出例題 赤シートで答えをかくしてくり返し解こう！

トーナメント方式(勝ちぬき戦)の試合数

●トーナメント方式で試合をすると，1試合で1チームずつ敗退していく。
勝ち残るのは，優勝した1チームだけだから，3位決定戦がないとき，
トーナメント方式の試合数は，敗退したチーム数に等しく，**参加チーム数－1(試合)**となる。

例題1 試合数

あるサッカーの大会に8チームが参加しました。

(1) 総当たり戦(リーグ戦)で試合をすると，試合数は全部で何試合になりますか。

(2) トーナメント方式(勝ちぬき戦)で試合をすると，優勝が決まるまで，試合数は全部で何試合になりますか。ただし，3位決定戦は行わないものとします。

解き方 (1) 総当たり戦の試合数は，8チームから2チームを選ぶ組み合わせだから，
試合数は全部で，$8\times7\div2=$ **28**(試合)

(2) 8チームが参加したトーナメント方式の試合数は，全部で，$8-1=$ **7**(試合)

ごばんの目の道順の数え方

●右の図で，P地点までの行き方がa通り，
Q地点までの行き方がb通りあるとき，
R地点までの行き方は，$\boldsymbol{a+b}$**(通り)**ある。

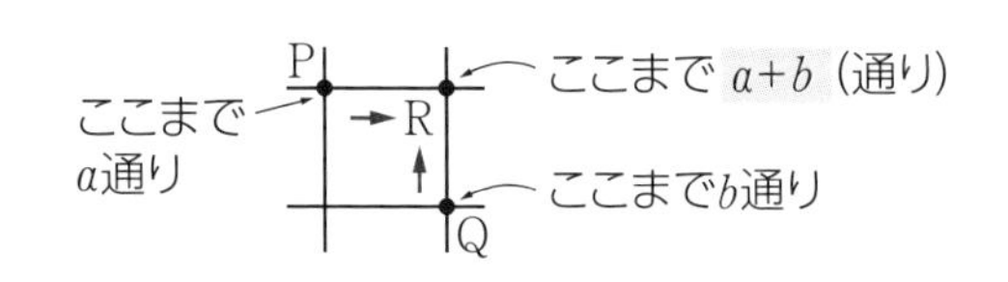

例題2 ごばんの目の道順

右の図のようなごばんの目状の道があります。A地点からB地点を通ってC地点まで，遠回りしないで行くとき，行き方は全部で何通りありますか。

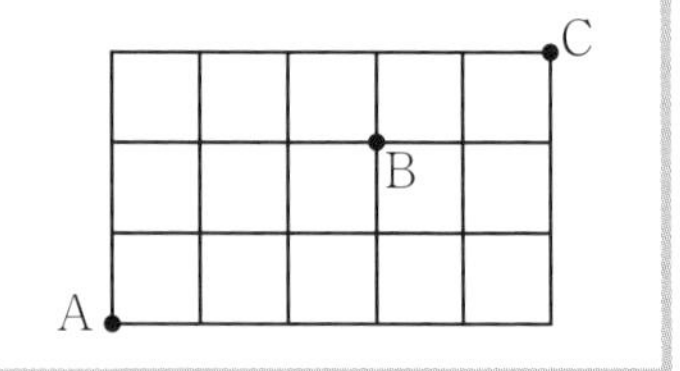

解き方 右の図1より，A地点からB地点まで
遠回りしないで行く行き方は10通り。
図2より，B地点からC地点まで
遠回りしないで行く行き方は3通り。
したがって，A地点からB地点を通ってC地点まで，遠回りしないで行く行き方は，
全部で，$10\times3=$ **30**(通り)

図1

図2

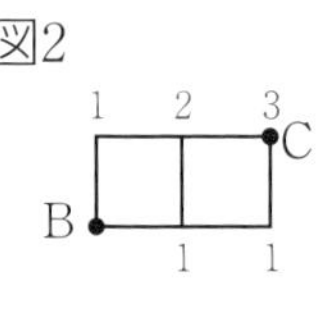

▶解答は別冊 36 ページ

理解度確認ドリル

学習日　　月　　日

1 あるゲームの大会に20人が参加しました。20人はそれぞれ個人で戦います。

□(1) 総当たり戦(リーグ戦)で対戦すると，試合数は全部で何試合になりますか。

□(2) トーナメント方式(勝ちぬき戦)で対戦すると，優勝が決まるまで，試合数は全部で何試合になりますか。ただし，3 位決定戦は行わないものとします。

2 2022年のサッカーのワールドカップの試合方式は，次のようなものでした。

・参加32か国が 4 か国ずつ 8 つのグループに分かれ，それぞれのグループで総当たり戦を行う。
・各グループの上位 2 チームが決勝トーナメントに進み，トーナメント方式で優勝を決める。
・準決勝で敗退した 2 チームによる 3 位決定戦も行う。

□(1) 8 つのグループで行われた総当たり戦の試合数は，全部で何試合ありましたか。

□(2) この大会の試合数は，全部で何試合ありましたか。

□(3) この大会で優勝したアルゼンチンは，全部で何試合しましたか。

3 右の図のようなごばんの目状の道があります。

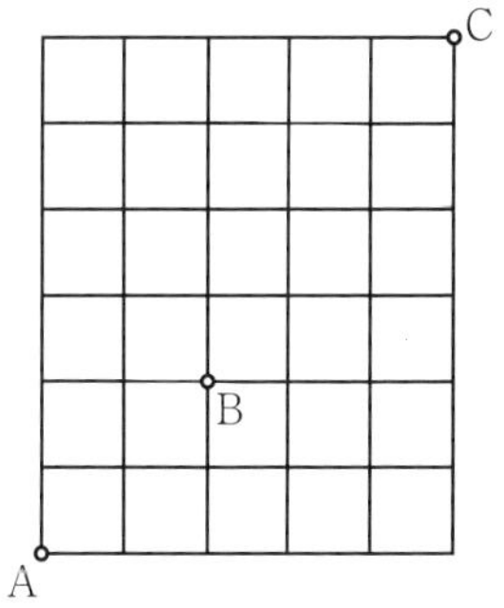

□(1) A地点からC地点まで遠回りしないで行く行き方は，全部で何通りありますか。

□(2) A地点からB地点を通ってC地点まで，遠回りしないで行く行き方は，何通りありますか。

C
B
A

□(3) A地点からB地点を通らずにC地点まで，遠回りしないで行く行き方は，何通りありますか。

ヒント 数え上げずに，(1)と(2)の利用を考える。

場合の数

52 いろいろな場合の数(2)

入試必出例題　赤シートで答えをかくしてくり返し解こう！

例題1 旗(はた)のぬり分け

右の図のA，B，Cの３つの部分を，赤，青，黄，緑の４色を使って，同じ色がとなり合わないようにぬり分けます。ぬり方は全部で何通りありますか。

ただし，使わない色があってもよいものとします。

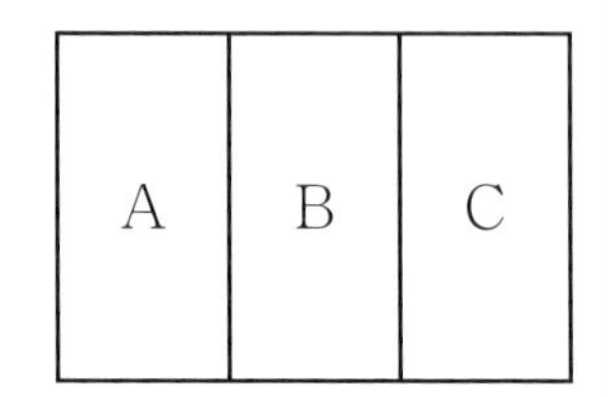

解き方 ４色のうち，３色か２色を使ってぬり分けることになる。

３色を使ったぬり方は，A，B，Cがそれぞれちがった色で，$4\times3\times2=24$(通り)

２色を使ったぬり方は，A，Cが同じ色，Bがちがう色で，$4\times3=12$(通り)

ぬり方は全部で，$24+12=$ **36** (通り)

例題2 支払(しはら)い金額(きんがく)

次の問いに答えなさい。

(1) 100円玉が１枚(まい)，50円玉が２枚，10円玉が３枚あります。これらの硬貨(こうか)の一部または全部を組み合わせて支払うことができる金額は，全部で何通りありますか。

(2) 100円玉，50円玉，10円玉がたくさんあります。これらの硬貨を組み合わせて210円支払うとき，支払い方は全部で何通りありますか。ただし，使わない硬貨があってもよいものとします。

解き方 (1) 硬貨の合計金額は，$100\times1+50\times2+10\times3=230$(円)

10円から230円までの，10円単位(たんい)の23通りのうち，

支払うことができない金額は，40円，90円，140円，190円の４通りだから，

支払うことができる金額は，全部で，$23-4=$ **19** (通り)

〈別解(べっかい)〉 100円玉，50円玉だけで支払えるのは，50円，100円，150円，200円の４通り。

そのそれぞれについて，10円玉が０枚，１枚，２枚，３枚のとき，$4\times4=16$(通り)

10円玉だけのとき，10円，20円，30円の３通り。

したがって，支払うことができる金額は，全部で，$16+3=$ **19** (通り)

(2) 表にすると，右のようになるから，支払い方は全部で，**9** 通り。

100円(枚)	2	1	1	1	0	0	0	0	0
50円(枚)	0	2	1	0	4	3	2	1	0
10円(枚)	1	1	6	11	1	6	11	16	21

▶解答は別冊 37 ページ

52 いろいろな場合の数(2) 理解度確認ドリル

学習日　　月　　日

1 右の図のA，B，C，Dの 4 つの部分を，赤，青，黄，緑の 4 色を使って，同じ色がとなり合わないようにぬり分けます。

A	D
B	C

□(1) 4 色すべてを使ってぬり分けるとき，ぬり分け方は全部で何通りありますか。

□(2) 4 色のうち，3 色を使ってぬり分けるとき，ぬり分け方は全部で何通りありますか。

□(3) 4 色のうち，2 色を使ってぬり分けるとき，ぬり分け方は全部で何通りありますか。

2 右の図のA，B，C，Dの 4 つの部分を，同じ色がとなり合わないようにぬり分けます。

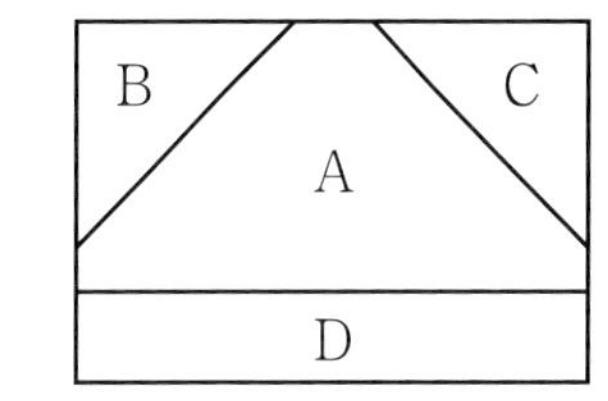

□(1) 赤，青，黄の 3 色すべてを使ってぬり分けるとき，ぬり方は全部で何通りありますか。

□(2) 赤，青，黄，緑の 4 色のうち，3 色を使ってぬり分けるとき，ぬり方は全部で何通りありますか。

□(3) 赤，青，黄，緑の 4 色を使ってぬり分けるとき，ぬり方は全部で何通りありますか。ただし，使わない色があってもよいものとします。

3 次の問いに答えなさい。

□(1) 100円玉が 2 枚，50円玉が 3 枚，10円玉が 2 枚あります。これらの硬貨の一部または全部を組み合わせて支払うことができる金額は，全部で何通りありますか。

□(2) 100円玉，50円玉，10円玉がたくさんあります。これらの硬貨を組み合わせて400円支払うとき，支払い方は全部で何通りありますか。ただし，どの硬貨も少なくとも 1 枚は使うものとします。

平面図形の性質

53 平行線と角，三角形の角

入試必出例題　赤シートで答えをかくしてくり返し解こう！

対頂角(たいちょうかく)，同位角(どういかく)，錯角(さっかく)

●対頂角は等しい。　←2つの直線が交わったときにできる向かい合った角

●平行線の同位角，錯角は等しい。

例題1　対頂角，同位角，錯角

次の図で，直線ℓと直線mが平行であるとき，角x，角yの大きさを求(もと)めなさい。

(1)

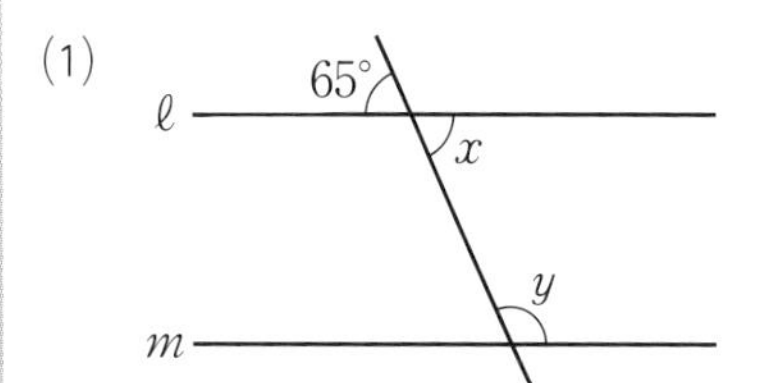

(2)

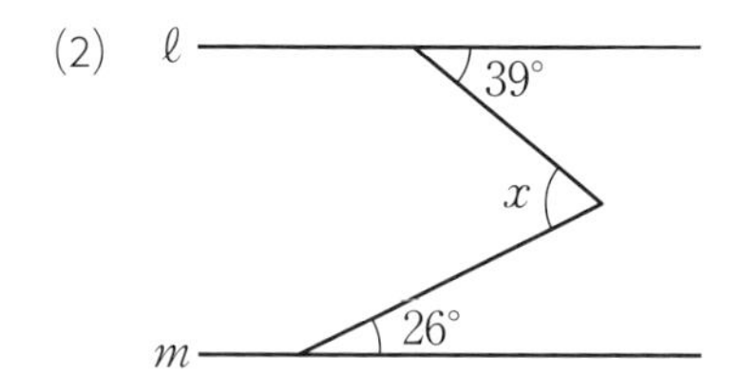

解き方 (1)　対頂角は等しいから，角x＝**65°**

平行線の同位角は等しいから，角y＝180°－65°＝**115°**　←角yのとなりの角は65°の角の同位角

(2)　右の図のように，

角xの頂点を通り，直線ℓ，mに平行な直線をひくと，

平行線の錯角は等しいから，角a＝39°，角b＝26°

角x＝39°＋26°＝**65°**

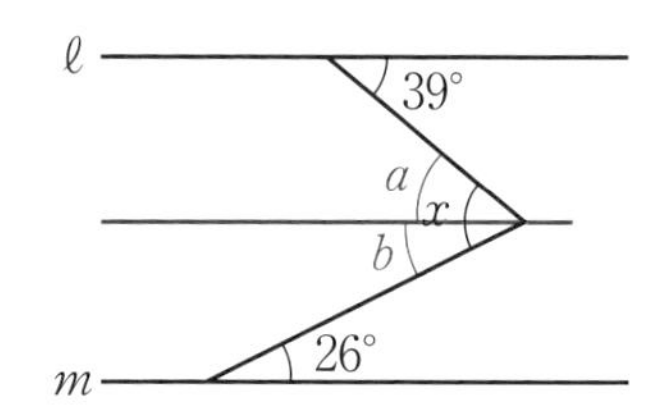

三角形の角

●三角形の**3**つの内角の和は**180°**である。

●三角形の外角は，それととなり合わない**2**つの内角の和に等しい。

例題2　三角形の内角と外角

次の図で，角xの大きさを求めなさい。

(1)

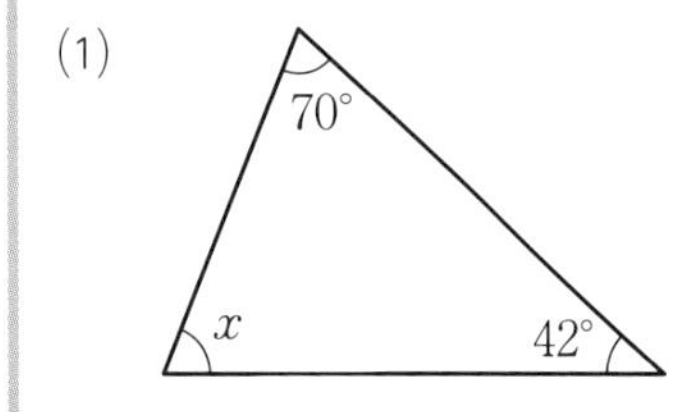

(2)

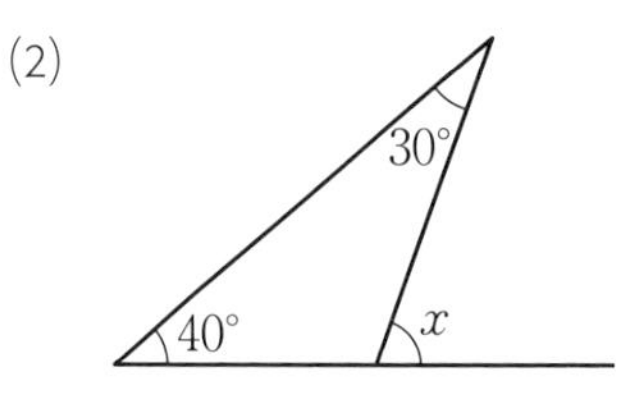

(3)

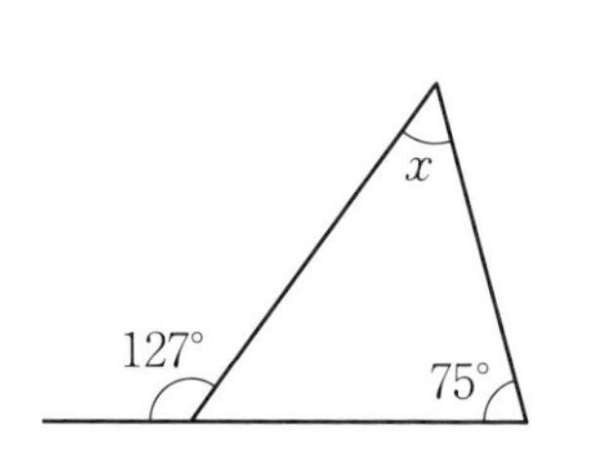

解き方 (1)　三角形の内角の和より，70°＋角x＋42°＝180°，角x＝180°－(70°＋42°)＝**68°**

(2)　三角形の内角と外角の関係(かんけい)より，角x＝30°＋40°＝**70°**

(3)　三角形の内角と外角の関係より，角x＋75°＝127°，角x＝127°－75°＝**52°**

音声をチェック！　12ページ　33 三角形の角

▶解答は別冊 38 ページ

53 平行線と角，三角形の角　理解度確認ドリル

学習日　　月　　日

1 次の図で，直線 ℓ と直線 m が平行であるとき，角 x の大きさを求(もと)めなさい。

□(1)

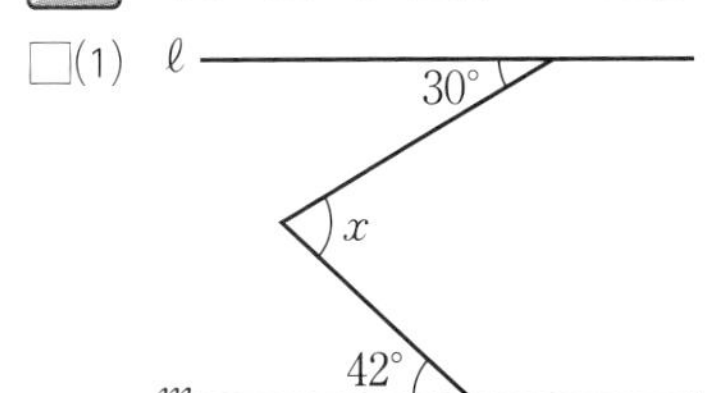

□(2)

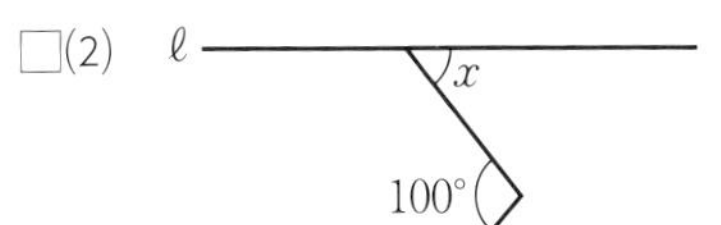

□(3)

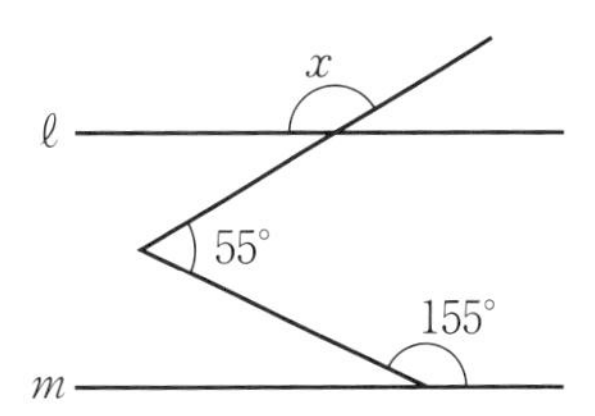

＿＿＿＿＿＿　＿＿＿＿＿＿　＿＿＿＿＿＿

2 次の図で，角 x の大きさを求めなさい。

□(1)

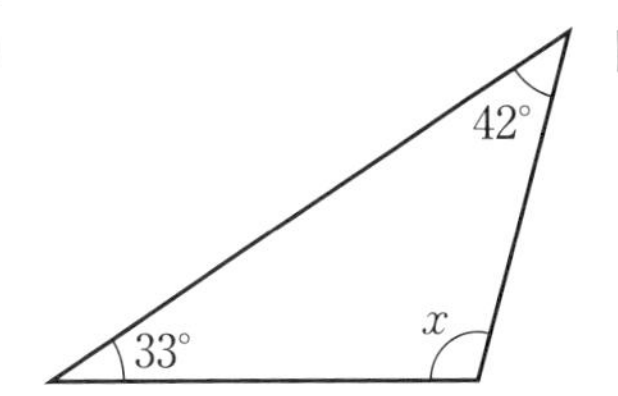

□(2)

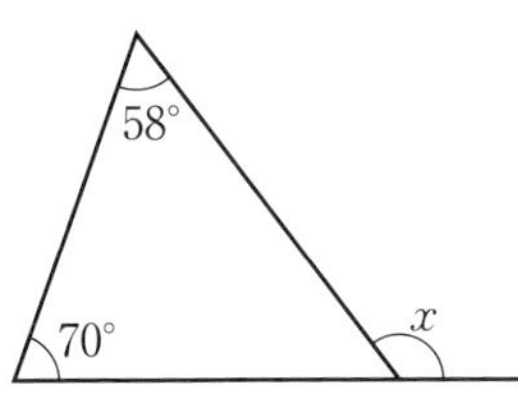

□(3)

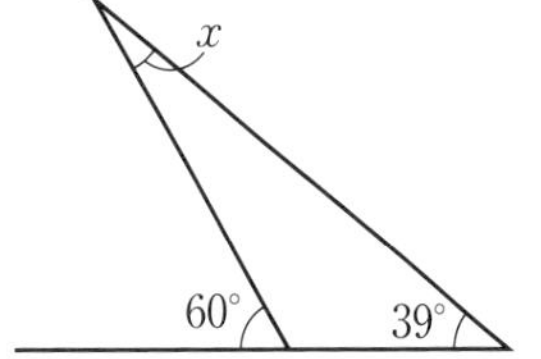

＿＿＿＿＿＿　＿＿＿＿＿＿　＿＿＿＿＿＿

3 次の問いに答えなさい。

(1) 右の図で，角 x，角 y の大きさを求めなさい。

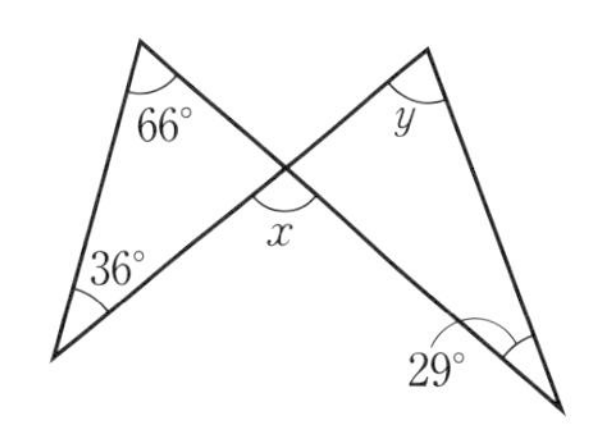

□角 x＿＿＿＿＿＿　□角 y＿＿＿＿＿＿

□(2) 右の図で，角 x の大きさを求めなさい。

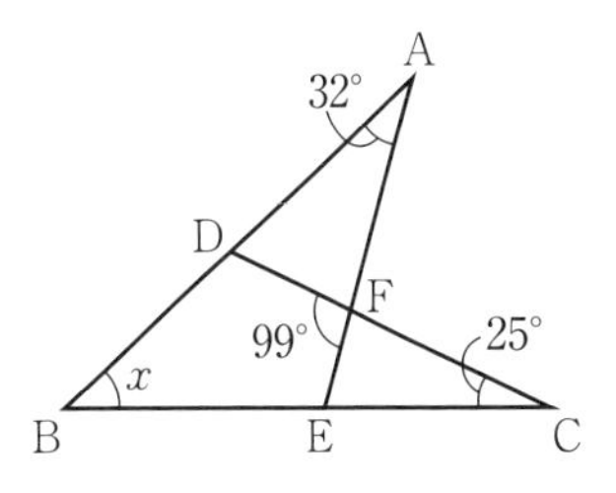

＿＿＿＿＿＿

□(3) 右の図で，直線 ℓ と直線 m が平行であるとき，角 x の大きさを求めなさい。

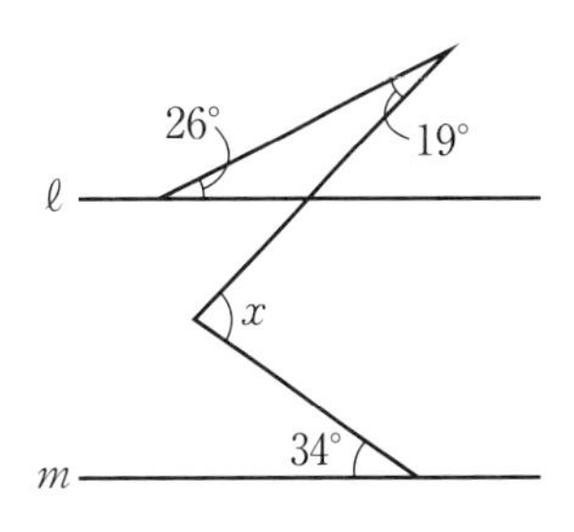

＿＿＿＿＿＿

平面図形の性質

54 三角定規の角，二等辺三角形の角

入試必出例題 赤シートで答えをかくしてくり返し解こう！

例題1 三角定規でつくった角

次の図は，1組の三角定規を組み合わせてつくったものです。角xの大きさを求めなさい。

(1)

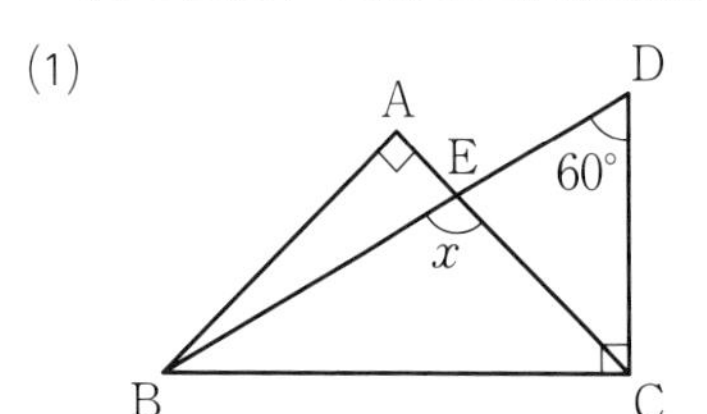

(2)

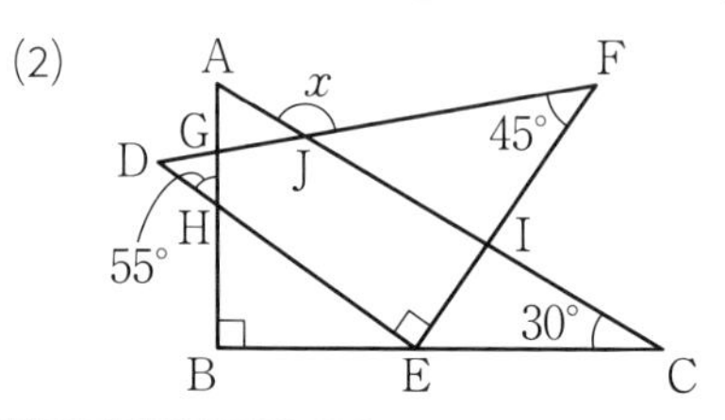

解き方 1組の三角定規の角の大きさは，**30°**，**60°**，**90°**と**45°**，**45°**，**90°**である。

(1) 角ABE＝45°－30°＝15°だから，

三角形ABEの内角と外角の関係より，角x＝90°＋15°＝**105°**

(2) 角D＝45°だから，三角形GDHの内角の和より，角DGH＝180°－(45°＋55°)＝80°

対頂角は等しいから，角AGJ＝角DGH＝80°

角A＝60°だから，三角形AGJの内角と外角の関係より，角x＝60°＋80°＝**140°**

二等辺三角形の角

●**二等辺三角形の2つの角(底角)は等しい。**

右の図の二等辺三角形ABCで，

角Aの大きさがわかっているとき，角B＝角C＝(180°－角A)÷2

角Bの大きさがわかっているとき，角A＝180°－角B×2

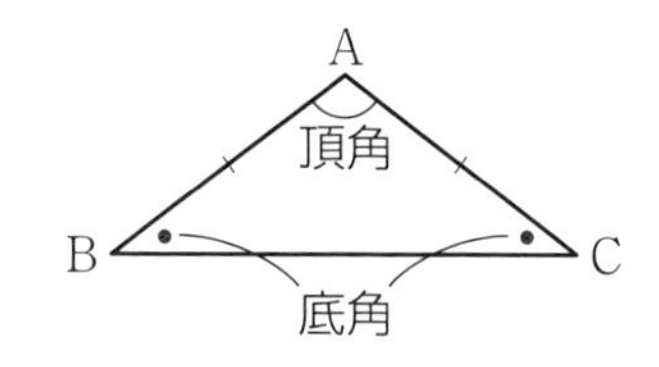

●**正三角形の3つの内角は等しく，どれも60°である。** ←180°÷3＝60°

例題2 二等辺三角形の角

次の図で，同じ印をつけた辺の長さが等しいとき，角xの大きさを求めなさい。

(1)

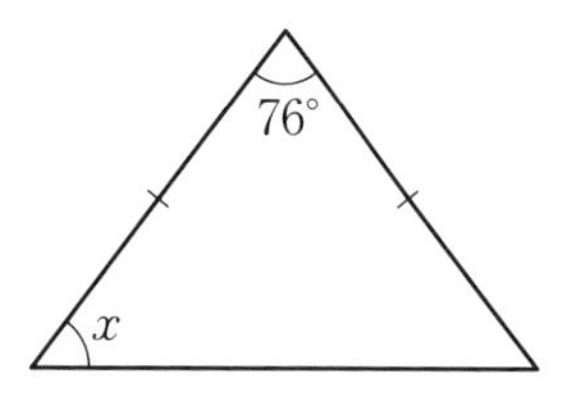

(2)

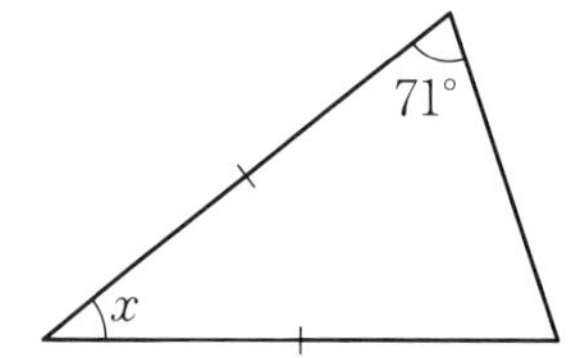

(3)

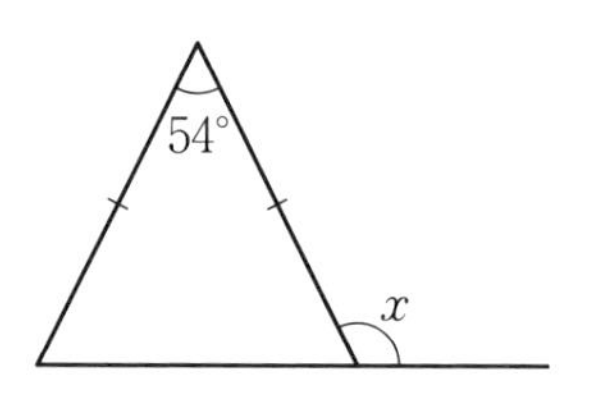

解き方 (1) 角xは二等辺三角形の底角だから，角x＝(180°－76°)÷2＝**52°**

(2) 角xは二等辺三角形の頂角だから，角x＝180°－71°×2＝**38°**

(3) この二等辺三角形の底角は，(180°－54°)÷2＝63°だから，角x＝180°－63°＝**117°**

音声をチェック！ 12ページ 34 二等辺三角形の角

▶解答は別冊 39 ページ

54 三角定規の角，二等辺三角形の角 理解度確認ドリル

学習日　　月　　日

1 次の図は，1 組の三角定規を組み合わせてつくったものです。角xの大きさを求めなさい。

□(1)

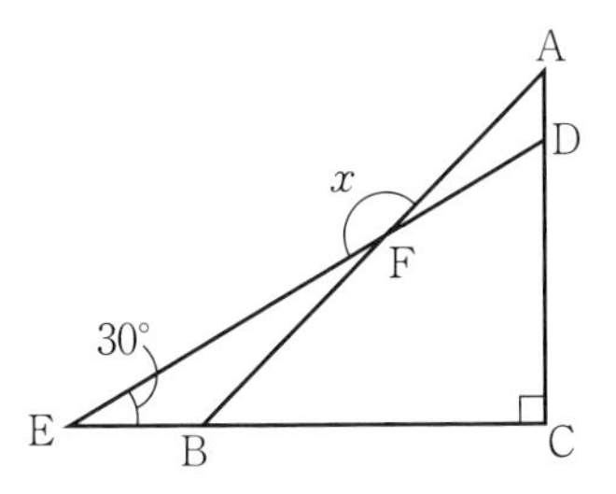

□(2)

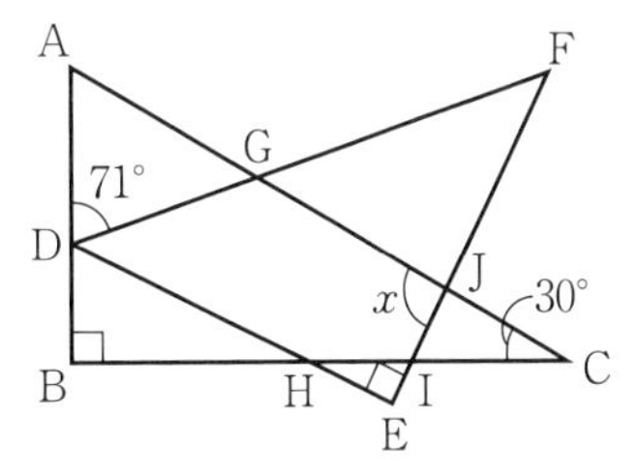

2 次の図で，同じ印をつけた辺の長さが等しいとき，角xの大きさを求めなさい。

□(1)

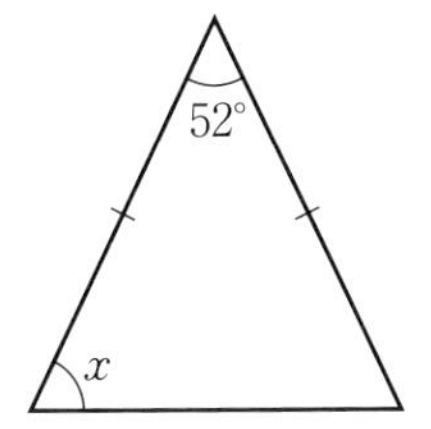

□(2)

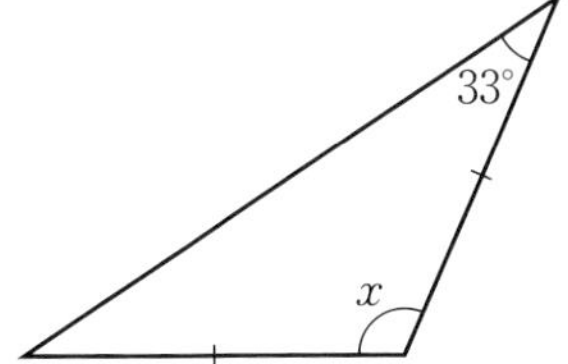

□(3)

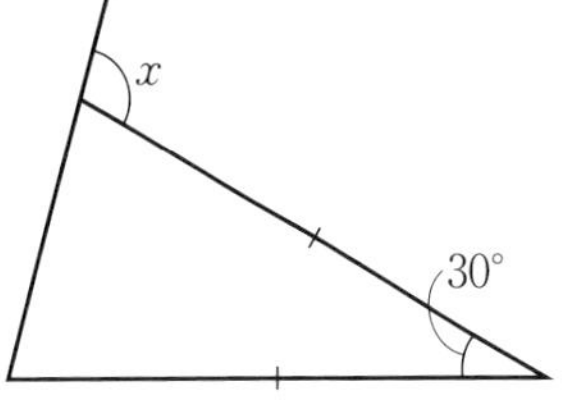

3 次の図は，正方形と正三角形を組み合わせたものです。角x，角yの大きさを求めなさい。

(1)

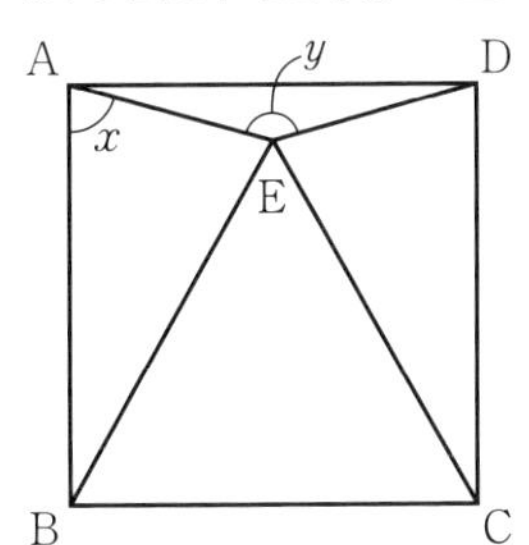

□角x

□角y

(2)

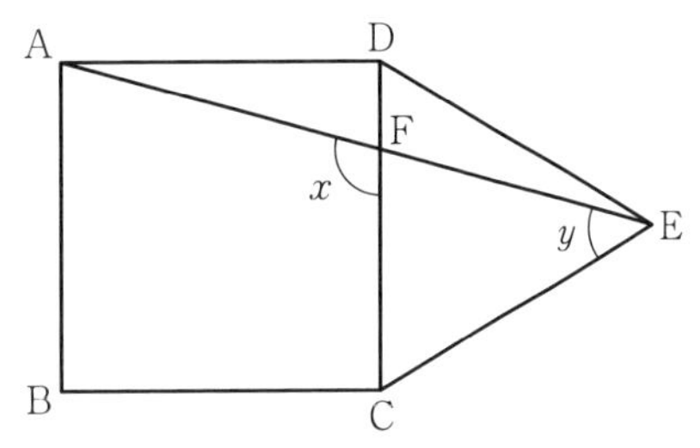

□角x

□角y

□**4** 右の図で，AB＝AC，AD＝DE＝EF＝FBのとき，角xの大きさを求めなさい。

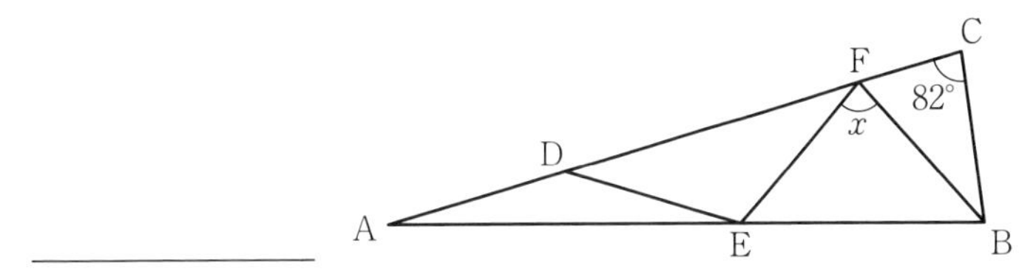

平面図形の性質

55 多角形の角

入試必出例題 赤シートで答えをかくしてくり返し解こう！

多角形の内角と外角の和

●**N角形の内角の和は，180°×(N－2)** ←1つの頂点から対角線をひくと，(N－2)個の三角形に分けられる

●多角形の外角の和は，何角形でも**360°**

例題1 正多角形の1つの内角の大きさ

正十角形の1つの内角の大きさは何度ですか。

解き方 正十角形の1つの外角の大きさは，360°÷10＝36°だから，
正十角形の1つの内角の大きさは，180°－36°＝**144°** ←内角の大きさの和を利用すると，180°×(10－2)÷10＝144°

例題2 いろいろな図形の角

次の問いに答えなさい。

(1) 下の図1で，角xの大きさを求めなさい。

(2) 下の図2で，同じ印をつけた角の大きさが等しいとき，角xの大きさを求めなさい。

(3) 下の図3で，印をつけた角の大きさの和を求めなさい。

図1

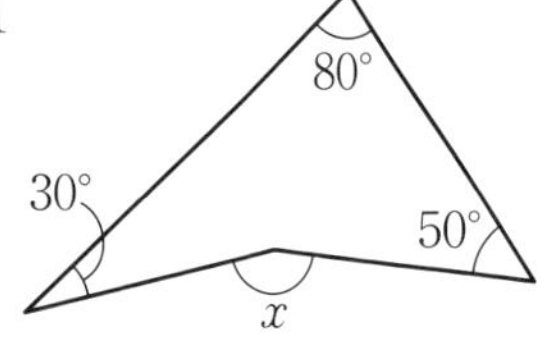

図2

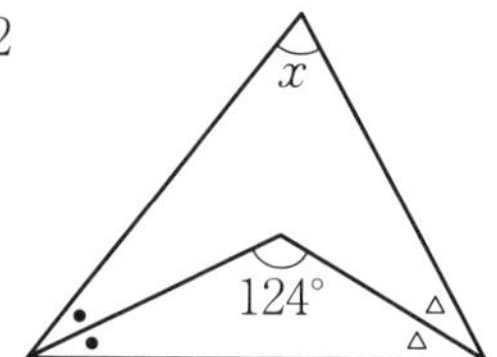

図3

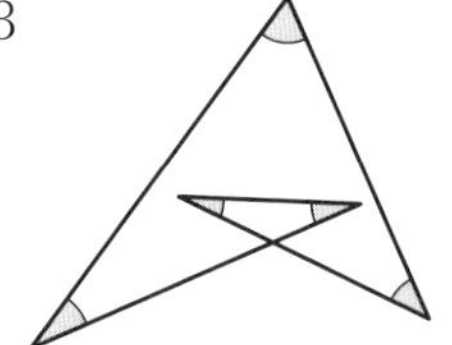

解き方 (1) 右の図のように，2つの頂点を通る直線をひくと，
2つの三角形の内角と外角の関係より，
角x＝30°＋80°＋50°＝**160°**

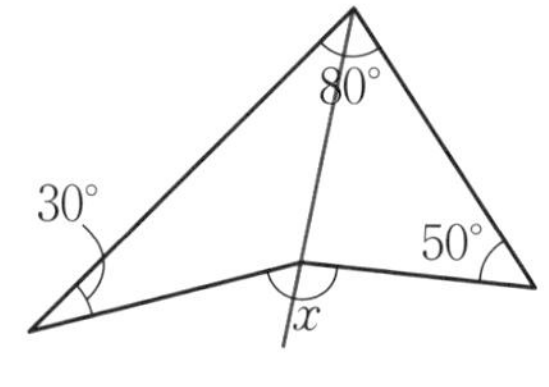

(2) 小さい三角形の内角の和より，●＋△＝180°－124°＝56°
大きい三角形の内角の和より，角x＝180°－(●＋△)×2＝180°－56°×2＝**68°**

(3) 右の図のように，2つの頂点を結ぶと，★印の角について，
2つの三角形の内角と外角の関係より，角a＋角b＝角c＋角d
したがって，角a＋角bの大きさの和は，
角c＋角dの大きさの和に移すことができるから，
印をつけた角の大きさの和は，三角形の内角の和に等しく，**180°**

a b ★ c d

▶解答は別冊 39 ページ

学習日　　月　　日

1 次の問いに答えなさい。

□(1) 七角形の内角の和は何度ですか。

□(2) 内角の和が1080度である多角形は何角形ですか。

□(3) 1 つの外角の大きさが24度である正多角形は正何角形ですか。

□(4) 正十二角形の 1 つの内角の大きさは何度ですか。

2 次の問いに答えなさい。

□(1) 右の図で，角xの大きさを求めなさい。

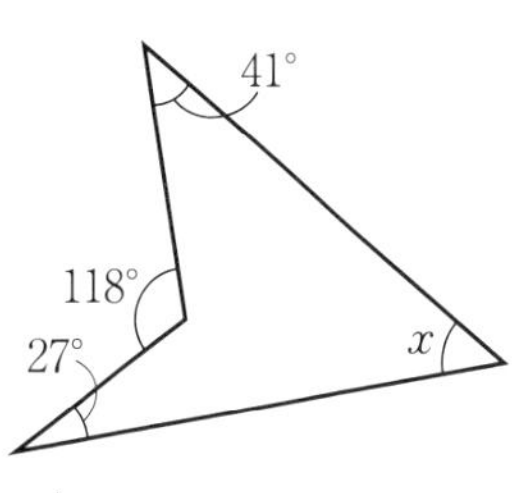

□(2) 右の図で，同じ印をつけた角の大きさが等しいとき，角xの大きさを求めなさい。

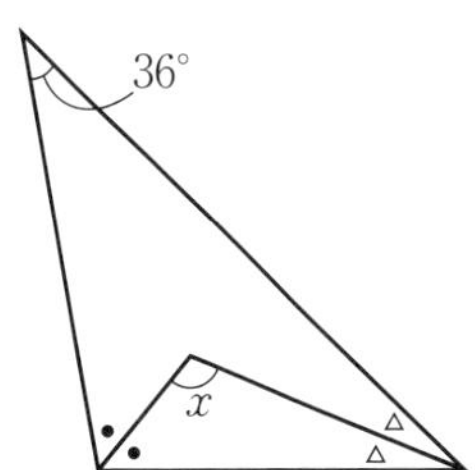

□(3) 右の図で，印をつけた角の大きさの和を求めなさい。

ヒント 補助線を 2 本ひいて，角の大きさを移す。

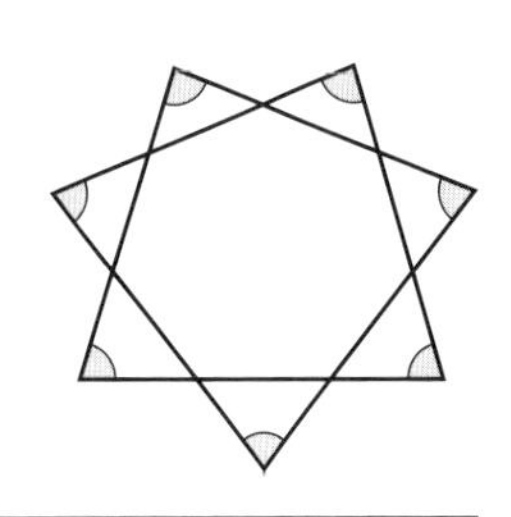

□(4) 右の図は，長方形を折り返したものです。角xの大きさを求めなさい。

ヒント 折り返した部分の対応する角の大きさは等しい。

平面図形の性質

56 三角形と四角形の面積(1)

入試 必出 例題　赤シートで答えをかくしてくり返し解こう！

基本図形の面積の公式

- 正方形の面積＝1辺×1辺
- 長方形の面積＝縦×横
- 平行四辺形の面積＝底辺×高さ
- 三角形の面積＝底辺×高さ÷2
- 台形の面積＝(上底＋下底)×高さ÷2
- ひし形の面積＝対角線×対角線÷2

例題1 面積の求め方のくふう

次の図で，かげをつけた部分の面積を求めなさい。

(1)

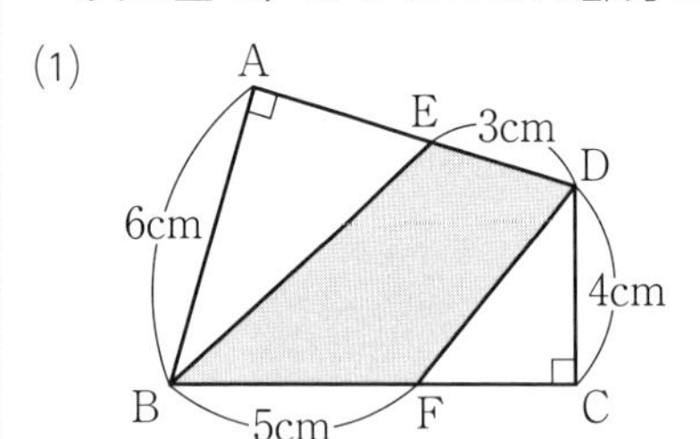

(2)

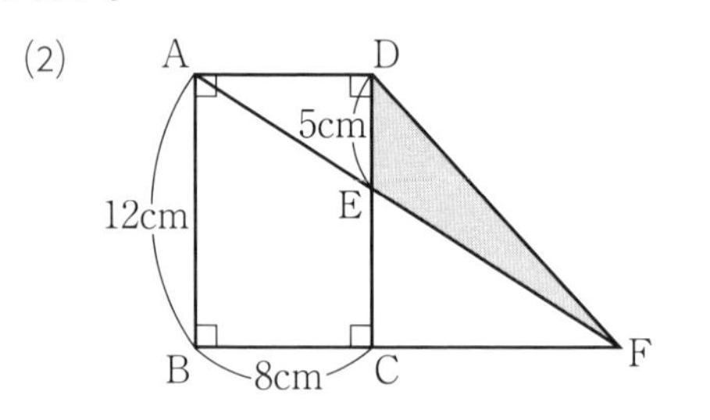

解き方 (1)　右の図のように対角線BDをひいて，

底辺と高さがわかる三角形BDEと三角形DBFに分けると，

かげをつけた部分の面積は，

$3\times6\div2+5\times4\div2=9+10=$ **19** (cm²)

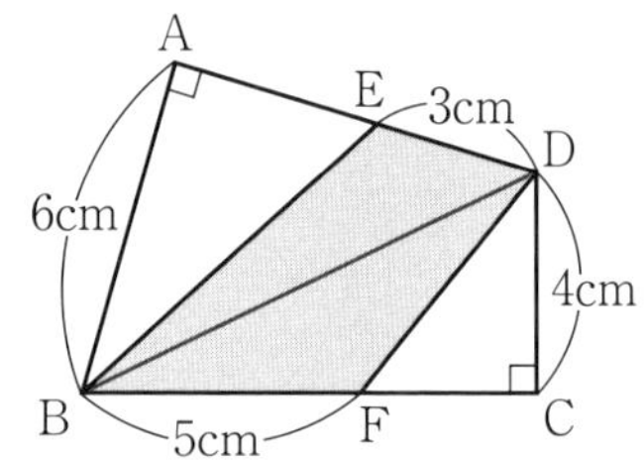

(2)　かげをつけた部分の面積は，

三角形FADの面積から三角形EADの面積をひくと求められるから，

$8\times12\div2-8\times5\div2=48-20=$ **28** (cm²)

例題2 道と土地の面積

右の図のように，縦8m，横20mの長方形の土地に，はば2mの道を2本つくり，残りを花だんにしました。花だんの面積は何m²ですか。

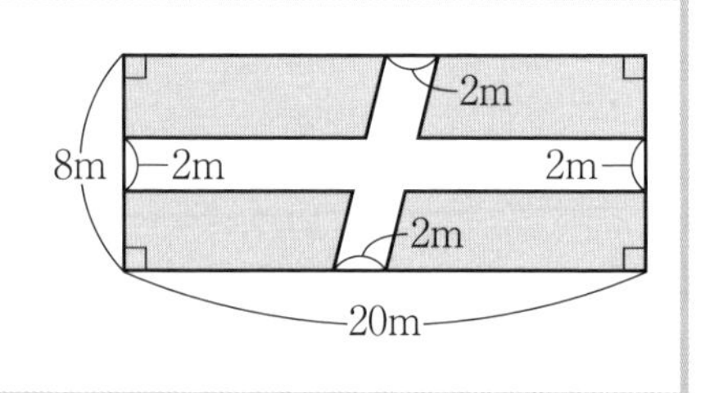

解き方 右の図のように道をはしによせると，花だんは，

縦$8-2=6$(m)，横$20-2=18$(m)の長方形になるから，

花だんの面積は，$6\times18=$ **108** (m²)

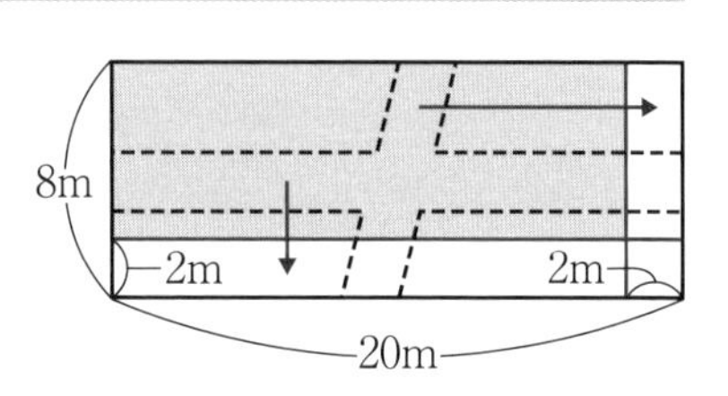

▶解答は別冊 40 ページ

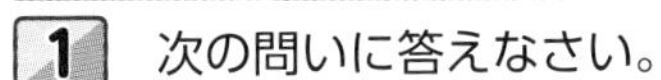

理解度確認ドリル

学習日　　月　　日

1 次の問いに答えなさい。

□(1) 上底(じょうてい)が 3cm，高さが 9cmで，面積(めんせき)が45cm²の台形の下底(かてい)の長さは何cmですか。

□(2) 面積が200cm²の正方形の対角線の長さは何cmですか。

2 次の図で，かげをつけた部分の面積を求(もと)めなさい。

□(1)

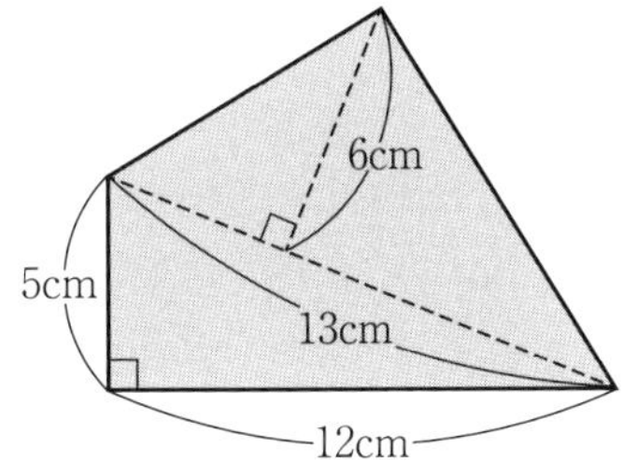

□(2)

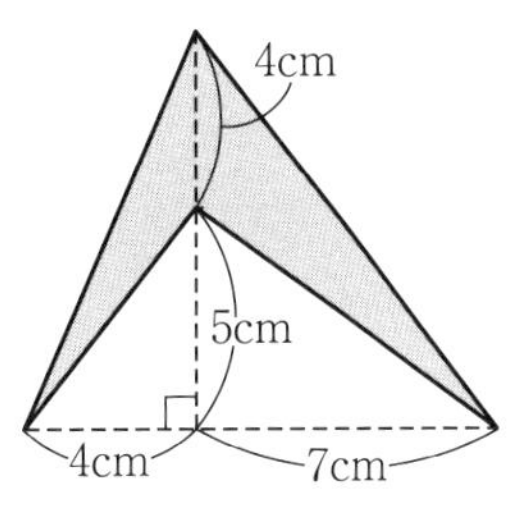

□(3)

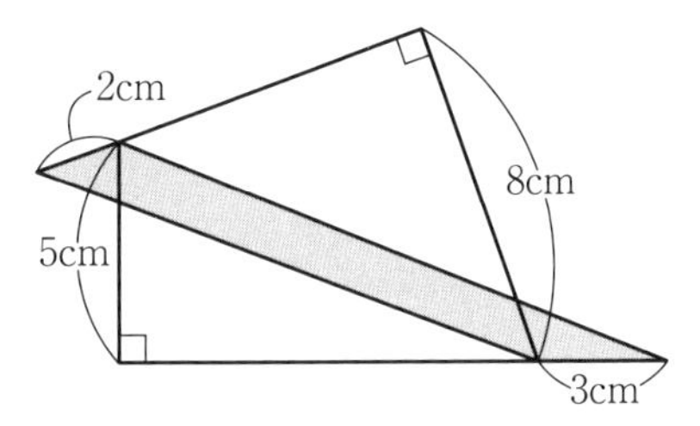

□(4)

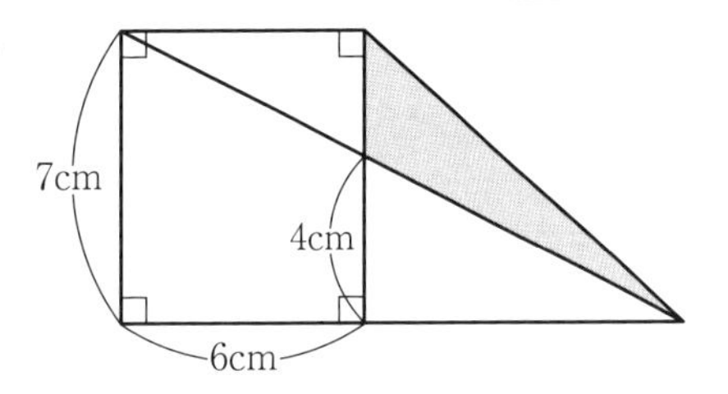

□ **3** 右の図のように，縦(たて)**24m**，横**36m**の長方形の土地に，はば **3m**の道を **2** 本つくり，残(のこ)りを畑にしました。畑の面積は何**m²**ですか。

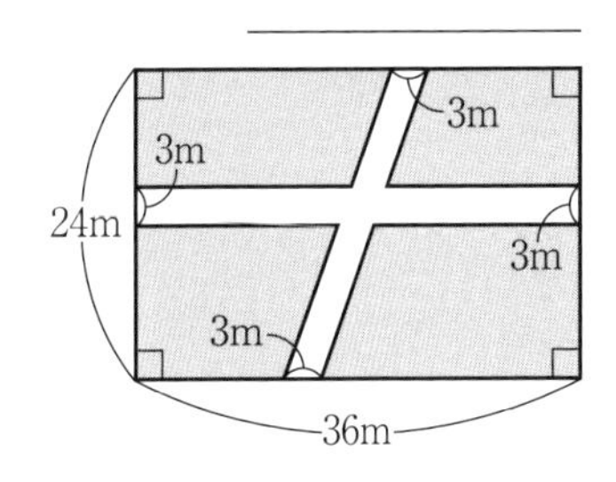

□ **4** **1** 辺(ぺん)が**10cm**の正方形 **3** 枚(まい)を，右の図のようにはり合わせました。この図形の面積を求めなさい。

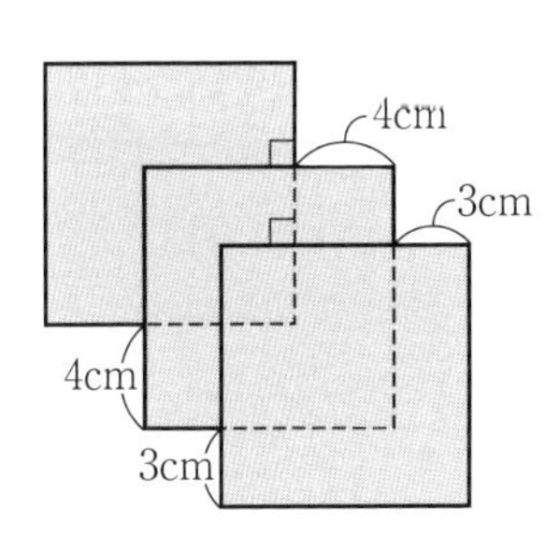

平面図形の性質

57 三角形と四角形の面積(2)

入試 必出 例題　赤シートで答えをかくしてくり返し解こう！

高さが等しい三角形

●底辺が共通で，高さが等しい三角形の面積は等しい。

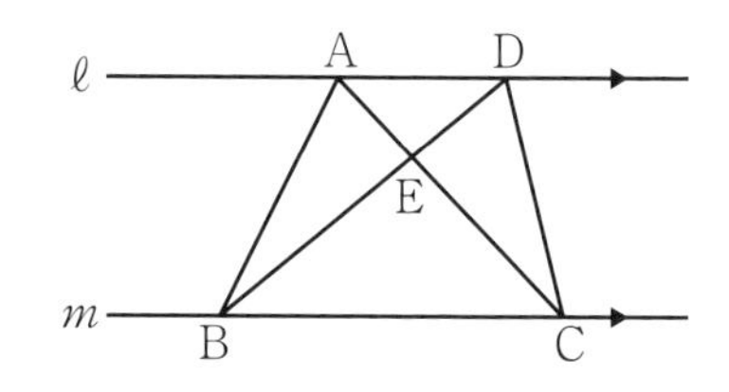

右の図で，直線ℓと直線mが平行であるとき，

三角形ABCの面積＝三角形DBCの面積

また，三角形ABEの面積＝三角形DCEの面積

三角形ABCと三角形DBCで，三角形EBCは共通

例題1 等積変形

右の図の長方形で，かげをつけた部分の面積の和を求めなさい。

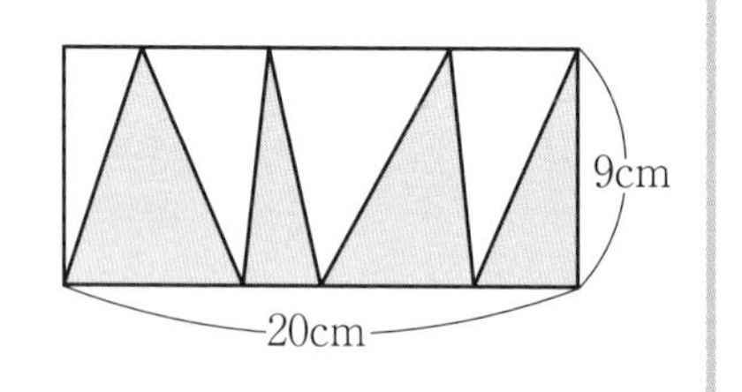

解き方 右の図のように頂点を移動しても，各三角形は，底辺と高さが変わらないから，面積は変わらない。

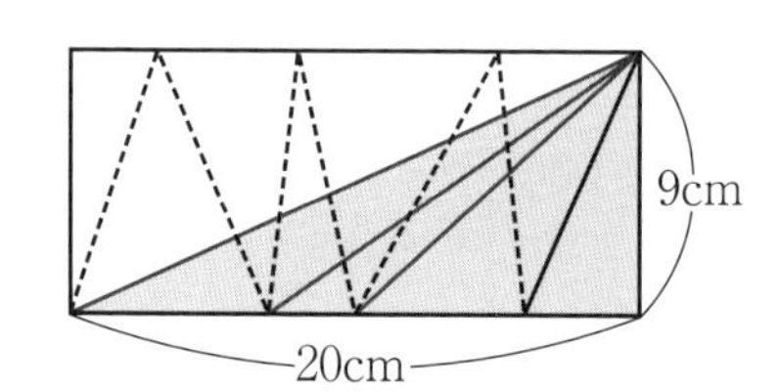

したがって，かげをつけた部分の面積の和は，

底辺が20cm，高さが9cmの三角形の面積と等しいから，

20×9÷2＝ **90** (cm²)

例題2 30°，60°の直角三角形の辺の比の利用

右の図のような三角形ABCの面積を求めなさい。

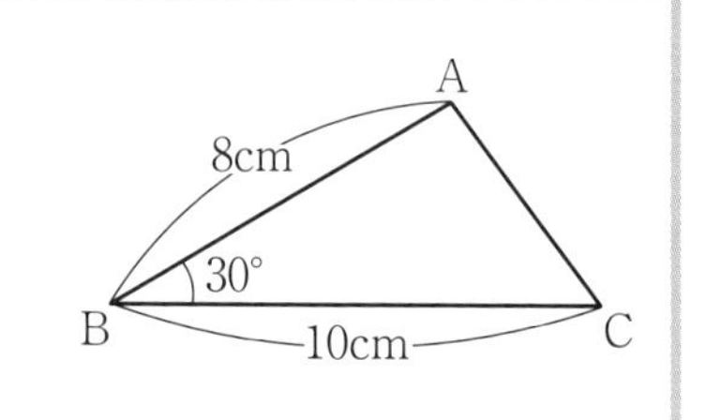

解き方 右の図のように，点Aから辺BCに垂直にひいた直線をAHとすると，

三角形ABHは30°，60°の直角三角形で，

これは，1辺が8cmの正三角形の半分の形だから，

AH＝AB÷2＝8÷2＝4(cm) ←底辺をBCとしたときの高さ

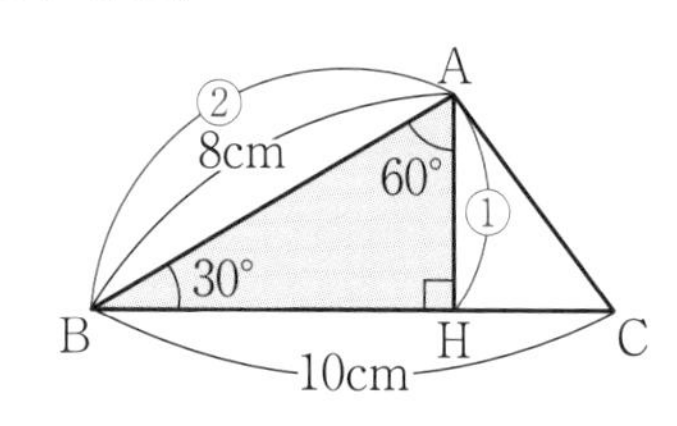

したがって，三角形ABCの面積は，

10×4÷2＝ **20** (cm²)

▶解答は別冊 41 ページ

57 三角形と四角形の面積(2) 理解度確認ドリル

学習日　　月　　日

□ **1** 右の図の長方形ABCDで，かげをつけた部分の面積の和が42cm²のとき，辺ABの長さを求めなさい。

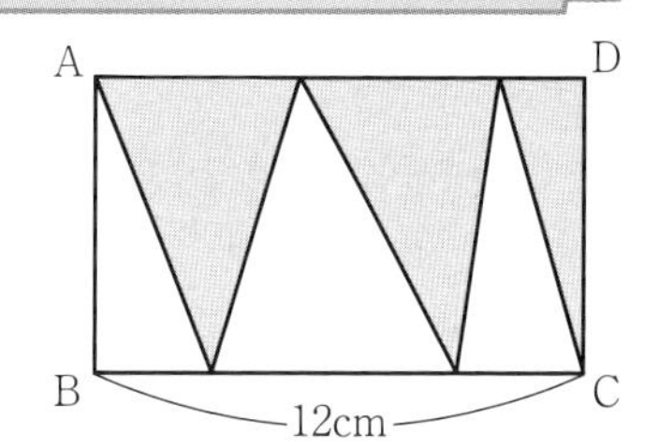

2 右の図の長方形ABCDで，点M，Nはそれぞれ辺AB，CDの真ん中の点です。

□(1) かげをつけた部分と斜線部分の面積の和は何cm²ですか。

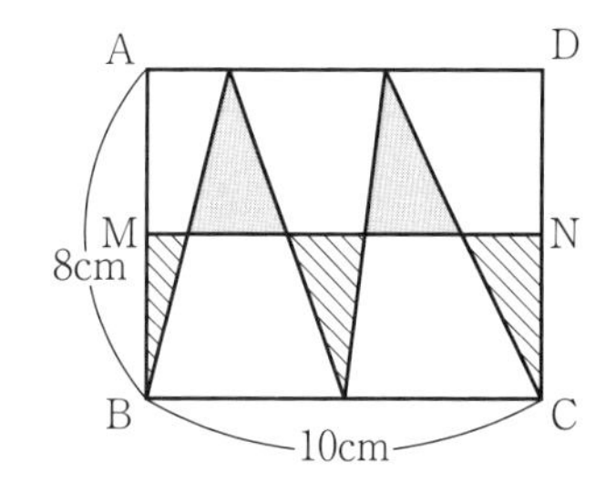

□(2) かげをつけた部分の面積の和は何cm²ですか。

ヒント それぞれの三角形の辺AD，BC上の頂点から，直線MNに垂直な直線をひいてみる。

□ **3** 右の図で，かげをつけた部分の面積を求めなさい。

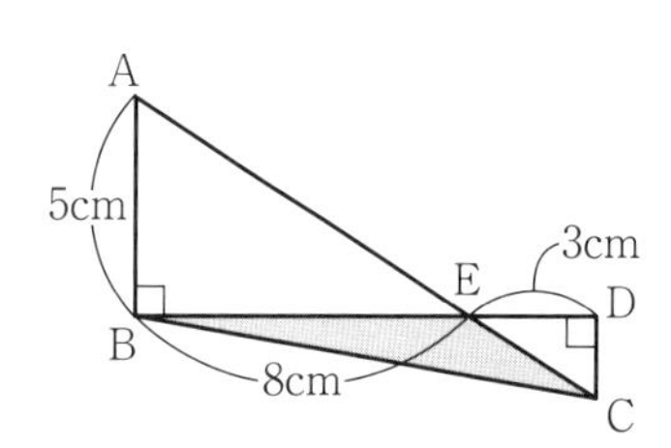

4 次の図形の面積を求めなさい。

□(1) 平行四辺形ABCD

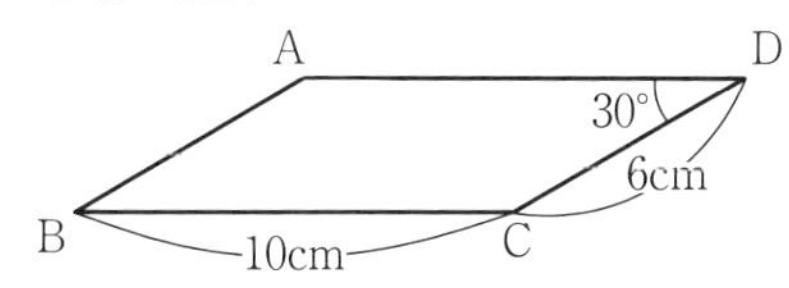

□(2) 三角形ABC

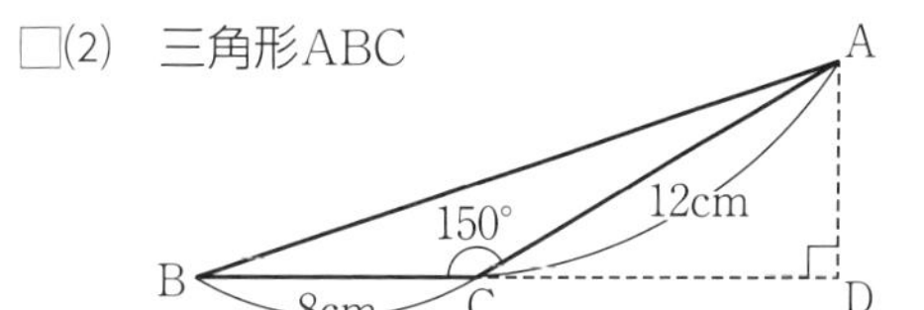

□ **5** 右の図の正十二角形の面積を求めなさい。

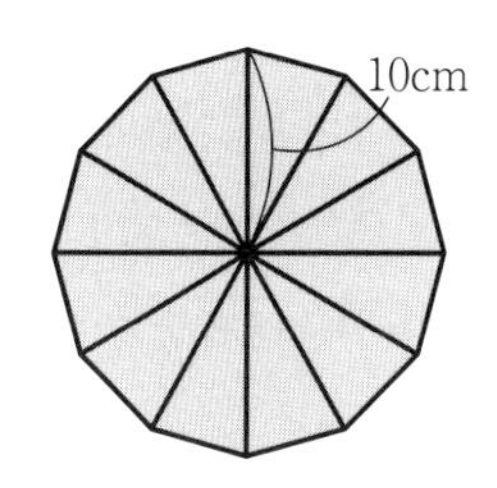

平面図形の性質

58 三角形と四角形の面積(3)

入試必出例題　赤シートで答えをかくしてくり返し解こう！

例題1 面積が等しい2つの図形

右の図の長方形ABCDで，四角形EBFGと三角形DGCの面積が等しいとき，AEの長さを求めなさい。

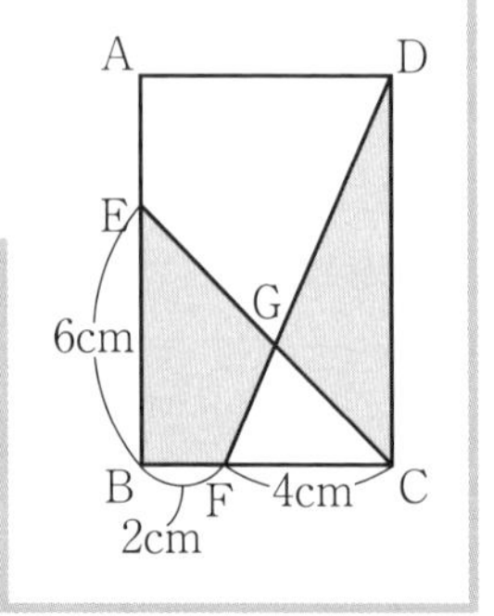

解き方 四角形EBFGと三角形DGCの面積が等しいから，それぞれに三角形GFCを加えた，三角形EBCと三角形DFCの面積も等しい。

$(2+4)\times6\div2=4\times DC\div2$，$DC=6\times6\div4=9$(cm)

$AB=DC=9$cmだから，$AE=9-6=$ **3** (cm)

例題2 補助線の利用

右の図は，1辺が12cmの正方形です。かげをつけた部分の面積を求めなさい。

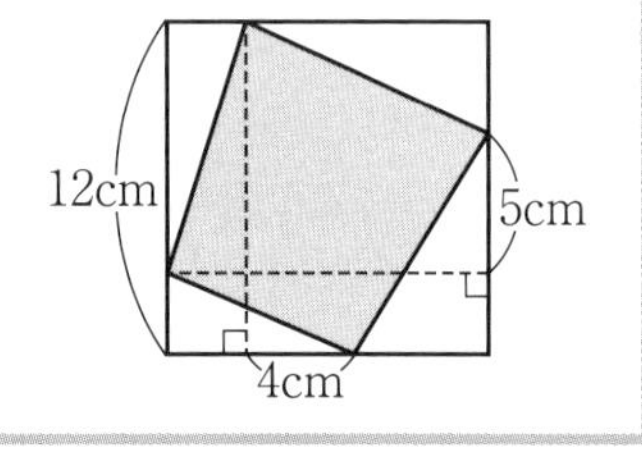

解き方 右下の図のように，正方形の辺に平行な直線をひくと，
かげをつけていない部分の面積の和は，
もとの正方形の面積から，
かげをつけた小さい長方形の面積をひいたものの半分だから，
$(12\times12-5\times4)\div2=(144-20)\div2=62$(cm^2)
したがって，かげをつけた部分の面積は，$144-62=$ **82** (cm^2)

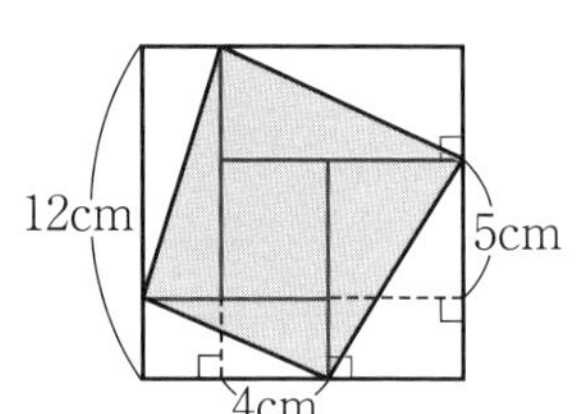

例題3 正六角形の分割

右の図の正六角形の面積が18cm^{2}のとき，かげをつけた部分の面積を求めなさい。

解き方 右下の図のように，正六角形は，合同な6つの正三角形や合同な6つの二等辺三角形に分割することができる。
かげをつけた部分は，正三角形1つと二等辺三角形1つを組み合わせたものだから，その面積は，
$(18\div6)\times2=$ **6** (cm^2)

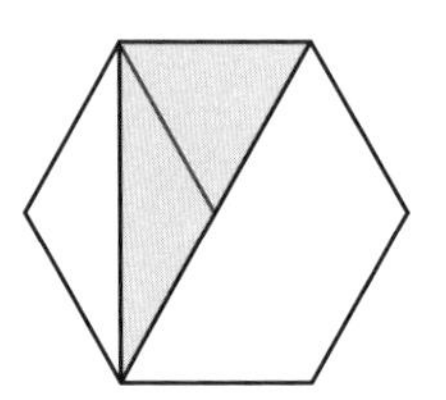

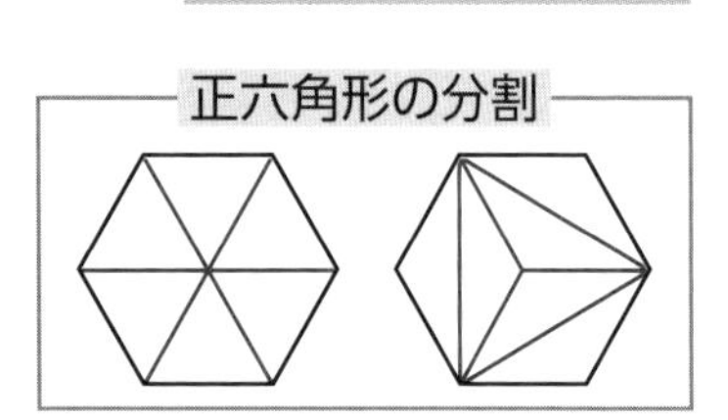

▶解答は別冊 41 ページ

理解度確認ドリル

学習日　　月　　日

1 次の図の長方形や正方形で，㋐と㋑の部分の面積が等しいとき，xの値を求めなさい。

□(1)

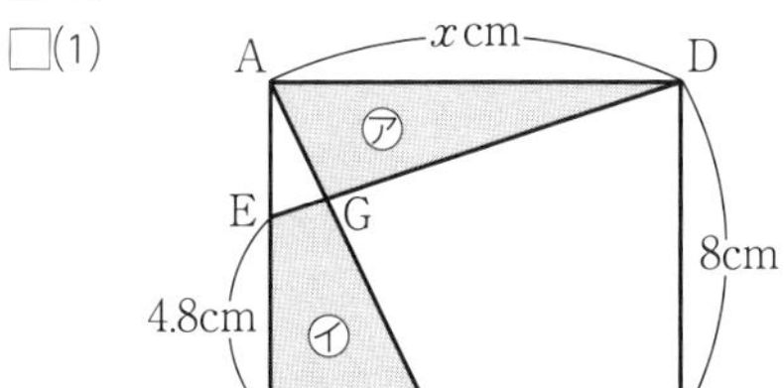

□(2)

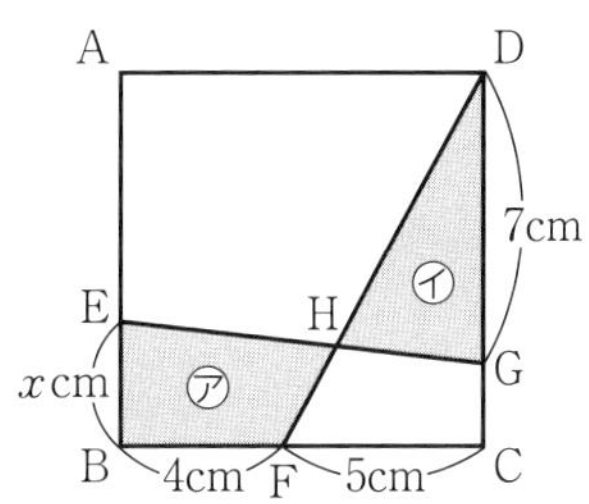

AB=AD

2 次の図の長方形や正方形で，かげをつけた部分の面積を求めなさい。

□(1)

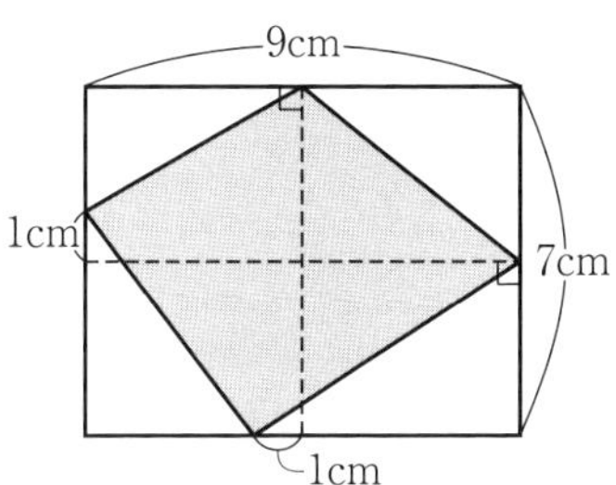

□(2)

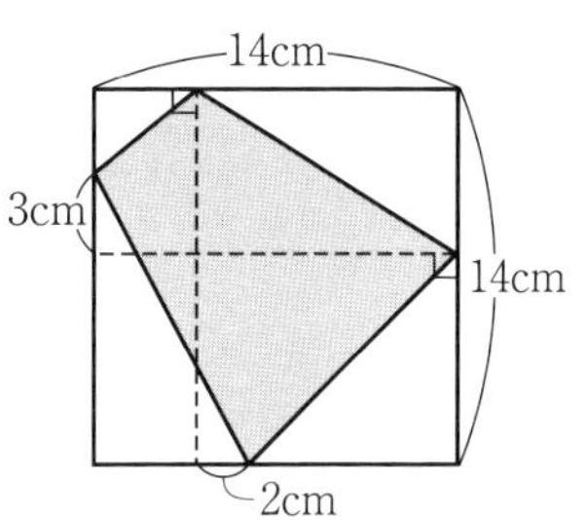

□**3** 右の図のように，**4** つの直角三角形を組み合わせました。**4** つの直角三角形の面積の和が**84cm²**のとき，かげをつけた長方形の面積を求めなさい。

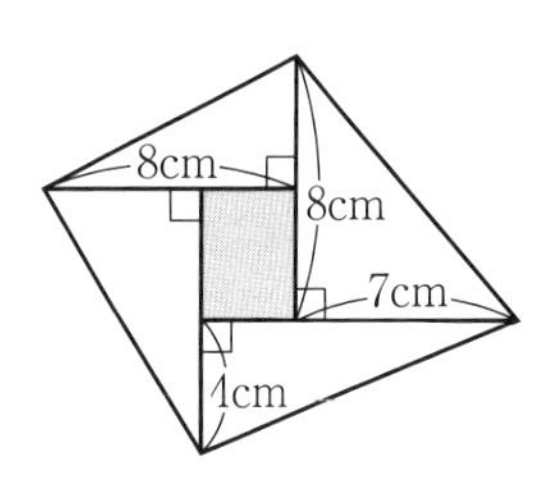

4 次の図の正六角形で，かげをつけた部分の面積は，正六角形の面積の何分のいくつですか。

□(1)

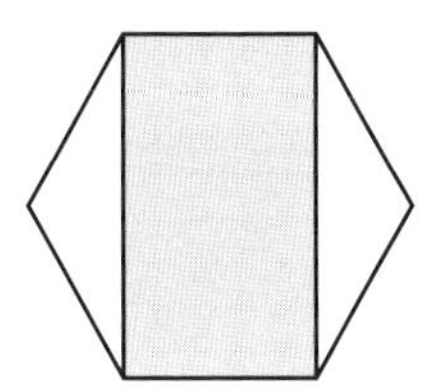

□(2)

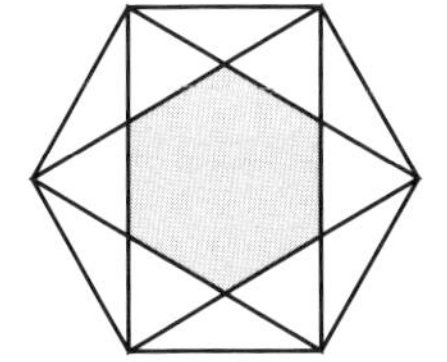

□(3)

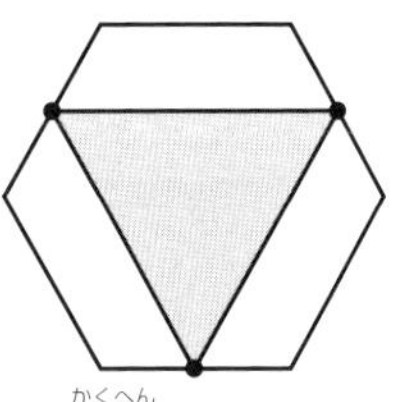

• は各辺の真ん中の点

平面図形の性質

59 円とおうぎ形(1)

入試 必出 例題　赤シートで答えをかくしてくり返し解こう！

円の周の長さと面積，おうぎ形の弧の長さと面積の公式

●どんな大きさの円でも，円周÷直径の値は同じ数になり，この値を円周率という。
円周率は3.141592……と限りなく続く数であるが，ふつう **3.14** として計算する。

●円周の長さ＝直径×円周率＝半径×2×円周率

●円の面積＝半径×半径×円周率

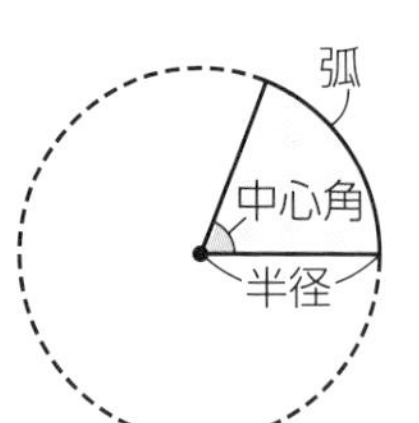

●おうぎ形の弧の長さ＝半径×2×円周率×$\frac{中心角}{360}$　←円周の長さの$\frac{中心角}{360}$

●おうぎ形の面積＝半径×半径×円周率×$\frac{中心角}{360}$　←円の面積の$\frac{中心角}{360}$

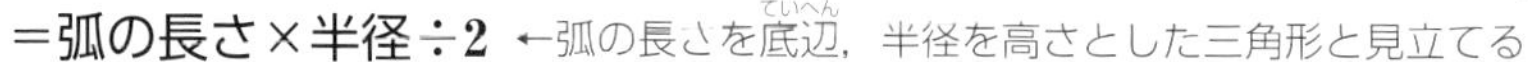
＝弧の長さ×半径÷2　←弧の長さを底辺，半径を高さとした三角形と見立てる

例題1　円の周の長さと面積，おうぎ形の弧の長さと面積

次の問いに答えなさい。ただし，円周率は3.14とします。

(1)　半径10cmの円の周の長さと面積を求めなさい。

(2)　半径8cm，中心角135°のおうぎ形の弧の長さと面積を求めなさい。

解き方 (1)　周の長さは，$10\times2\times3.14=$ **62.8** (cm)

面積は，$10\times10\times3.14=$ **314** (cm^2)

(2)　弧の長さは，$8\times2\times3.14\times\frac{135}{360}=$ **18.84** (cm)　←$\frac{135}{360}=\frac{3}{8}$

面積は，$8\times8\times3.14\times\frac{135}{360}=$ **75.36** (cm^2)

例題2　いくつかの円を囲む外側の線の長さ

右の図のように，半径5cmの円を３つ並べたとき，外側を囲む太線の長さを求めなさい。ただし，円周率は3.14とします。

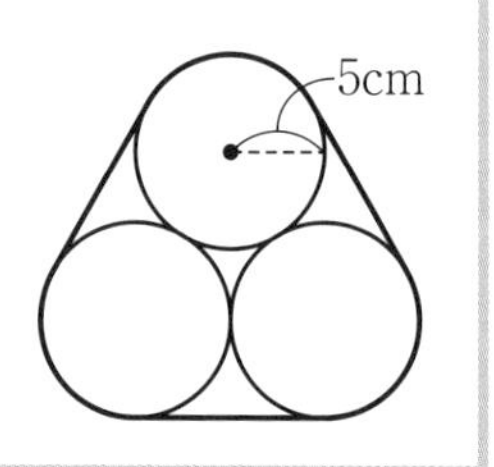

解き方 右の図で，３つのおうぎ形㋐，㋑，㋒を合わせると，
１つの円になるから，
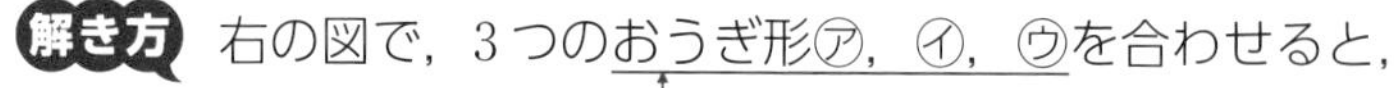
└中心角は，それぞれ 360°－(90°＋60°＋90°)＝120°

太線の曲線部分の長さの和は，$5\times2\times3.14=31.4$(cm)
太線の１つの直線部分の長さは，円の半径２つ分だから，
太線の直線部分の長さの和は，$(5+5)\times3=30$(cm)
したがって，太線の長さは，$31.4+30=$ **61.4** (cm)

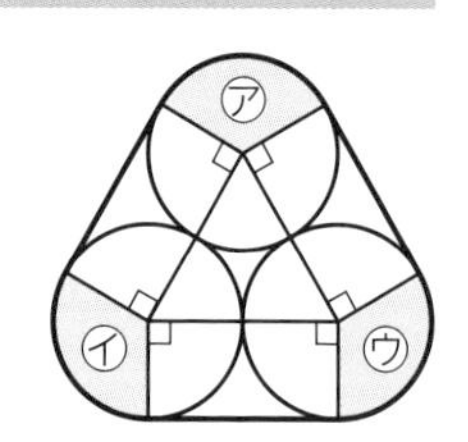

音声をチェック！　14ページ　38 円周の長さと円の面積，39 おうぎ形の弧の長さと面積

▶解答は別冊 42 ページ

59 円とおうぎ形(1) 理解度確認ドリル

学習日　　月　　日

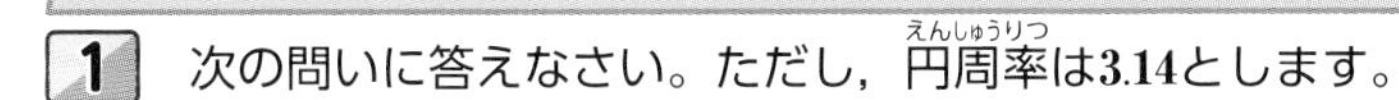

1 次の問いに答えなさい。ただし，円周率は**3.14**とします。

□(1) 円周の長さが18.84cmの円の面積は何cm²ですか。

______

□(2) 2 つの円A，Bがあり，円Bの半径は円Aの半径の1.4倍です。円A，Bの円周の和が75.36cmであるとき，円Bの半径は何cmですか。

______

□(3) 半径 4cmの円と同じ面積で，半径 6cmのおうぎ形の中心角は何度ですか。

______

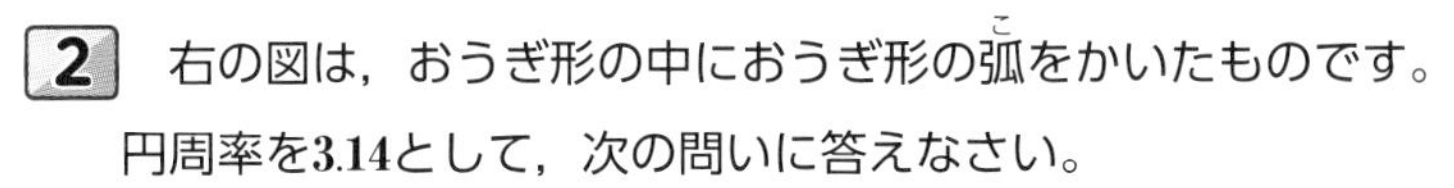

2 右の図は，おうぎ形の中におうぎ形の弧をかいたものです。
円周率を**3.14**として，次の問いに答えなさい。

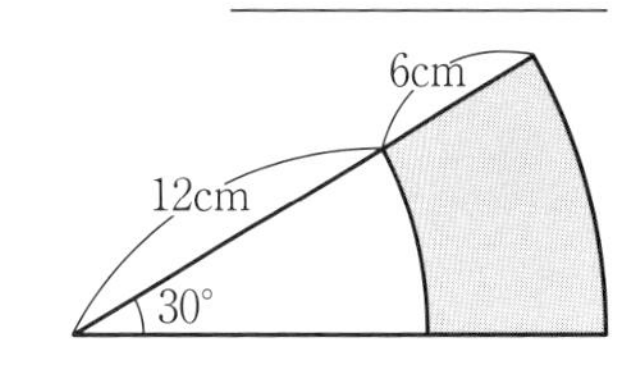

□(1) かげをつけた部分の面積を求めなさい。

______

□(2) かげをつけた部分の周の長さを求めなさい。

______

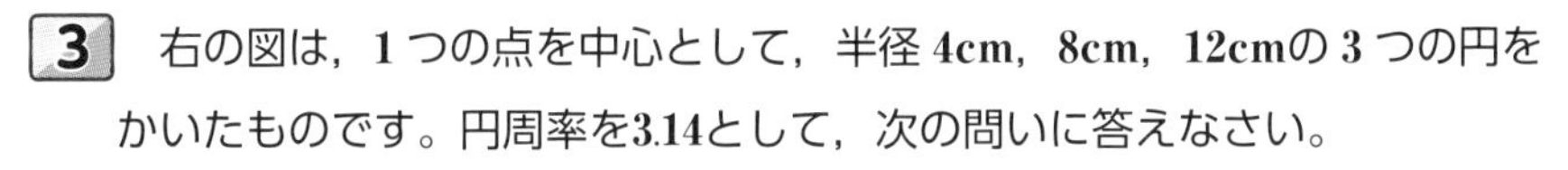

3 右の図は，**1** つの点を中心として，半径 **4cm**，**8cm**，**12cm**の **3** つの円をかいたものです。円周率を**3.14**として，次の問いに答えなさい。

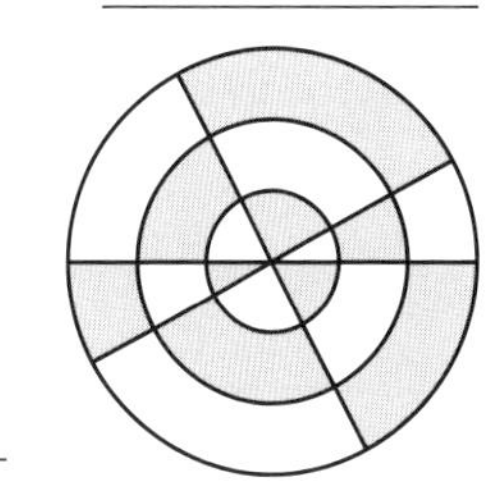

□(1) かげをつけた部分の面積の和を求めなさい。

______

□(2) かげをつけた部分の周の長さの和を求めなさい。

______

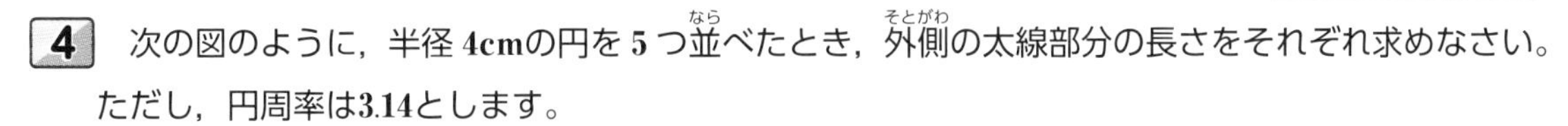

4 次の図のように，半径 **4cm**の円を **5** つ並べたとき，外側の太線部分の長さをそれぞれ求めなさい。
ただし，円周率は**3.14**とします。

□(1)

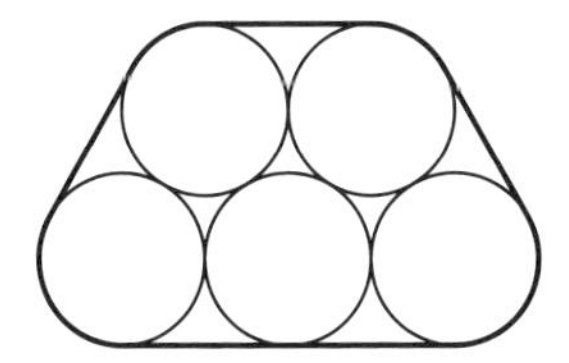

□(2)

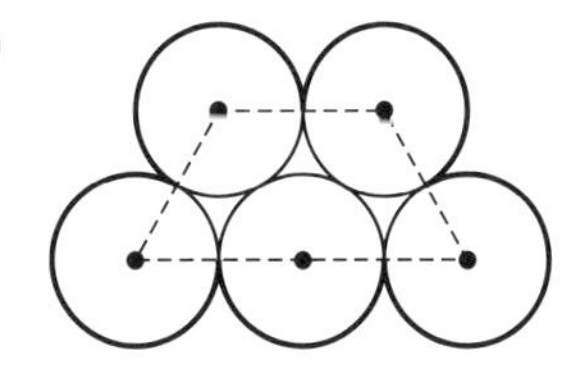

______　　______

60 円とおうぎ形(2)

入試必出例題　赤シートで答えをかくしてくり返し解こう！

例題　いろいろな図形の周の長さと面積

次の図で，かげをつけた部分の周の長さと面積を求めなさい。円周率は3.14とします。

(1)
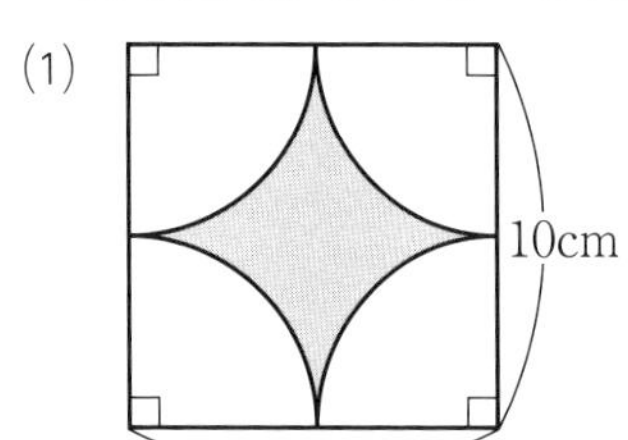

(2)
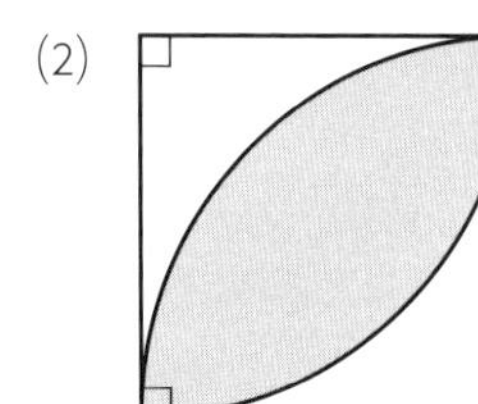

(3)
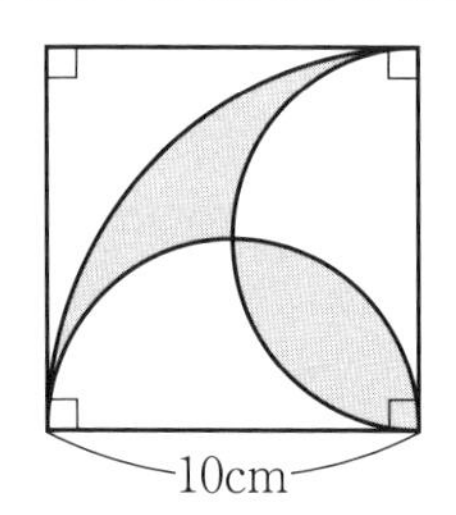

解き方 (1)　周の長さは，4つのおうぎ形の弧を合わせると，直径10cmの円になるから，

$10\times3.14=$ **31.4** (cm)

面積は，正方形の面積から，4つのおうぎ形の面積をひけばよい。

4つのおうぎ形を合わせると，半径$10\div2=5$(cm)の円になるから，

$10\times10-5\times5\times3.14=100-78.5=$ **21.5** (cm²)

(2)　周の長さは，半径10cm，中心角90°のおうぎ形の弧の長さ2つ分で，

$10\times2\times3.14\times\frac{90}{360}\times2=$ **31.4** (cm)　←このおうぎ形は円の$\frac{1}{4}$だから，$\times\frac{90}{360}$は$\div4$でもよい

面積は，右の図のように考えると，

半径10cmのおうぎ形の面積2つ分から，

1辺が10cmの正方形の面積をひいて，

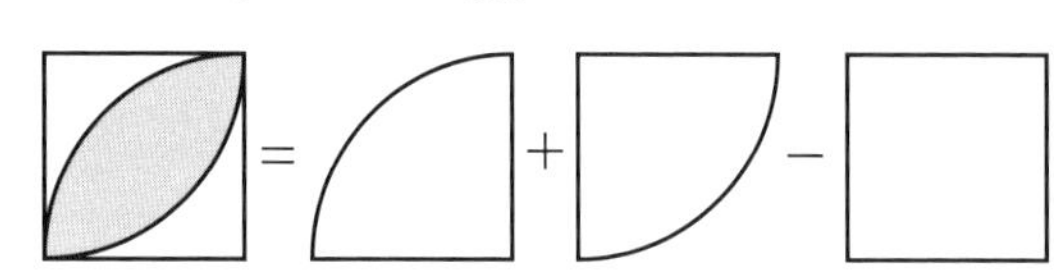

$10\times10\times3.14\times\frac{90}{360}\times2-10\times10=157-100=$ **57** (cm²)

〈参考〉　円周率を3.14とすると，この図形の面積は正方形の面積の**0.57倍**になる。

(3)　周の長さは，直径10cmの半円(中心角180°のおうぎ形)の弧の長さ2つ分と，

半径10cm，中心角90°のおうぎ形の弧の長さをたして，

$10\times3.14\times\frac{180}{360}\times2+10\times2\times3.14\times\frac{90}{360}=10\times3.14+5\times3.14$　←$\times\frac{180}{360}$は$\div2$でもよい

$=(10+5)\times3.14=15\times3.14=$ **47.1** (cm)　←×3.14は，分配の法則を使って，最後にまとめて計算する

面積は，右の図のように考えて面積を移すと，

半径10cm，中心角90°のおうぎ形の面積から，

直角をはさむ2辺が10cmの直角二等辺三角形の面積をひいて，

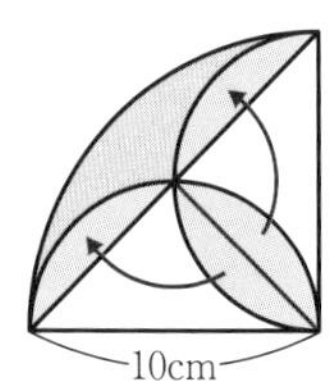

$10\times10\times3.14\times\frac{90}{360}-10\times10\div2=78.5-50=$ **28.5** (cm²)

▶解答は別冊 43 ページ

60 円とおうぎ形(2) 理解度確認ドリル

学習日　　月　　日

1 次の図は，それぞれいくつかのおうぎ形を組み合わせてつくったものです。かげをつけた部分の周の長さと面積を求めなさい。ただし，円周率は3.14とします。

(1)

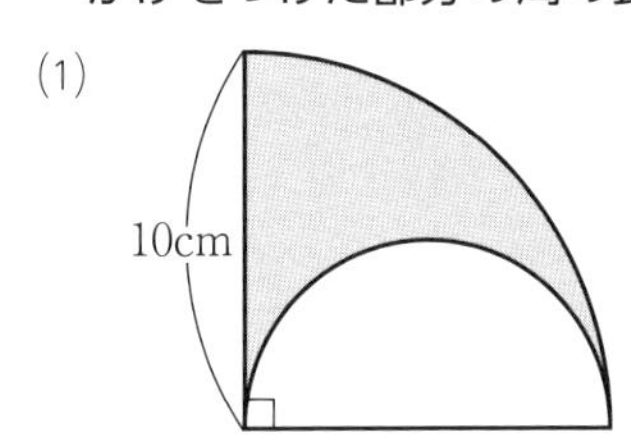

□周の長さ＿＿＿＿＿＿＿　□面積＿＿＿＿＿＿＿

(2)

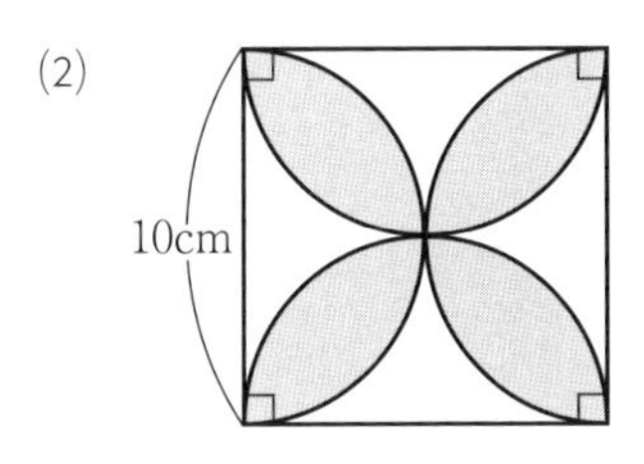

□周の長さ＿＿＿＿＿＿＿　□面積＿＿＿＿＿＿＿

(3)

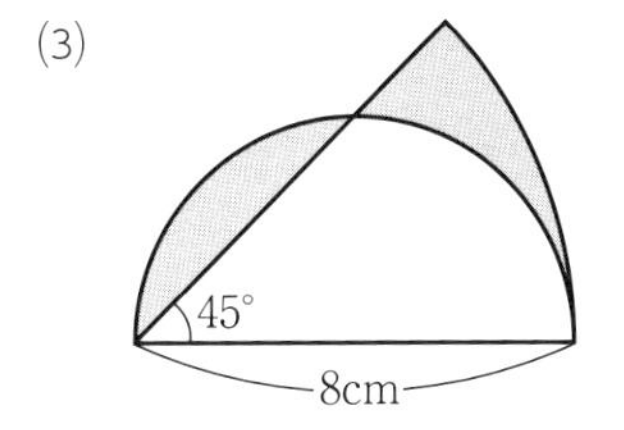

□周の長さ＿＿＿＿＿＿＿　□面積＿＿＿＿＿＿＿

(4)

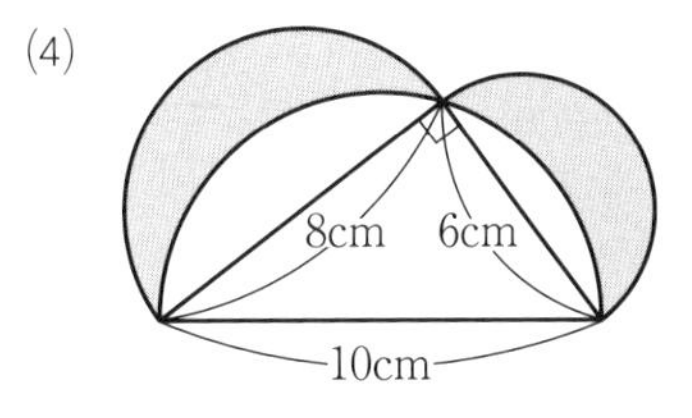

□周の長さ＿＿＿＿＿＿＿　□面積＿＿＿＿＿＿＿

2 右の図は，1 辺が 4cmの正方形 2 つと円 2 つを組み合わせたものです。円周率を3.14として，次の問いに答えなさい。

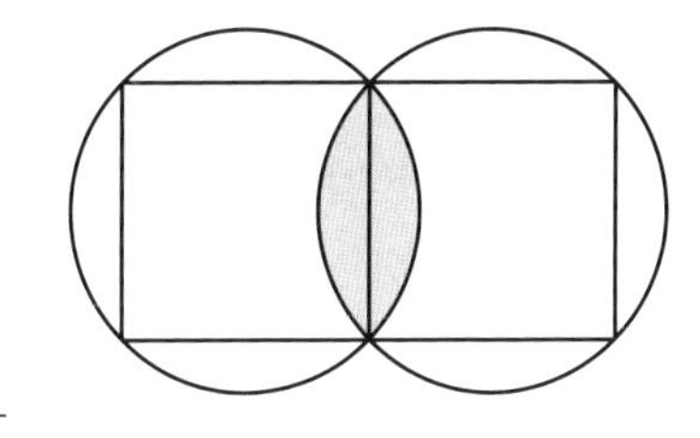

□(1) 1 つの円の面積を求めなさい。

＿＿＿＿＿＿＿

□(2) かげをつけた部分の面積を求めなさい。

＿＿＿＿＿＿＿

□ **3** 右の図は，1 辺が10cmの正方形に 2 つのおうぎ形の弧をかいたものです。㋐の部分と㋑の部分の面積の差が28.26cm²のとき，小さいおうぎ形の半径は何cmですか。ただし，円周率は3.14とします。

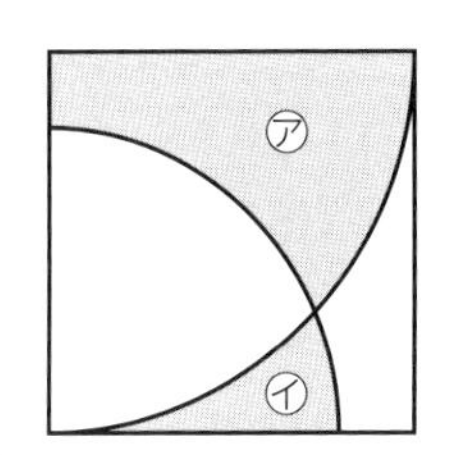

＿＿＿＿＿＿＿

61 相似な三角形

入試必出例題　赤シートで答えをかくしてくり返し解こう！

三角形の相似

●形が同じで大きさがちがう 2 つの図形は相似であるという。
相似な図形の対応する辺の長さの比は等しく，これを相似比という。

● **2** 組の角がそれぞれ等しい **2** つの三角形は相似である。　←残りの 1 組の角も等しく，同じ形になる

例題1　相似な三角形の辺の長さ

次の図で，DEとBCが平行であるとき，x，yの値を求めなさい。

(1)

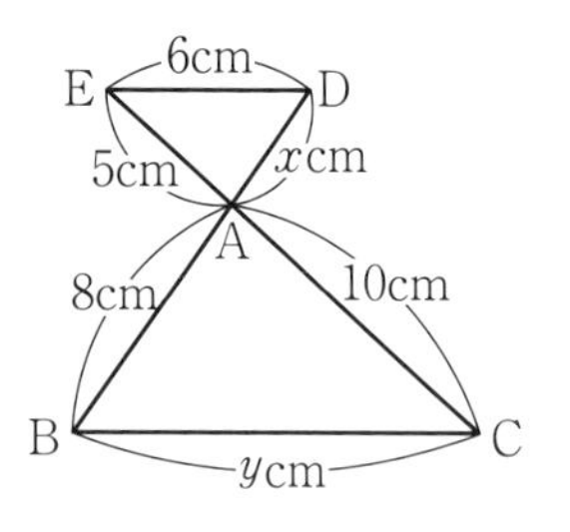

(2)

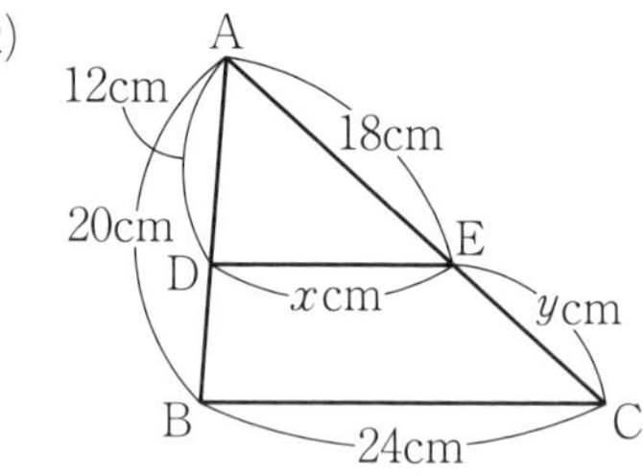

解き方　(1)　三角形ADEと三角形ABCは相似だから，←角ADE＝角ABC，角AED＝角ACB(錯角)

AD：AB＝AE：AC，x：8＝5：10，x＝8×5÷10＝ **4**

DE：BC＝AE：AC，6：y＝5：10，y＝6×10÷5＝ **12**

(2)　三角形ADEと三角形ABCは相似だから，　←角ADE＝角ABC，角AED＝角ACB(同位角)

AD：AB＝DE：BC，12：20＝x：24，x＝12×24÷20＝ **14.4**

AD：AB＝AE：AC，12：20＝18：AC，AC＝20×18÷12＝30(cm)，y＝30－18＝ **12**

〈参考〉　**AD：DB＝AE：ECも成り立つ**から，12：(20－12)＝18：y，y＝8×18÷12＝ **12**

例題2　平行線と線分の比

右の図で，AB，EF，CDが平行であるとき，EFの長さを求めなさい。

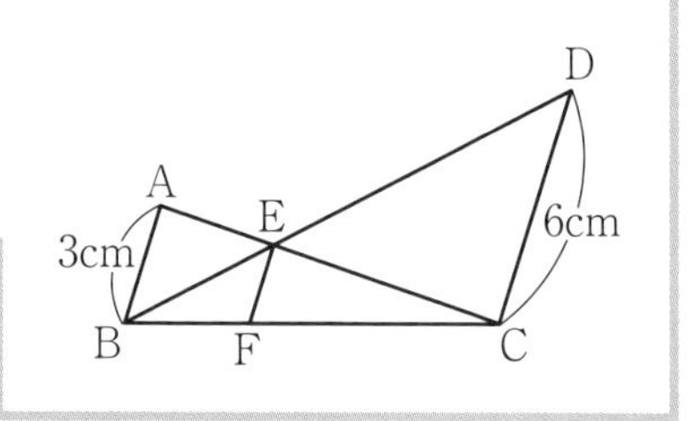

解き方　三角形EABと三角形ECDは相似だから，

EA：EC＝AB：CD＝3：6＝1：2

三角形CEFと三角形CABは相似で，

相似比が，CE：CA＝2：(2＋1)＝2：3 だから，

EF：AB＝2：3，EF：3＝2：3

EF＝3×2÷3＝ **2** (cm)

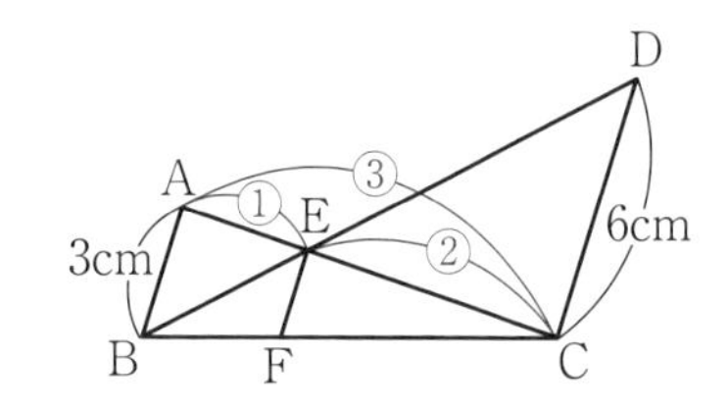

▶解答は別冊 44 ページ

61 相似な三角形 理解度確認ドリル

学習日 月 日

1 次の図で，DEとBCが平行であるとき，x，yの値(あたい)を求め(もと)なさい。

(1)

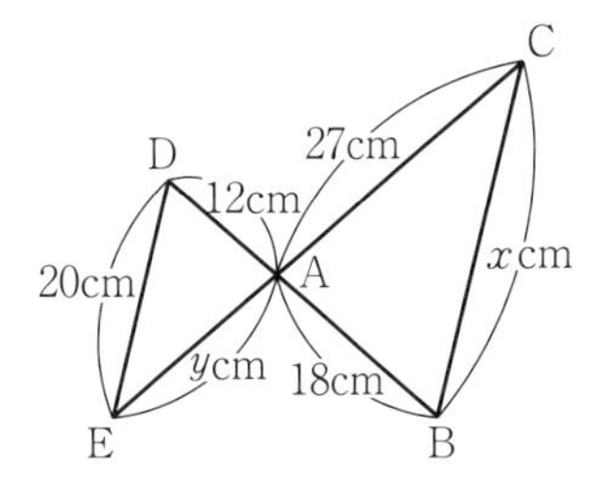

(2)

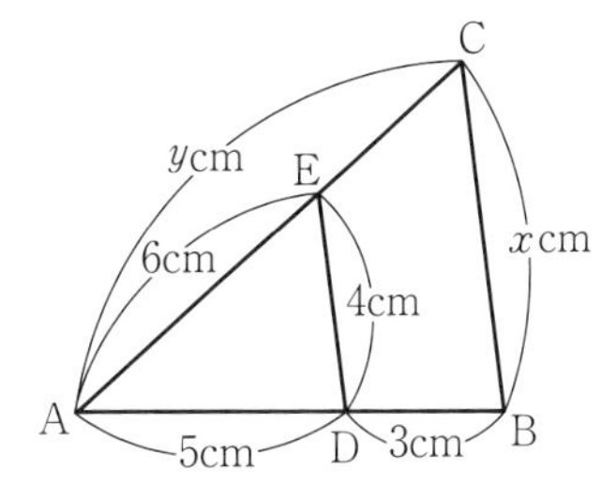

□ x ＿＿＿＿＿　□ y ＿＿＿＿＿　□ x ＿＿＿＿＿　□ y ＿＿＿＿＿

□**2** 右の図で，AB，EF，CDが平行であるとき，xの値を求めなさい。

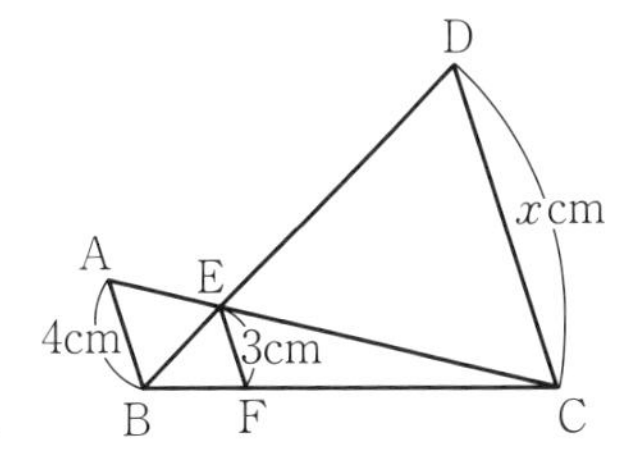

＿＿＿＿＿

□**3** 右の図で，AD，EF，BCが平行であるとき，xの値を求めなさい。

ヒント 対角線ACをひいて，三角形ABC，三角形CADで相似(そうじ)を利用(りよう)する。

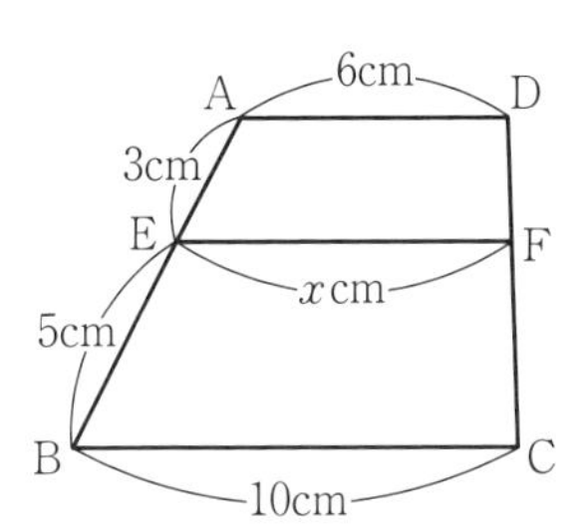

＿＿＿＿＿

4 右の図の平行四辺形ABCDで，AE：ED＝2：3 のとき，次の比(ひ)を最(もっと)も簡単(かんたん)な整数の比で表しなさい。

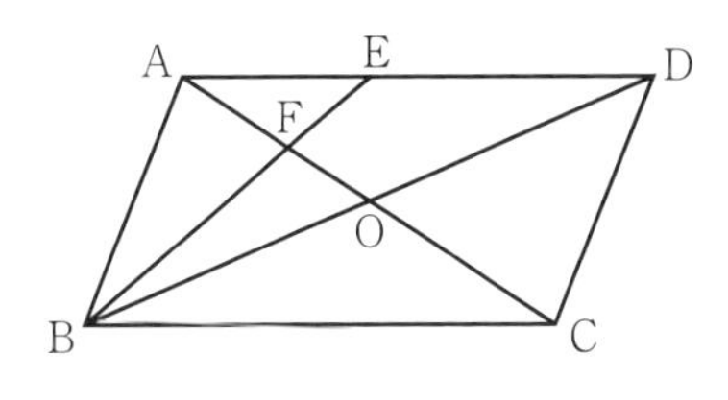

□(1) AF：FC

＿＿＿＿＿

□(2) AF：FO：OC

＿＿＿＿＿

□**5** 右の図の直角三角形ABCで，四角形DBEFが正方形のとき，この正方形の1辺(ぺん)の長さを求めなさい。

ヒント AD：AB＝DF：BCのとき，AD：DF＝AB：BCも成(な)り立つ。

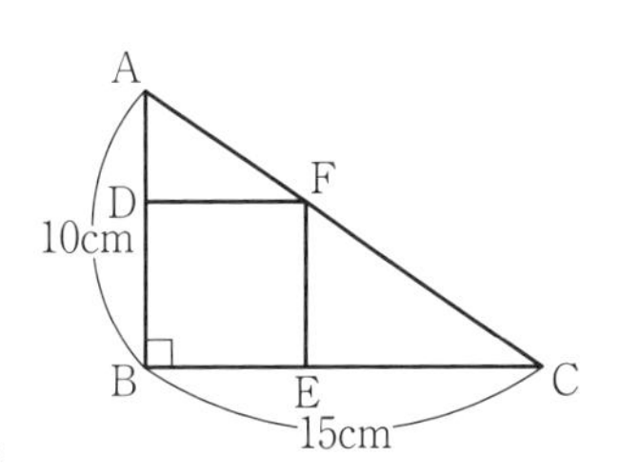

＿＿＿＿＿

図形と比

62 辺の長さの比と面積の比

入試必出例題　赤シートで答えをかくしてくり返し解こう！

三角形の底辺，高さの比と面積の比

●底辺の比がa：bで，高さが等しい２つの三角形の面積の比は，$\boldsymbol{a}$：$\boldsymbol{b}$

逆に，面積の比がa：bで，高さが等しい２つの三角形の底辺の比は，$\boldsymbol{a}$：$\boldsymbol{b}$

●底辺の比がa：bで，高さの比がc：dである２つの三角形の面積の比は，$\boldsymbol{(a\times c)}$：$\boldsymbol{(b\times d)}$

●相似比がa：bである相似な２つの図形の面積の比は，$\boldsymbol{(a\times a)}$：$\boldsymbol{(b\times b)}$

例題1　三角形の面積の比と底辺の比

右の図は，三角形ABCを面積が等しい５つの三角形に分けたものです。FG＝2cmのとき，BCの長さを求めなさい。

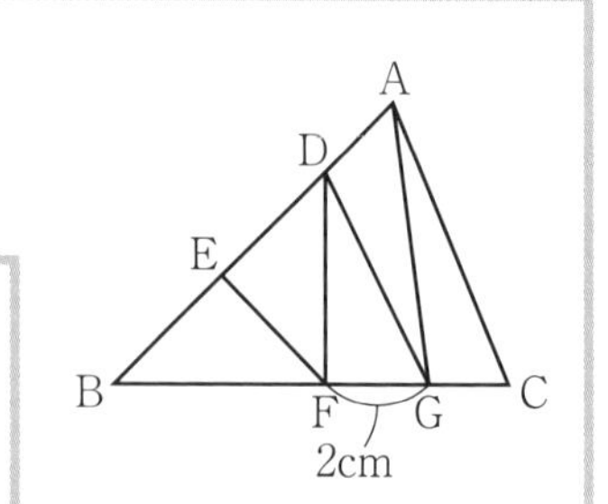

解き方　高さが等しい三角形の底辺の比は，面積の比に等しい。

BG：FG＝三角形DBGの面積：三角形DFGの面積＝3：1

FG＝2cmより，BG：2＝3：1，BG＝2×3÷1＝6(cm)

BG：BC＝三角形ABGの面積：三角形ABCの面積＝4：5

BG＝6cmより，6：BC＝4：5，BC＝6×5÷4＝**7.5**(cm)

例題2　三角形の底辺，高さの比と面積の比

右の図の三角形ABCで，AD：DB＝2：3，BE：EC＝3：4，CF：FA＝4：5のとき，三角形DEFと三角形ABCの面積の比を，最も簡単な整数の比で表しなさい。

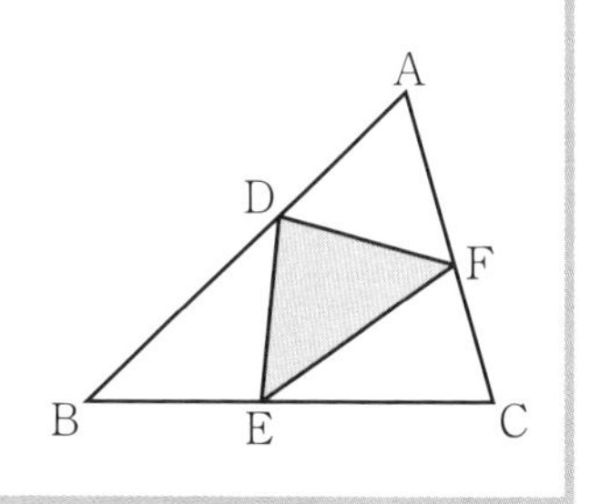

解き方　三角形の面積の比は，(底辺×高さ)の比に等しいから，

三角形ABCの面積を１とすると，

三角形ADFの面積$=1\times\frac{2}{5}\times\frac{5}{9}=\frac{2}{9}$

三角形BEDの面積$=1\times\frac{3}{7}\times\frac{3}{5}=\frac{9}{35}$

三角形CFEの面積$=1\times\frac{4}{9}\times\frac{4}{7}=\frac{16}{63}$

三角形DEFの面積$=1-\left(\frac{2}{9}+\frac{9}{35}+\frac{16}{63}\right)=1-\frac{11}{15}=\frac{4}{15}$

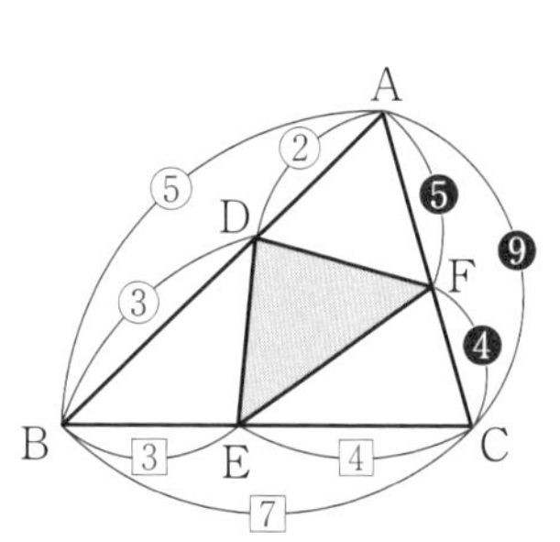

したがって，三角形DEFの面積：三角形ABCの面積$=\frac{4}{15}$：1＝**4**：**15**

▶解答は別冊 45 ページ

理解度確認ドリル

学習日　　月　　日

1 次の問いに答えなさい。

□(1) 右の図で，BD：DC＝4：5，AE：ED＝2：3 です。三角形ABC の面積(めんせき)が180cm²のとき，三角形ABEの面積を求(もと)めなさい。

ヒント　三角形ABD，三角形ABEの順(じゅん)に面積を求める。

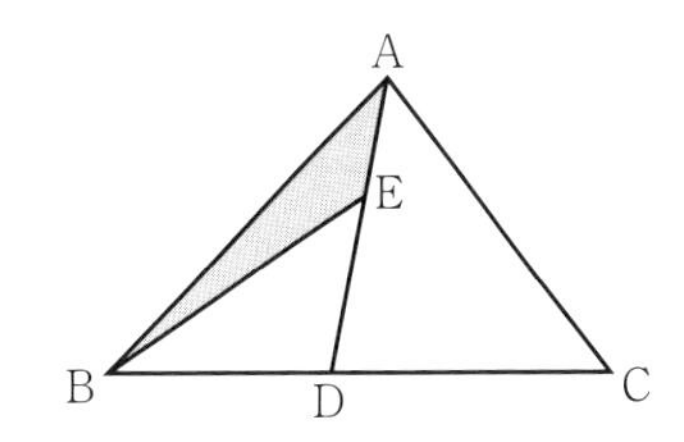

□(2) 右の図で，直線AEが台形ABCDの面積を 2 等分しているとき，BEの長さを求めなさい。

ヒント　BEの長さと(AD＋BC)の長さの関係(かんけい)を考える。

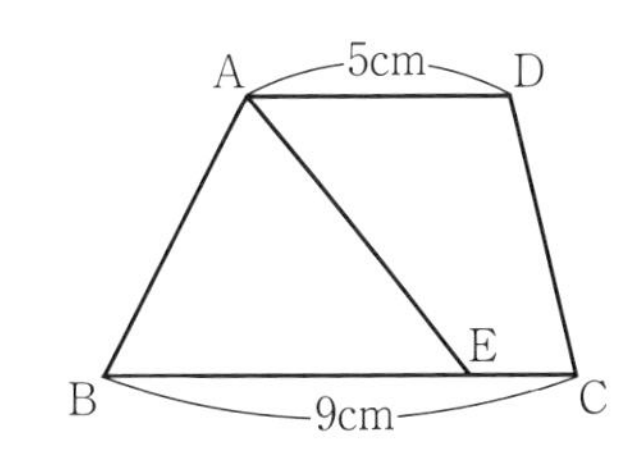

□**2** 右の図は，三角形ABCを面積が等しい 6 つの三角形に分けたものです。AB＝48cmのとき，EFの長さを求めなさい。

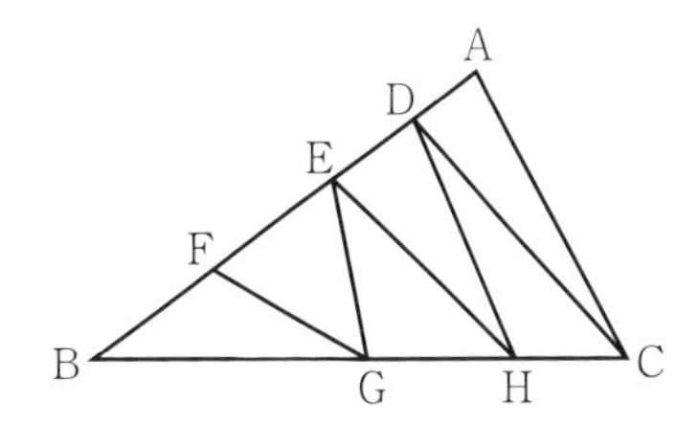

□**3** 右の図の三角形ABCで，AD：DB＝1：2，AF：FC＝3：4 のとき，BE：ECを最(もっと)も簡単(かんたん)な整数の比(ひ)で表しなさい。

ヒント　三角形GABと三角形GBCの面積の比は，AF：FCである。

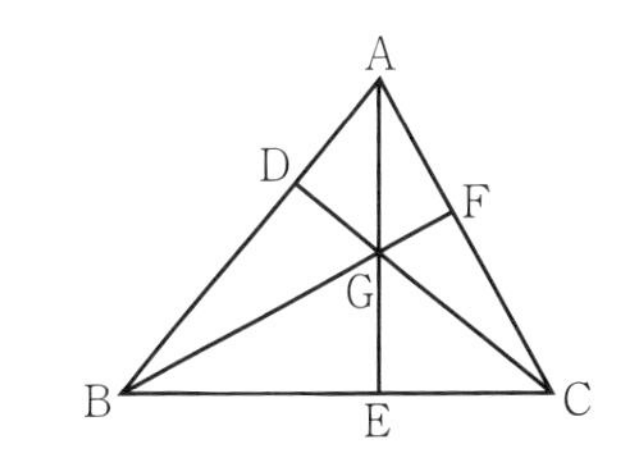

□**4** 右の図の三角形ABCで，辺上(へんじょう)の各点(かくてん)はその辺を等分する点です。三角形ABCの面積が72cm²のとき，三角形DEFの面積を求めなさい。

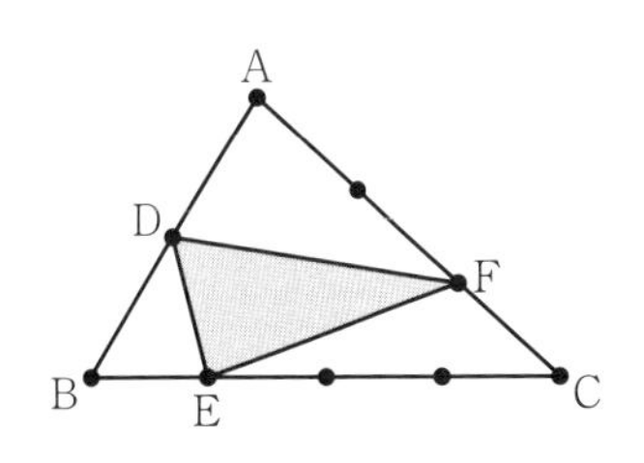

□**5** 右の図の三角形ABCで，点D，E，Fと点G，H，Iはそれぞれ辺AB，ACを 4 等分する点です。図の白い部分の面積の和を$a$cm²，かげをつけた部分の面積の和を$b$cm²とするとき，a：bを最も簡単な整数の比で表しなさい。

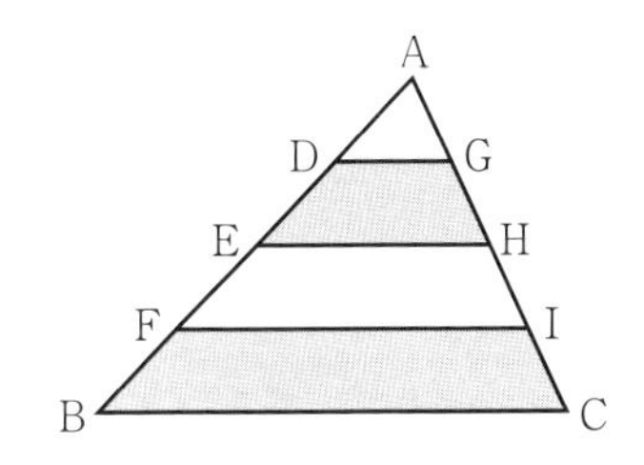

図形と比

63 相似の利用

入試必出例題　赤シートで答えをかくしてくり返し解こう！

縮尺と実際の長さ，面積

●実際の長さ＝地図上の長さ÷縮尺　←地図上の長さに，縮尺の逆数をかければよい

●実際の面積＝地図上の面積÷縮尺÷縮尺　←地図上の面積に，縮尺の逆数を2回かければよい

例題1　縮尺と実際の長さ，面積

次の問いに答えなさい。

(1)　縮尺$\frac{1}{5000}$の地図上で6cmの橋の長さは，実際には何mありますか。

(2)　縮尺$\frac{1}{20000}$の地図上で4cm²の土地の面積は，実際には何haありますか。

解き方 (1)　$6\div\frac{1}{5000}=6\times5000=30000(\text{cm})=$ **300** m

(2)　$4\div\frac{1}{20000}\div\frac{1}{20000}=4\times20000\times20000=1600000000(\text{cm}^2)=160000\text{m}^2=$ **16** ha

例題2　かげの長さ

次の問いに答えなさい。

(1)　地面に垂直に立てた1mの棒のかげの長さが2mのとき，右の図のポールABの長さを求めなさい。

(2)　地上4.8mの位置に街灯があり，この街灯の真下から6mはなれたところに，身長1.6mの人が地面に垂直に立っています。この人のかげの長さを求めなさい。

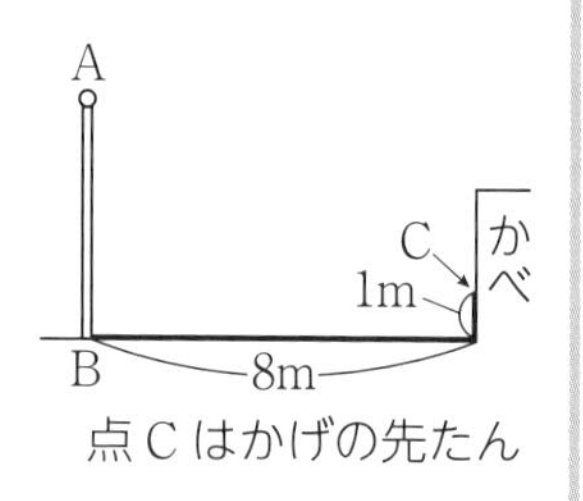

点Cはかげの先たん

解き方 (1)　右の図のように，点Cを通る地面に平行な直線をひき，ポールABとの交点をDとすると，棒とそのかげがつくる三角形PQRと三角形ADCは相似だから，

PQ：AD＝QR：DC，1：(AB－1)＝2：8，

AB－1＝1×8÷2＝4，AB＝4＋1＝ **5** (m)

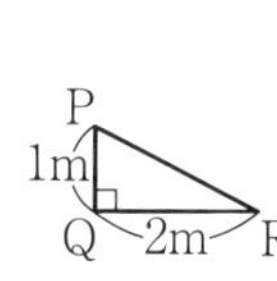

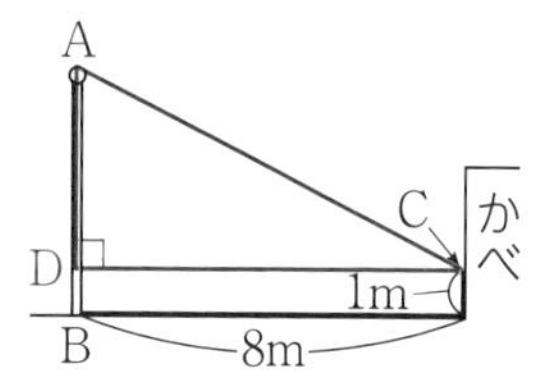

(2)　右の図で，街灯の位置をA，立っている人をCDとすると，この人のかげの長さはDEの長さになる。

三角形AFCと三角形CDEは相似だから，AF：CD＝FC：DE，

(4.8－1.6)：1.6＝6：DE，DE＝1.6×6÷3.2＝ **3** (m)

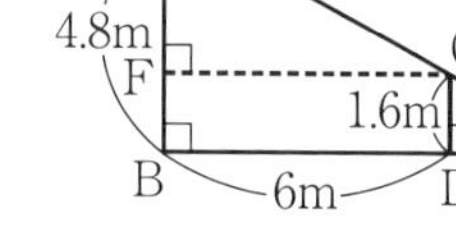

▶解答は別冊 46 ページ

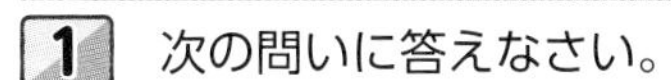

63 相似の利用　理解度確認ドリル

学習日　　月　　日

1 次の問いに答えなさい。

□(1) 家から駅までの実際の距離は750mです。ある地図では，家から駅までの距離が 3cmでした。この地図の縮尺は何分の 1 ですか。分数で答えなさい。

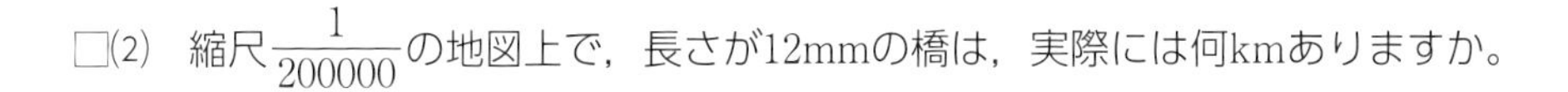

□(2) 縮尺 $\frac{1}{200000}$ の地図上で，長さが12mmの橋は，実際には何kmありますか。

□(3) 縮尺 1：20000の地図上で，1 辺が 3cmの正方形の土地の面積は，実際には何km²ありますか。

□(4) 縮尺 $\frac{1}{2500}$ の地図上で，縦16mm，横12mmの長方形の土地の面積は，縮尺 $\frac{1}{2000}$ の地図上では何cm²ありますか。

□(5) 縮尺 5 万分の 1 の地図上で10cmの道のりを，実際に時速 4kmで歩くと何分かかりますか。

2 地面に垂直に立てた **1m**の棒のかげの長さが**1.5m**のとき，次の木の高さを求めなさい。

□(1)

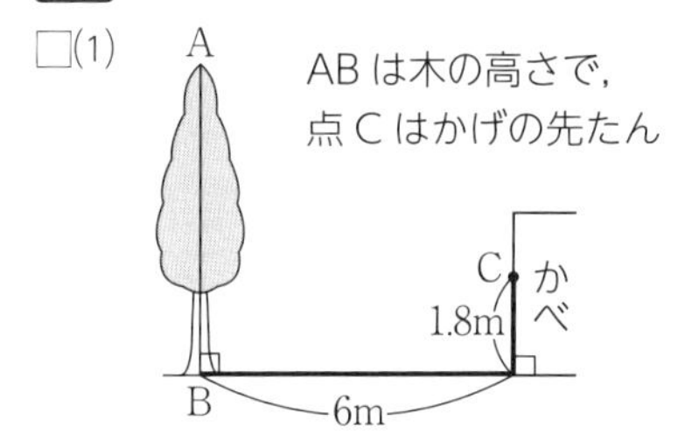

□(2)

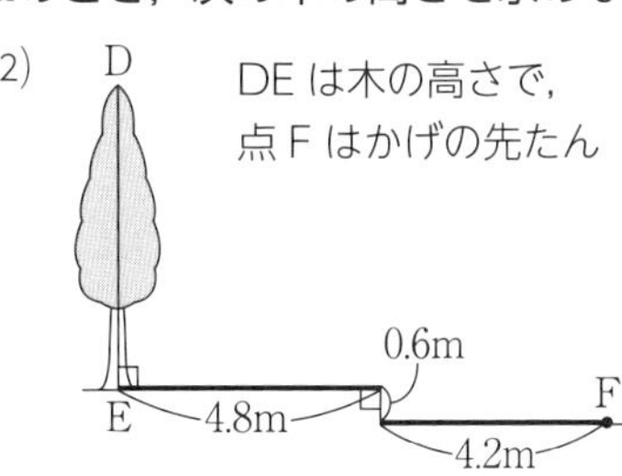

3 地上**4.5m**のところに街灯があります。ある人がこの街灯の真下から **3m**歩いたら，かげの長さは **2m**になりました。

□(1) この人の身長は何mですか。

□(2) この人が同じ方向にさらに 6m歩くと，かげの長さは何mになりますか。

図形の移動

64 平行移動と回転移動

入試必出例題　赤シートで答えをかくしてくり返し解こう！

例題1 平行移動

右の図のような三角形ABCと長方形DEFGがあり，三角形ABCは図の位置から毎秒1cmの速さで矢印の方向に動きます。三角形ABCが動き始めてから８秒後の，２つの図形が重なった部分の面積を求めなさい。

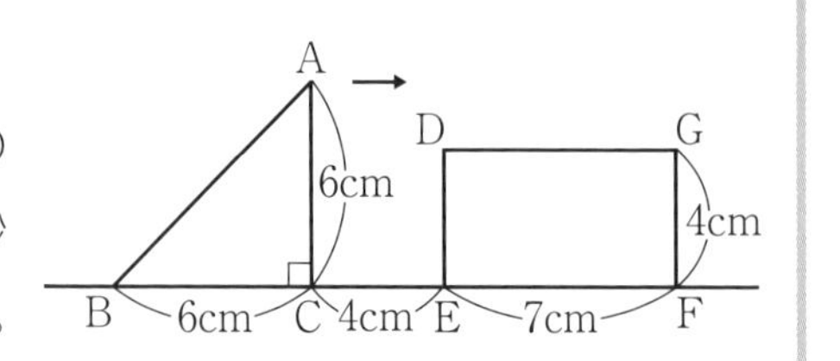

解き方 三角形ABCが動き始めてから８秒後のECの長さは，

$1\times8-4=4$(cm)だから，重なった部分は，右の図のようになる。

三角形QBEは直角二等辺三角形で，QE＝BE＝$6-4=2$(cm)

三角形QPDも直角二等辺三角形で，PD＝QD＝$4-2=2$(cm)

したがって，重なった部分の面積は，$4\times4-2\times2\div2=16-2=$ **14** (cm²)

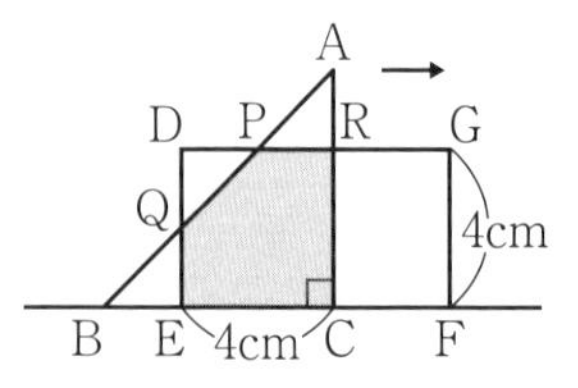

例題2 回転移動

次の問いに答えなさい。ただし，円周率は3.14とします。

(1)　下の図１は，直径18cmの半円を，点Oを中心として20度回転させたものです。かげをつけた部分の面積を求めなさい。

(2)　下の図２は，三角形ABCを，点Cを中心として回転させて，辺BCと辺CA′が一直線になるように三角形A′B′Cをつくったものです。かげをつけた部分の面積を求めなさい。

図１

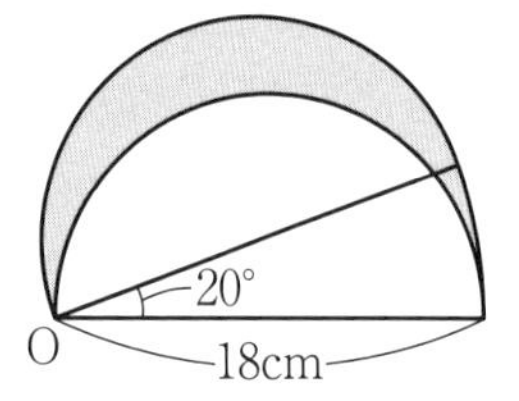

図２

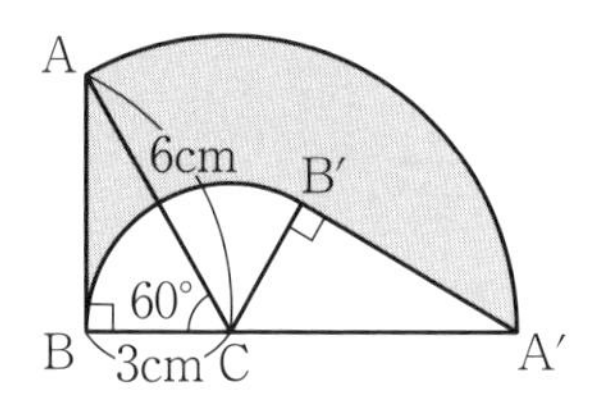

解き方 (1)　かげをつけた部分＝中心角20°のおうぎ形＋半円－半円＝中心角20°のおうぎ形

したがって，面積は，$18\times18\times3.14\times\dfrac{20}{360}=$ **56.52** (cm²)

(2)　右の図のように面積を移して考えると，

かげをつけた部分の面積は，中心角が$180°-60°=120°$の

２つのおうぎ形の面積の差で求められるから，

$6\times6\times3.14\times\dfrac{120}{360}-3\times3\times3.14\times\dfrac{120}{360}=(36-9)\times3.14\times\dfrac{1}{3}=$ **28.26** (cm²)

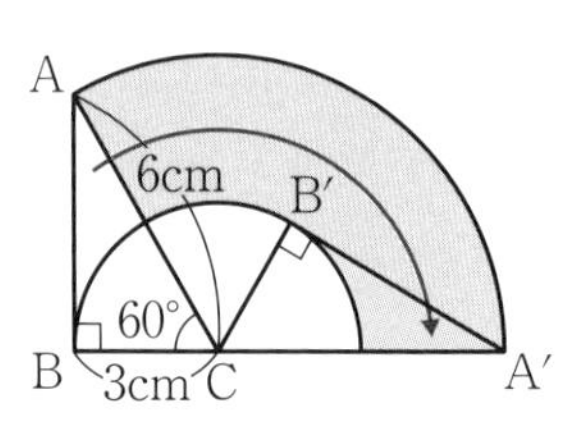

64 平行移動と回転移動 理解度確認ドリル

学習日　　月　　日

□ **1** 右の図の三角形DEFは三角形ABCを平行移動したものです。かげをつけた部分の面積を求めなさい。

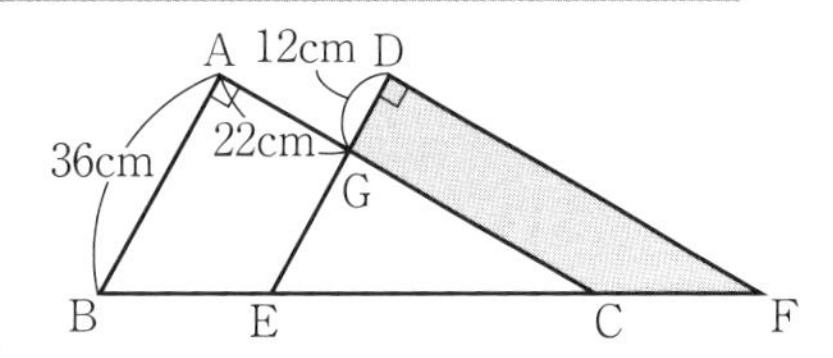

2 右の図のように，直角二等辺三角形ABCと長方形DEFGがあり，三角形ABCは図の位置から毎秒1cmの速さで矢印の方向に動きます。

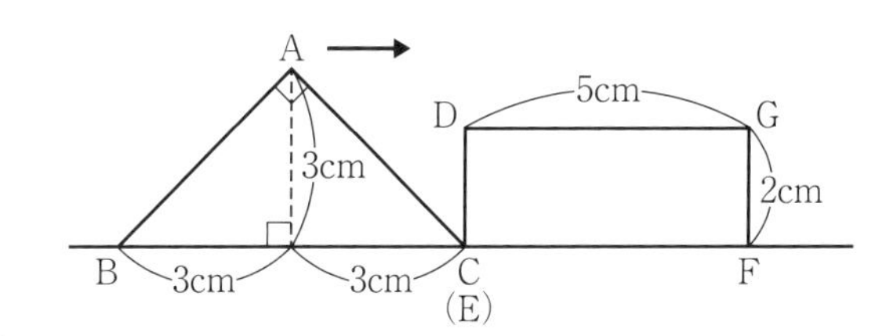

(1) 三角形ABCが動き始めてから次のときの，2つの図形が重なった部分の面積を求めなさい。

□① 2秒後　　□② 4秒後

□(2) 2つの図形が重なった部分の面積が $5cm^2$ になるのは，三角形ABCが動き始めてから何秒後ですか。すべて求めなさい。

3 右の図は，直径12cmの半円を，点Oを中心として45度回転させたものです。円周率を3.14として，次の問いに答えなさい。

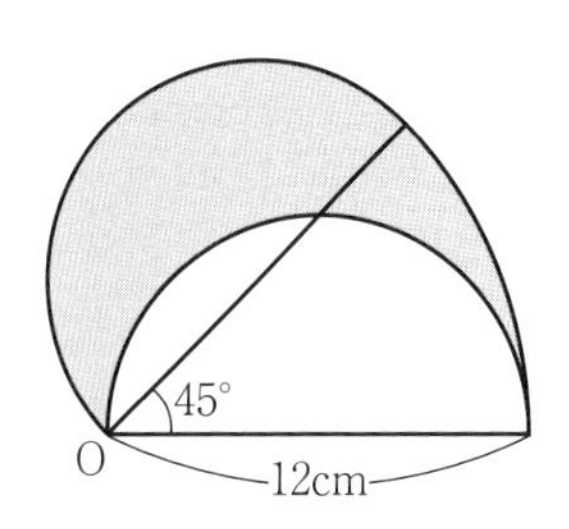

□(1) かげをつけた部分の周の長さを求めなさい。

□(2) かげをつけた部分の面積を求めなさい。

4 右の図の四角形AB′C′D′は，AB＝24cm，BC＝18cmで，対角線ACの長さが30cmの長方形ABCDを，点Aを中心として30度回転させたものです。円周率を3.14として，次の問いに答えなさい。

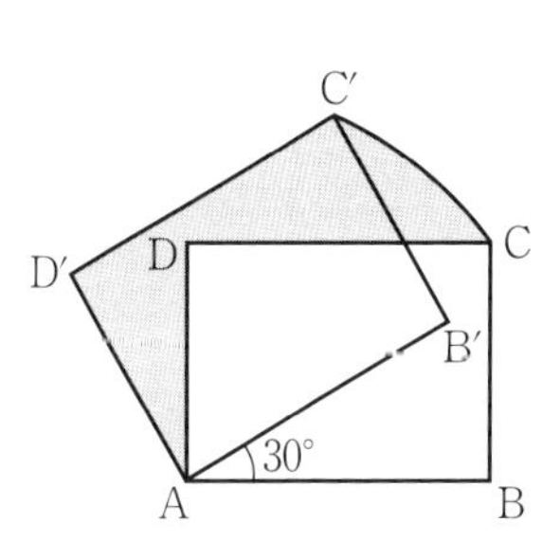

□(1) かげをつけた部分の周の長さを求めなさい。

□(2) かげをつけた部分の面積を求めなさい。

65 転がり移動

入試必出例題　赤シートで答えをかくしてくり返し解こう！

例題1 円の転がり

直径 4cmの円が，縦12cm，横 8cmの長方形の外側を，辺にそって転がって 1 周します。円周率を3.14として，次の長さや面積を求めなさい。

(1)　円の中心がえがく線の長さ　　　(2)　円が通る部分の面積

解き方 (1)　1 つの角を回るとき，円の中心は，半径$4 \div 2 = 2$(cm)，中心角90°のおうぎ形の弧をえがき，4 つの弧を合わせると，半径2cmの円になるから，円の中心がえがく線の長さは，

$2 \times 2 \times 3.14 + (12 + 8) \times 2 = 12.56 + 40 =$ **52.56** (cm)

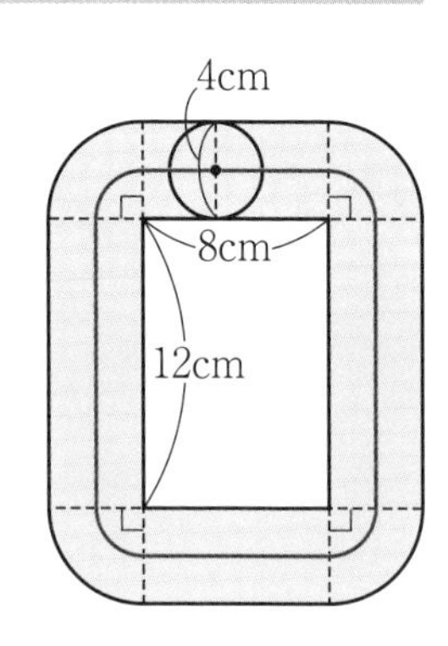

(2)　1 つの角を回るとき，円が通る部分は，半径4cm，中心角90°のおうぎ形になり，4 つのおうぎ形を合わせると，半径4cmの円になるから，円が通る部分の面積は，

$4 \times 4 \times 3.14 + 4 \times (12 + 8) \times 2 = 50.24 + 160 =$ **210.24** (cm²)

例題2 おうぎ形の転がり

右の図のような半径 4cm，中心角90度のおうぎ形を，直線 ℓ 上をすべらないように点Oが再び直線 ℓ 上にくるまで転がしました。円周率を3.14として，次の長さや面積を求めなさい。

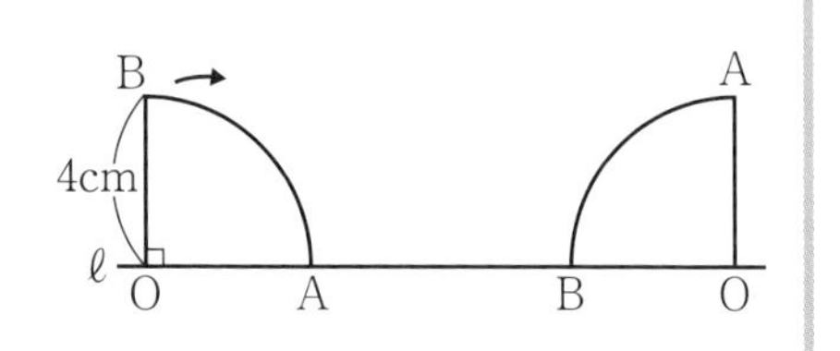

(1)　点Oがえがいた線の長さ　　　(2)　点Oがえがいた線と直線 ℓ で囲まれた部分の面積

解き方 (1)　点Oがえがいた線は，右の図で，弧OC＋直線CD＋弧DOとなり，直線CDの長さ(＝直線ABの長さ)は，弧ABの長さに等しいから，点Oがえがいた線の長さは，

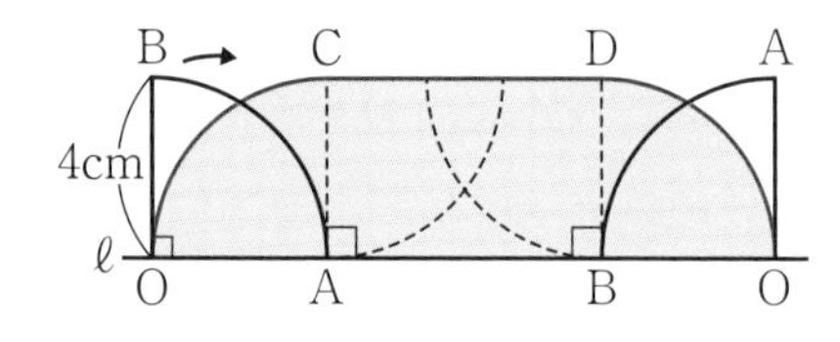

$4 \times 2 \times 3.14 \times \frac{90}{360} \times 3 =$ **18.84** (cm)　←弧ABの長さ 3 つ分

(2)　点Oがえがいた線と直線 ℓ で囲まれた部分は，上の図で，おうぎ形AOC＋長方形CABD＋おうぎ形BODになるから，その面積は，

$4 \times 4 \times 3.14 \times \frac{90}{360} \times 2 + 4 \times 4 \times 2 \times 3.14 \times \frac{90}{360} = (8 + 8) \times 3.14 =$ **50.24** (cm²)

▶解答は別冊 47 ページ

65 転がり移動　理解度確認ドリル

学習日　　月　　日

1 直径 **2cm**の円が，**1** 辺 **8cm**の正方形の内側を，辺にそって転がって **1** 周します。円周率を**3.14**として，次の長さや面積を求めなさい。

□(1) 円の中心がえがく線の長さ　　　□(2) 円が通る部分の面積

2 右の図のような直角三角形**ABC**の外側を，半径 **1cm**の円**O**が辺にそって転がって **1** 周します。円周率を**3.14**として，次の長さや面積を求めなさい。

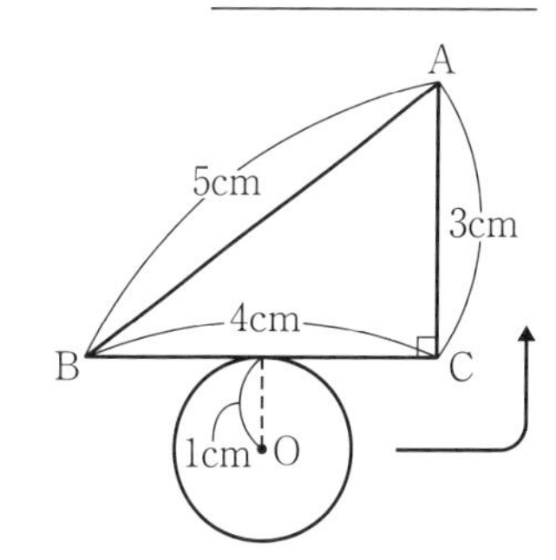

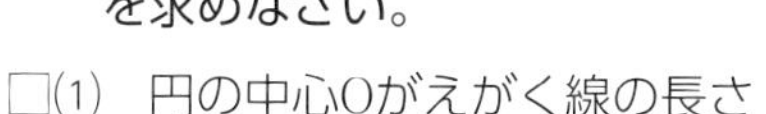

□(1) 円の中心Oがえがく線の長さ

□(2) 円Oが通る部分の面積

3 右の図のような半径 **6cm**，中心角**60**度のおうぎ形を，直線 ℓ 上をすべらないように点**O**が再び直線 ℓ 上にくるまで転がしました。円周率を**3.14**として，次の長さや面積を求めなさい。

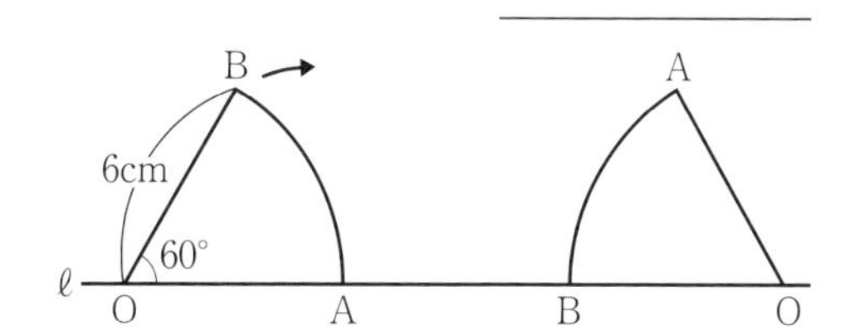

□(1) 点Oがえがいた線の長さ

□(2) 点Oがえがいた線と直線 ℓ で囲まれた部分の面積

4 右の図のような長方形**ABCD**を，直線 ℓ 上をすべらないように頂点**B**が再び直線 ℓ 上にくるまで転がします。円周率を**3.14**として，次の長さや面積を求めなさい。

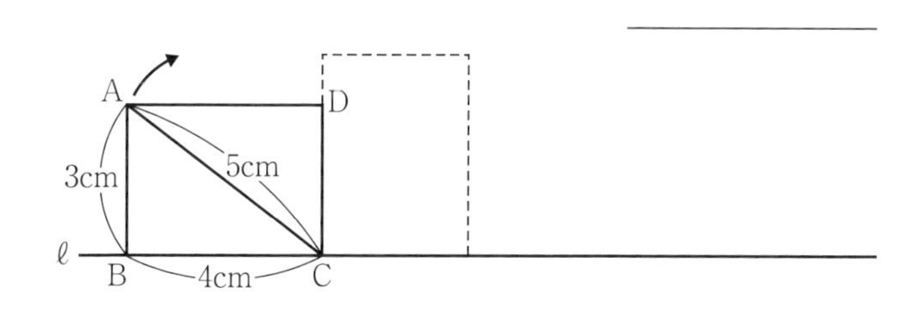

□(1) 頂点Bがえがく線の長さ

□(2) 頂点Bがえがく線と直線 ℓ で囲まれた部分の面積

66 点の移動

入試必出例題　赤シートで答えをかくしてくり返し解こう！

例題1　犬が動ける範囲(はんい)

右の図は，犬が長さ 8mのリードで，かべの点Aにつながれているところを，上から見たものです。犬はかべをこえられないとき，犬が動き回ることのできる範囲の面積(めんせき)は何m^2ですか。ただし，円周率(えんしゅうりつ)は3.14とします。

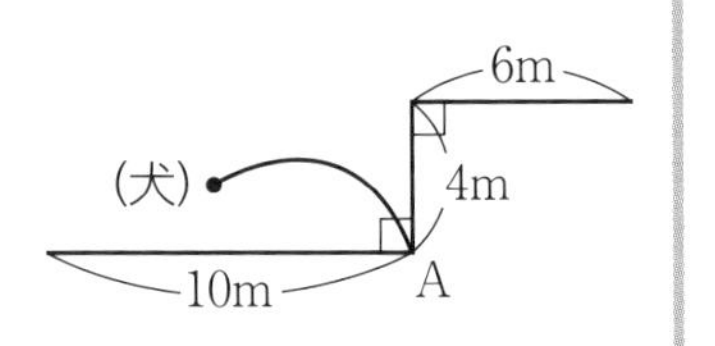

解き方　犬が動き回ることのできる範囲は，右の図のように，2 つのおうぎ形を組み合わせた形になるから，その面積は，

$8\times8\times3.14\times\frac{90}{360}+4\times4\times3.14\times\frac{90}{360}$

$=(16+4)\times3.14=$ **62.8** (m^2)

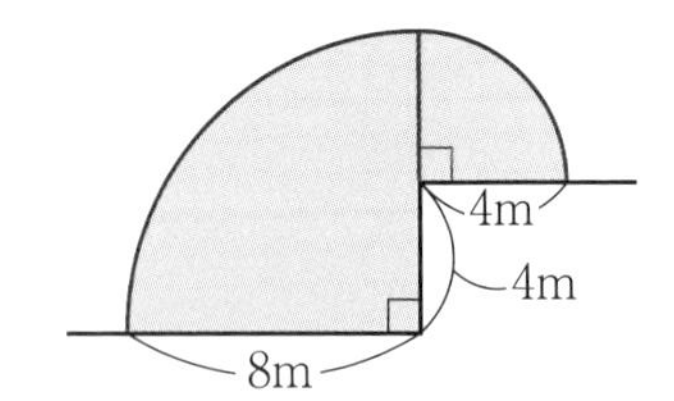

例題2　図形の辺上(へんじょう)を動く点と面積

右の図のような長方形ABCDがあり，点Pは点Aを出発し，辺上を毎秒2cmの速さで点D，Cを通って点Bまで動きます。

(1)　三角形APBの面積が変(か)わらないのは，点Pが出発して何秒後から何秒後までの間ですか。また，そのときの三角形APBの面積は何cm^2ですか。

(2)　点Pが辺BC上にあり，三角形APBの面積が$50cm^2$になるのは，点Pが出発してから何秒後ですか。

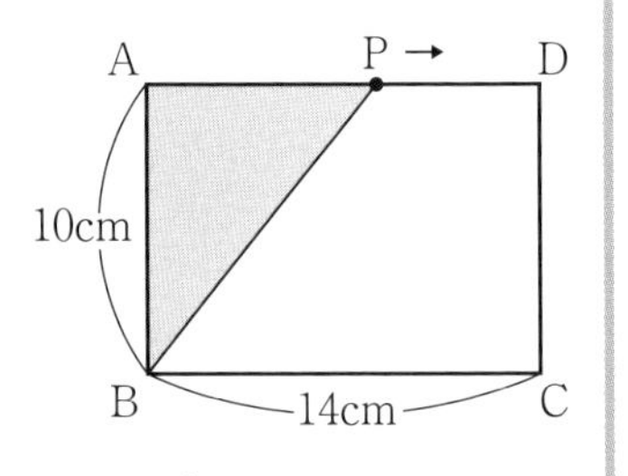

解き方　(1)　三角形APBの面積が変わらないのは，三角形APBの底辺(ていへん)を辺ABとしたとき，高さが変わらないときで，点Pが辺DC上にあるときである。

点Pが点Dにくるのは，出発してから，$14\div2=$ **7** (秒後)

点Pが点Cにくるのは，出発してから，$(14+10)\div2=$ **12** (秒後)だから，

三角形APBの面積が変わらないのは，点Pが出発して **7** 秒後から **12** 秒後の間で，

このときの面積は，$10\times14\div2=$ **70** (cm^2)

(2)　点Pが辺BC上にあり，三角形APBの面積が$50cm^2$になるのは，

$10\times BP\div2=50$より，$BP=50\times2\div10=10(cm)$のときだから，点Pが出発してから，

$(14+10+14-10)\div2=28\div2=$ **14** (秒後)　←(1)を使って，$12+(14-10)\div2=14$(秒後)でもよい

▶解答は別冊 48 ページ

66 点の移動　理解度確認ドリル

学習日　月　日

□**1** 右の図は，犬が長さ **5m**のリードで，長方形の形に囲んださくの点**A**につながれているところを，上から見たものです。犬はさくをこえられないとき，犬が動き回ることのできる範囲の面積は約何$\mathbf{m^2}$ですか。四捨五入して，整数で答えなさい。ただし，円周率は**3.14**とします。

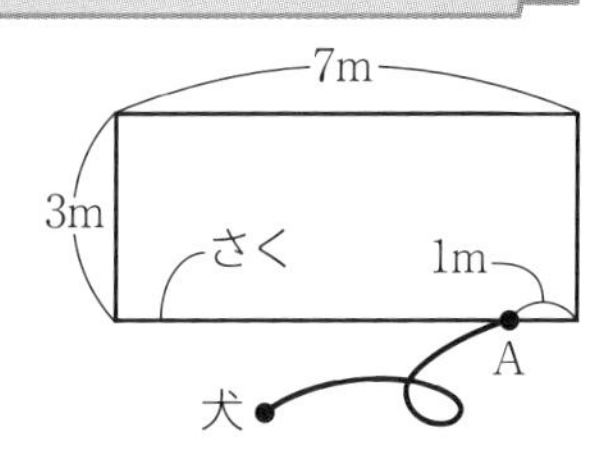

2 右の図のような長方形**ABCD**があり，点**P**は点**A**を出発し，辺上を毎秒 **3cm**の速さで，点**B**，**C**を通って点**D**まで動きます。

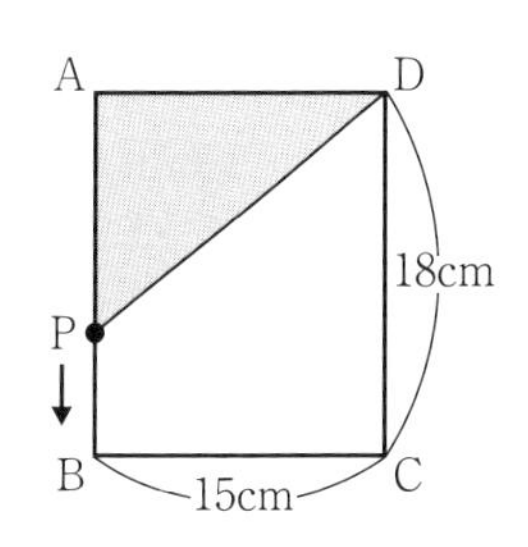

□(1) 三角形APDの面積が変わらないのは何秒間ですか。また，そのときの三角形APDの面積は何cm^2ですか。

時間＿＿＿＿＿＿　面積＿＿＿＿＿＿

□(2) 三角形APDの面積が$90cm^2$になるのは，点Pが出発してから何秒後ですか。すべて求めなさい。

3 右の図のような長方形**ABCD**があります。点**P**と**Q**はそれぞれ点**A**，**C**を同時に出発し，点**P**は毎秒 **2cm**の速さで**A**から**D**まで，点**Q**は一定の速さで**C**から**B**まで，長方形の辺上を動きます。点**P**，**Q**が出発してから **2** 秒後に，四角形**ABQP**の面積が$\mathbf{40cm^2}$になりました。

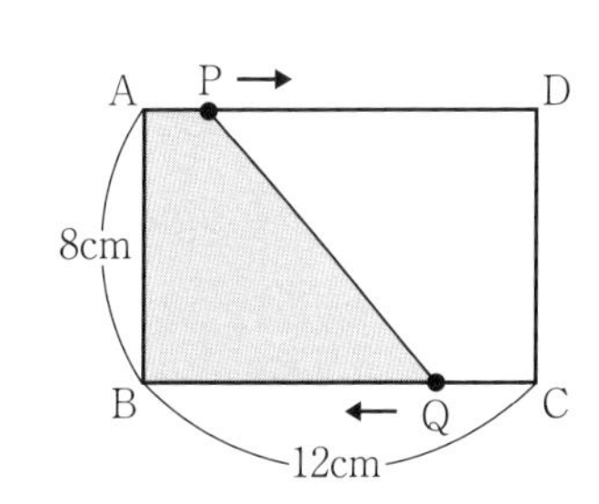

□(1) 点Qの速さは毎秒何cmですか。

□(2) 四角形ABQPの面積が$36cm^2$になるのは，点P，Qが出発してから何秒後ですか。

□**4** 右の図のように，点**O**を中心とする **2** つの円があります。点**P**，**Q**はそれぞれ点**A**，**B**を同時に出発し，矢印の方向に円周上を回ります。円周上を **1** 周するのに，点**P**は**30**秒，点**Q**は**20**秒かかります。**3** 点**P**，**O**，**Q**がはじめて一直線上に並ぶのは，点**P**，**Q**が出発してから何秒後ですか。

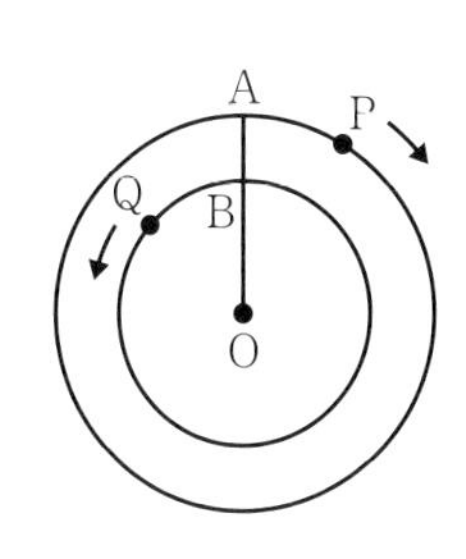

立体の体積と表面積(1)

入試必出例題　赤シートで答えをかくしてくり返し解こう！

立方体，直方体の体積と表面積の公式

●立方体の体積＝1辺×1辺×1辺　●立方体の表面積＝1辺×1辺×6

●直方体の体積＝縦×横×高さ　●直方体の表面積＝(縦×横＋横×高さ＋高さ×縦)×2

※直方体は四角柱だから，角柱の体積，表面積の公式を使っても求められる。➡ 150ページ

●直方体の体積＝底面積×高さ

●直方体の表面積＝底面積×2＋側面積 ←展開図に表すと，側面は長方形で，側面積＝高さ×底面の周の長さ

例題1　直方体を組み合わせた立体の体積と表面積

次の図は，直方体を組み合わせてつくった立体です。体積と表面積を求めなさい。

(1)

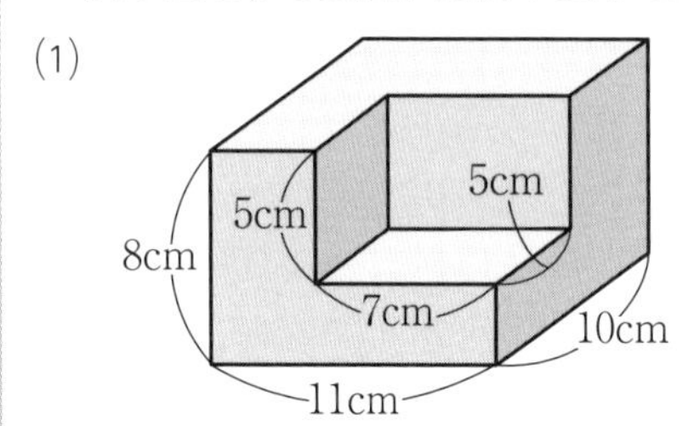

(2)

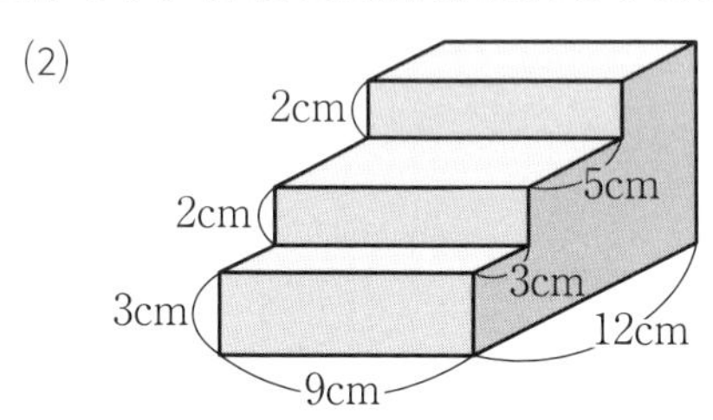

解き方 (1)　体積は，大きい直方体から小さい直方体を取り除いたものと考えて，

10×11×8−5×7×5＝880−175＝**705**(cm³)

表面積は，右の図のように，面を移動して考えると，

大きい直方体の表面積と等しいから，

(10×11＋11×8＋8×10)×2＝(110＋88＋80)×2

＝278×2＝**556**(cm²)

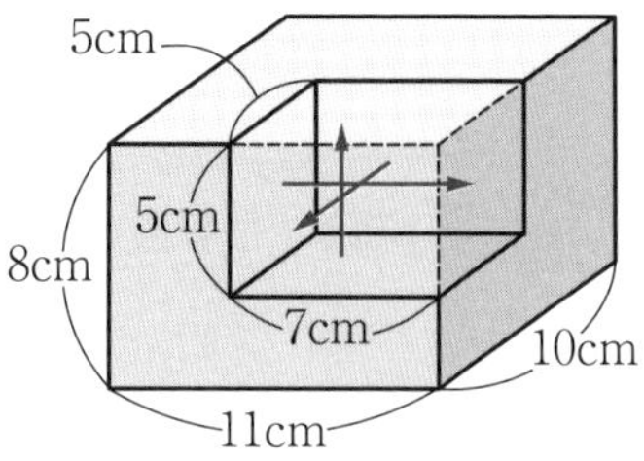

(2)　横の階段状の面を底面とした角柱と考える。

右の図のように，底面を3つの長方形に分けると，底面積は，

3×3＋(2＋3)×5＋(2＋2＋3)×(12−3−5)＝9＋25＋28＝62(cm²)

高さは9cmだから，体積は，

62×9＝**558**(cm³)

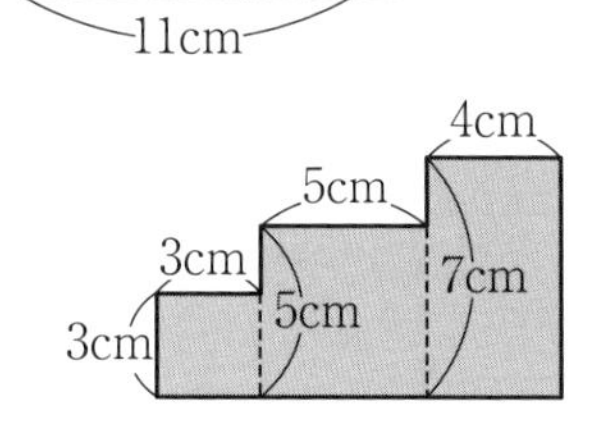

右の図のように考えると，底面の周の長さは，

(7＋12)×2＝38(cm)だから，表面積は，

62×2＋9×38＝124＋342＝**466**(cm²)

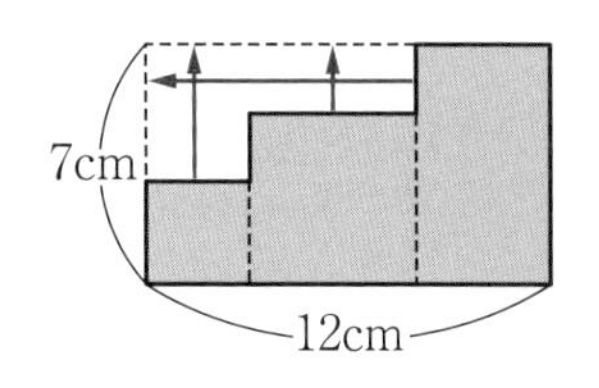

▶解答は別冊 49 ページ

理解度確認ドリル

学習日　　月　　日

1 次の問いに答えなさい。

□(1) 表面積が486cm²の立方体の体積は何cm³ですか。

□(2) 縦 2cm，高さ 6cmの直方体の体積が84cm³のとき，この直方体の表面積を求めなさい。

□(3) 厚さ 2cmの板で，右の図のような直方体の形をした箱をつくりました。この箱の容積は何cm³ですか。

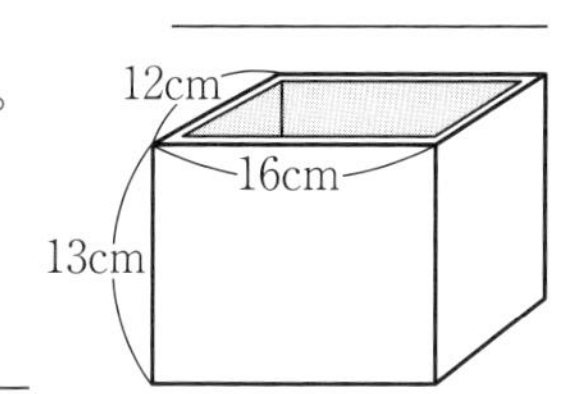

2 周の長さが**20cm，16cm，24cm**の **3** 種類の長方形 **2** つずつでできている直方体があります。

□(1) この直方体の辺の長さの和を求めなさい。

□(2) この直方体の体積を求めなさい。

□(3) この直方体の表面積を求めなさい。

3 右の図は，直方体を組み合わせてつくった立体です。

□(1) この立体の表面積を求めなさい。

□(2) この立体の体積を求めなさい。

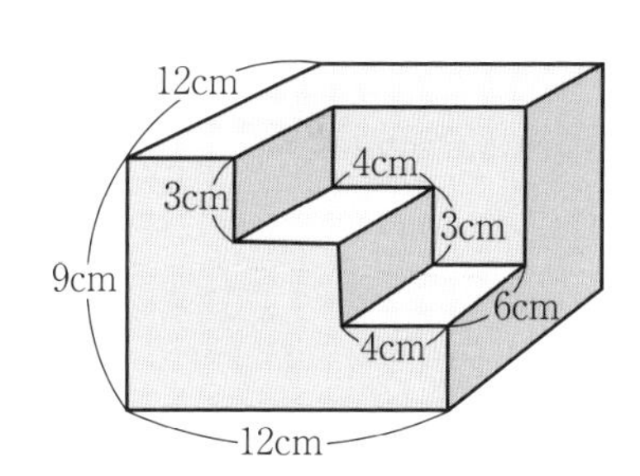

□ **4** 右の図は，直方体を組み合わせてつくった立体です。この立体の表面積が**268cm²**のとき，体積を求めなさい。

ヒント　手前の面を底面と考えて，まず側面積を求める。

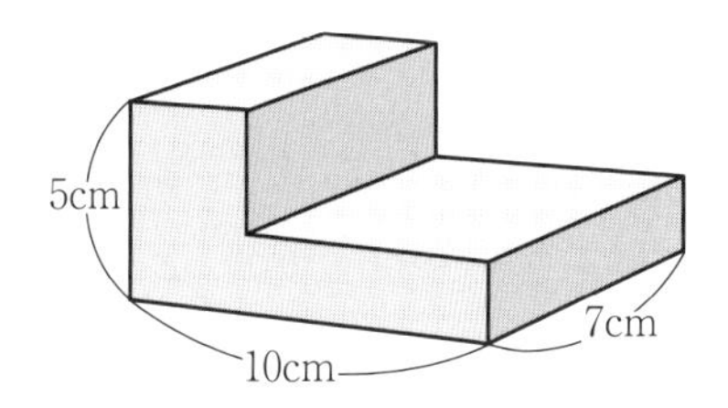

68 立体の体積と表面積(2)

入試必出例題　赤シートで答えをかくしてくり返し解こう！

角柱，円柱の体積と表面積の公式

●角柱，円柱の体積＝底面積×高さ

●角柱，円柱の表面積＝底面積×2＋側面積 ←展開図に表すと，側面は長方形で，側面積＝高さ×底面の周の長さ

例題1 角柱，円柱の体積と表面積

次の三角柱や円柱の体積と表面積を求めなさい。ただし，円周率は3.14とします。

(1)

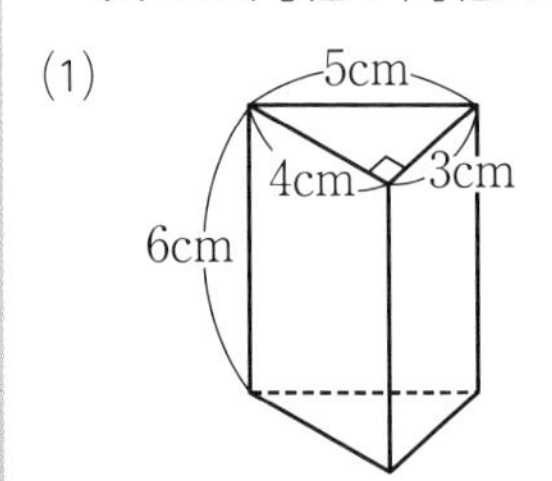

(2)

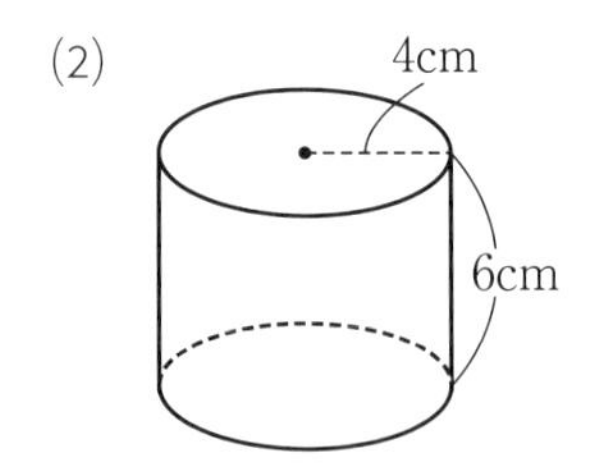

解き方 (1) 底面積は，$4\times3\div2=6(\text{cm}^2)$だから，体積は，$6\times6=$ **36** (cm^3)

表面積は，$6\times2+6\times(5+4+3)=12+72=$ **84** (cm^2)

(2) 底面積は，$4\times4\times3.14=50.24(\text{cm}^2)$だから，体積は，$50.24\times6=$ **301.44** (cm^3)

表面積は，$50.24\times2+6\times4\times2\times3.14=100.48+150.72=$ **251.2** (cm^2)

角すい，円すいの体積と表面積の公式

●角すい，円すいの体積＝底面積×高さ×$\frac{1}{3}$

●角すい，円すいの表面積＝底面積＋側面積 ←円すいを展開図に表すと，側面はおうぎ形で，側面積＝母線×(底面の)半径×円周率

例題2 角すい，円すいの体積と表面積

次の正四角すいや円すいの体積と表面積を求めなさい。ただし，円周率は3.14とします。

(1)

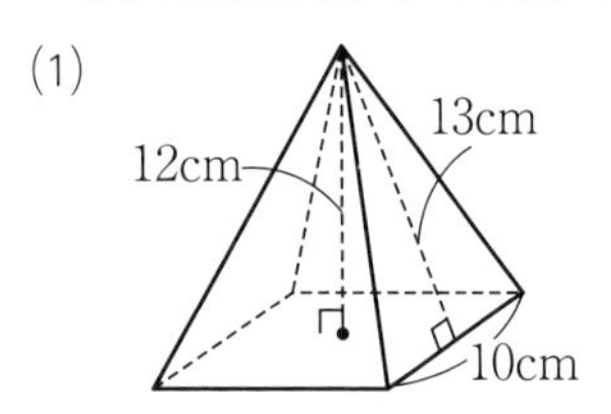

(2)

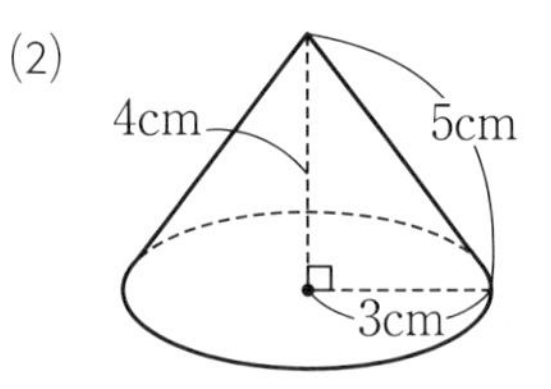

解き方 (1) 底面積は，$10\times10=100(\text{cm}^2)$だから，体積は，$100\times12\times\frac{1}{3}=$ **400** (cm^3)

表面積は，$100+10\times13\div2\times4=100+260=$ **360** (cm^2)

(2) 底面積は，$3\times3\times3.14=28.26(\text{cm}^2)$だから，体積は，$28.26\times4\times\frac{1}{3}=$ **37.68** (cm^3)

表面積は，$28.26+5\times3\times3.14=28.26+47.1=$ **75.36** (cm^2)

▶解答は別冊 49 ページ

理解度確認ドリル

学習日　　月　　日

1 次の立体の体積と表面積を求めなさい。ただし，円周率は**3.14**とします。

(1)

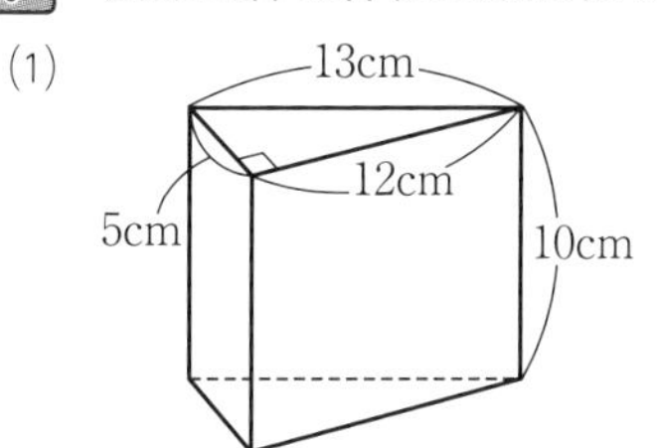

□体積＿＿＿＿＿＿　□表面積＿＿＿＿＿＿

(2)

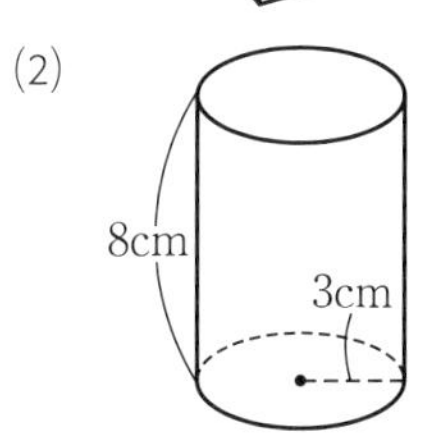

□体積＿＿＿＿＿＿　□表面積＿＿＿＿＿＿

(3) 正四角すい

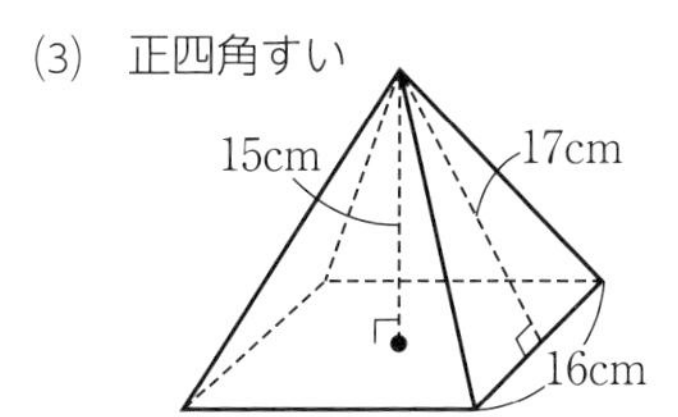

□体積＿＿＿＿＿＿　□表面積＿＿＿＿＿＿

(4)

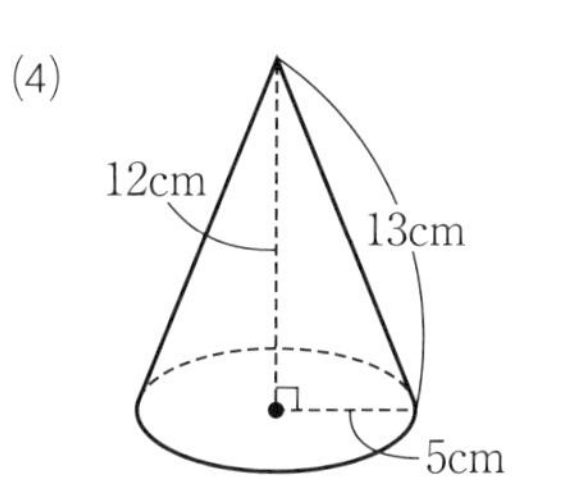

□体積＿＿＿＿＿＿　□表面積＿＿＿＿＿＿

2 ある立体を展開図に表したら，右の図のように**1**辺が**6cm**の正方形になりました。

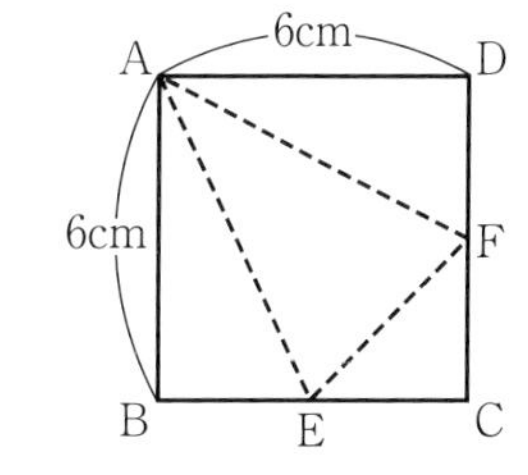

□(1) これは何という立体の展開図ですか。

＿＿＿＿＿＿

□(2) この立体の表面積を求めなさい。

＿＿＿＿＿＿

□(3) この立体の体積を求めなさい。

＿＿＿＿＿＿

□(4) 三角形AEFを底面としたときの高さを求めなさい。

＿＿＿＿＿＿

立体図形の性質

69 立体の切断と回転

入試必出例題　赤シートで答えをかくしてくり返し解こう！

例題1 直方体の斜め切断

右の図は，直方体を斜めに切断してできた立体です。

(1) 辺GHの長さを求めなさい。

(2) この立体の体積を求めなさい。

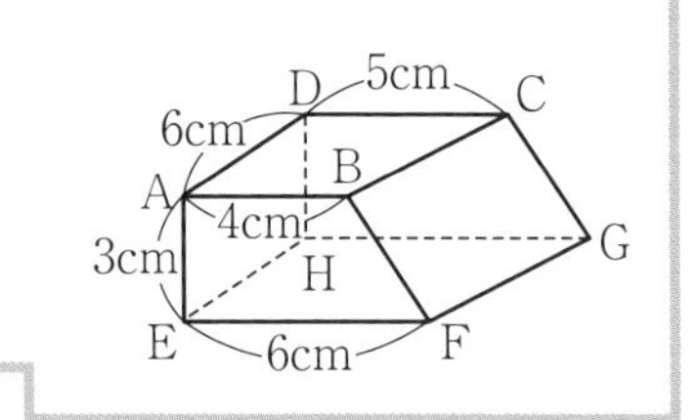

解き方 (1) 反転させた立体を合わせて直方体をつくると，

GH＝6＋5－4＝**7**(cm)

(2) この立体の体積は，つくった直方体の体積の半分だから，

6×(6＋5)×3÷2＝**99**(cm^3)

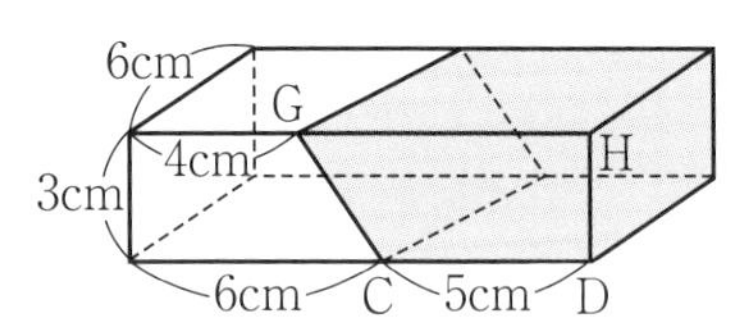

相似な立体の表面積の比と体積の比

●相似比がa：bである相似な2つの立体の，表面積の比は，$(\boldsymbol{a}\times\boldsymbol{a})$：$(\boldsymbol{b}\times\boldsymbol{b})$

体積の比は，$(\boldsymbol{a}\times\boldsymbol{a}\times\boldsymbol{a})$：$(\boldsymbol{b}\times\boldsymbol{b}\times\boldsymbol{b})$

例題2 円すいの切断

右の図のように，円すいの母線を3等分する点をそれぞれ通る底面に平行な平面で円すいを切断し，3つの立体P，Q，Rに分けます。このとき，立体P，Q，Rの側面積の比と体積の比を，それぞれ最も簡単な整数の比で表しなさい。

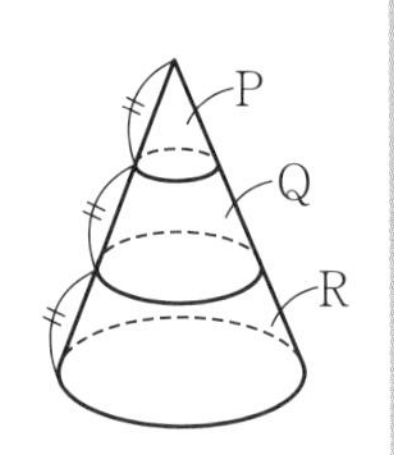

解き方 3つの円すいP，(P＋Q)，(P＋Q＋R)は相似で，相似比は，1：2：3だから，

側面積の比は，(1×1)：(2×2)：(3×3)＝1：4：9 ←相似比を2回かけた数の比に等しい

体積の比は，(1×1×1)：(2×2×2)：(3×3×3)＝1：8：27 ←相似比を3回かけた数の比に等しい

したがって，立体P，Q，Rの側面積の比は，1：(4－1)：(9－4)＝**1：3：5**

また，立体P，Q，Rの体積の比は，1：(8－1)：(27－8)＝**1：7：19**

例題3 円すいの転がり

底面の円の半径が3cmの円すいを，すべらないように平面上で転がすと，右の図のような円をえがき，4回転してもとの位置にもどりました。この円すいの母線の長さを求めなさい。

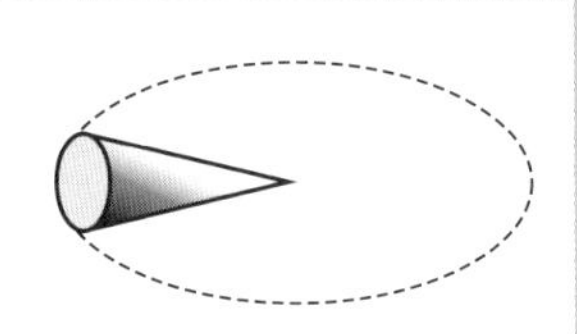

解き方 母線の長さを□cmとすると，底面の円周の4倍が，えがいた円の円周に等しいから，

3×2×3.14×4＝□×2×3.14，□＝3×4＝**12**(cm)

音声をチェック！ 15ページ 43 相似な立体の表面積の比と体積の比

▶解答は別冊 50 ページ

理解度確認ドリル

学習日　　月　　日

1 次の図は，それぞれ直方体や円柱を斜めに切断してできた立体です。体積を求めなさい。ただし，円周率は**3.14**とします。

□(1)

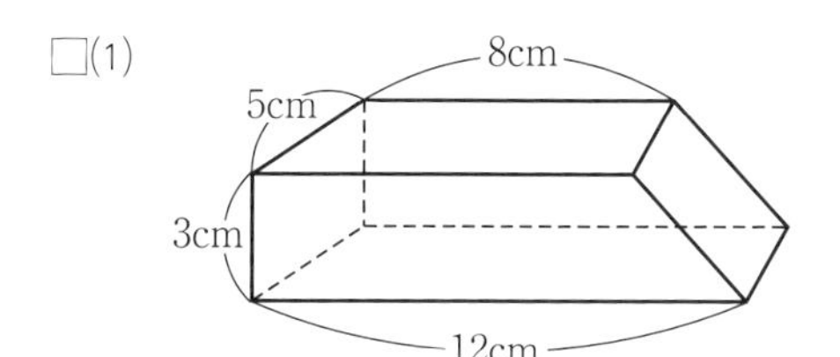

□(2)

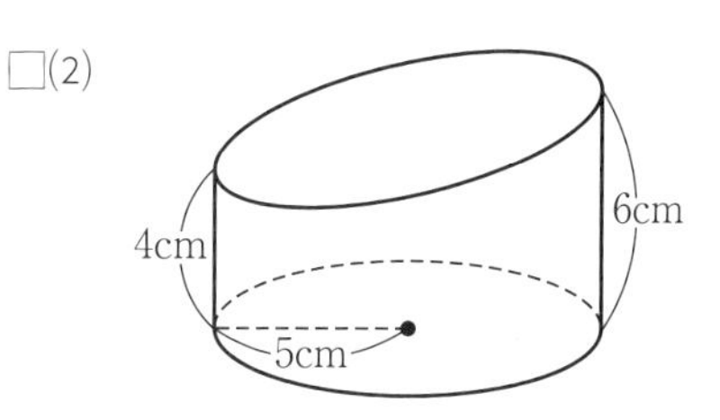

2 右の図の台形**ABCD**について，次の問いに答えなさい。ただし，円周率は**3.14**とします。

□(1) 辺ADを軸として１回転させてできる立体の体積を求めなさい。

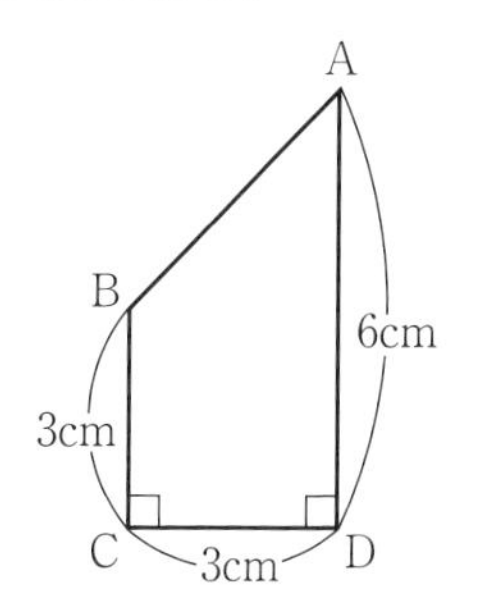

□(2) 辺CDを軸として１回転させてできる立体の体積を求めなさい。

ヒント 辺AB，DCを延長して直角三角形をつくり，相似を利用する。

3 底面の円の半径が**5cm**の円すいを，すべらないように平面上で転がしたら，右の図のような円をえがき，**2**回転してもとの位置にもどりました。円周率は**3.14**として，次の問いに答えなさい。

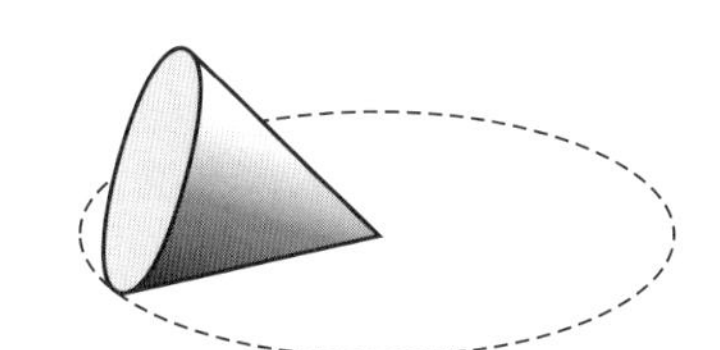

□(1) この円すいの母線の長さを求めなさい。

□(2) この円すいの表面積を求めなさい。

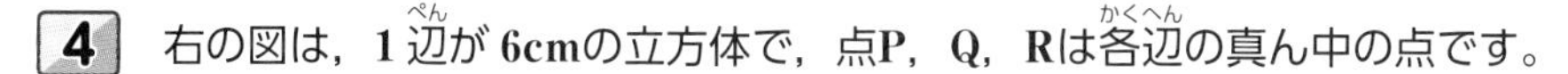

4 右の図は，**1**辺が**6cm**の立方体で，点**P**，**Q**，**R**は各辺の真ん中の点です。

□(1) ４点B，D，E，Gを頂点とする立体の体積を求めなさい。

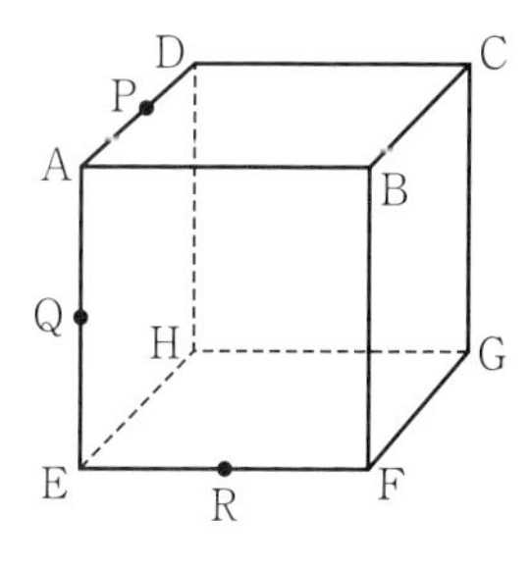

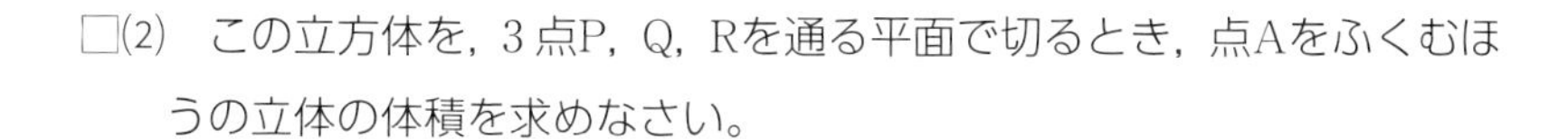

□(2) この立方体を，３点P，Q，Rを通る平面で切るとき，点Aをふくむほうの立体の体積を求めなさい。

立体図形の性質

70 立体の見方と表し方

入試必出例題　赤シートで答えをかくしてくり返し解こう！

例題1 立方体の展開図

右の立方体の展開図を組み立てたとき，次の問いに答えなさい。

(1) 点Aと重なる点を答えなさい。

(2) 辺MNと重なる辺を答えなさい。

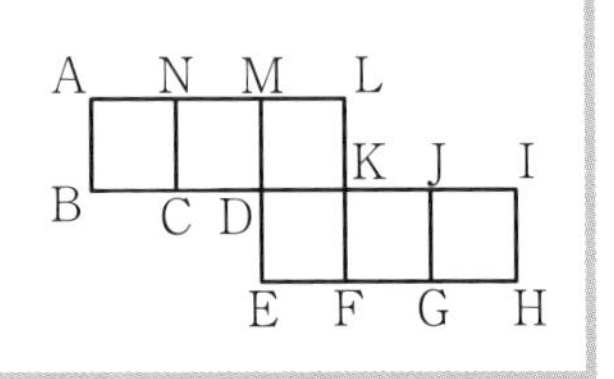

解き方 下の図1のように，立方体の最もはなれた2つの頂点は，展開図では，2つの正方形をつなげた長方形の対角線の両はしにある。

したがって，展開図で，長方形の対角線を2回たどった先は，もとの頂点と重なる。

(1) 下の図2より，点Aと重なる点は，点 **G**

(2) 下の図3より，点Mと点I，点Nと点Hが重なるから，辺MNと重なる辺は，辺 **IH**

図1

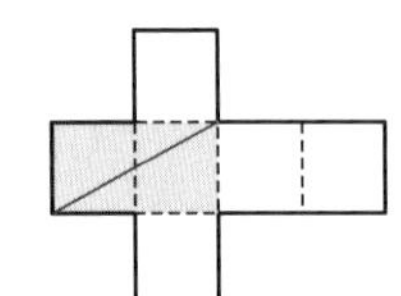

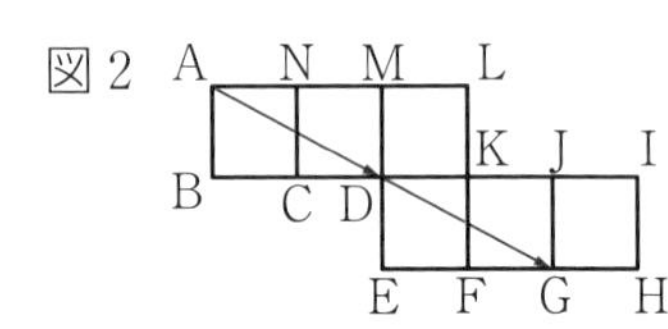

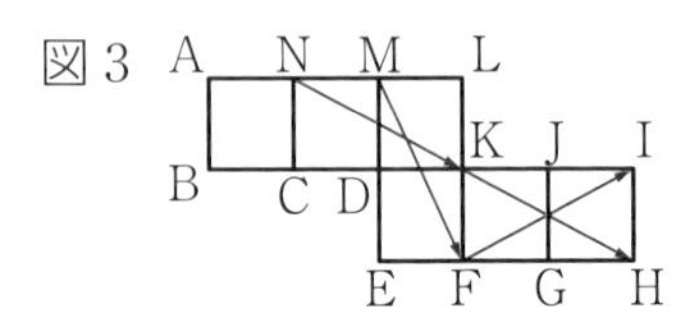

例題2 積み上げた立方体の個数

同じ大きさの立方体を積み上げて，ある立体をつくりました。右の図は，この立体を真正面と真上から見た図です。立方体の数は，最も多くて何個ですか。また，最も少なくて何個ですか。

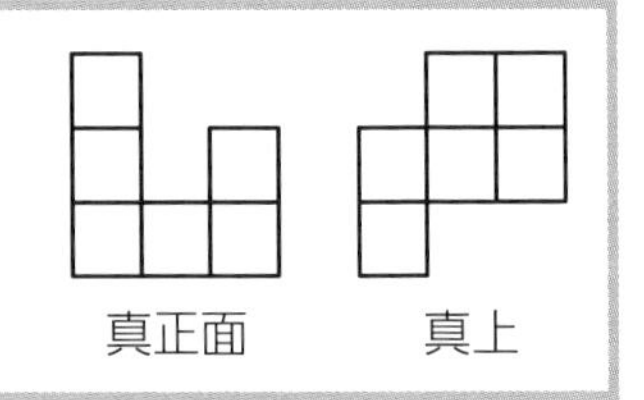

解き方 真上から見た図に，立方体の数を書き入れる。

右の図1より，立方体の数は，最も多くて， **12** 個

右の図2より，立方体の数は，最も少なくて， **9** 個

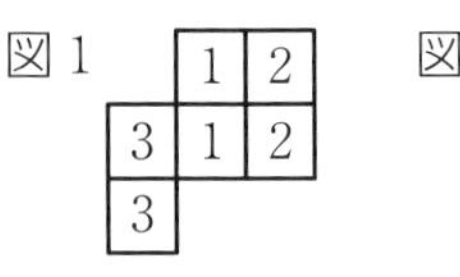

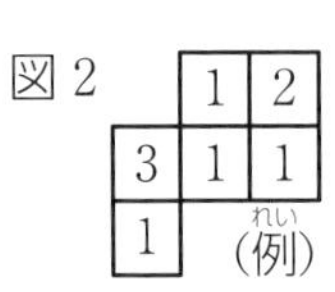

例題3 展開図にかけた糸の最短の長さ

右の図のように，直方体の表面に，点Aから辺BF上の点Pを通って点Gまで糸を張ります。糸の長さが最短になるとき，BPの長さを求めなさい。

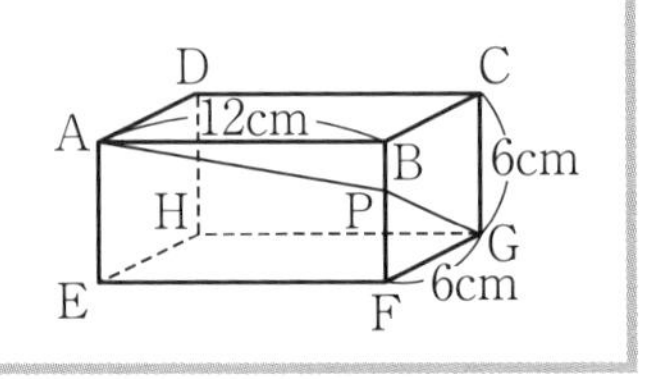

解き方 最短の糸の長さのようすは，展開図では直線になる。

右の図で，AB：AC＝BP：CG ←三角形ABPとACGは相似

12：(12＋6)＝BP：6，BP＝12×6÷18＝ **4** (cm)

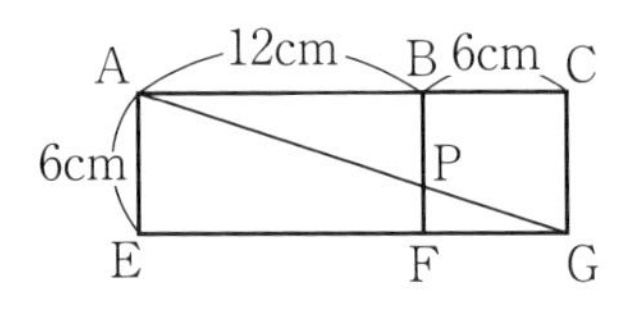

▶解答は別冊 51 ページ

70 立体の見方と表し方　理解度確認ドリル

学習日　　月　　日

1 右の立方体の展開図を組み立てたとき，次の問いに答えなさい。

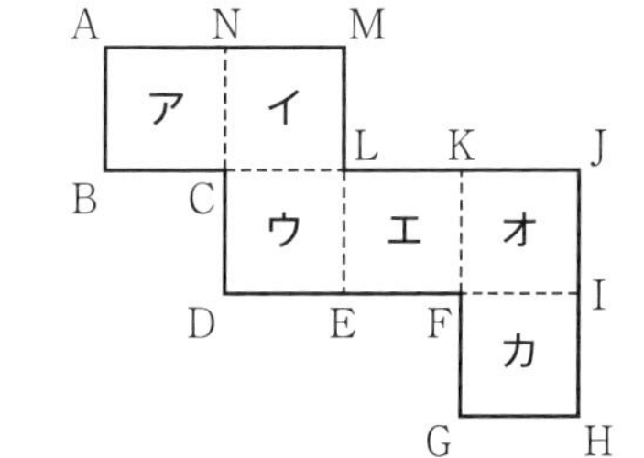

□(1) 面アと平行になる面を答えなさい。

(2) 次の点や辺と重なる点や辺を答えなさい。

□① 点A　　□② 辺IJ

2 1 辺が 2cmの立方体を積み上げて，ある立体をつくりました。右の図は，この立体を真正面と真上から見た図です。

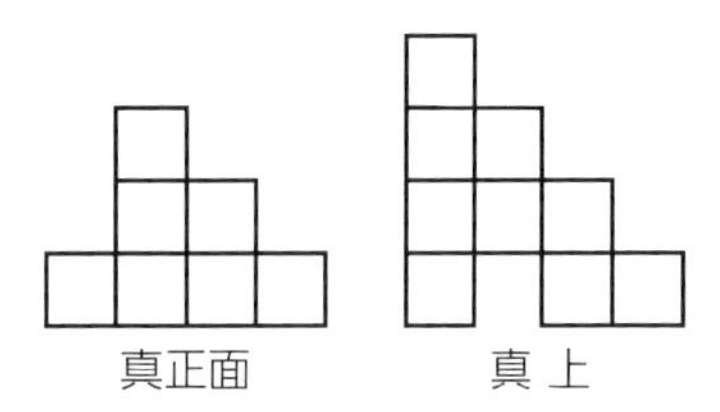

□(1) この立体の体積は，最大で何cm^3ですか。

□(2) この立体の体積は，最小で何cm^3ですか。

□**3** 右の図のように，直方体の表面に，点Eから辺AB上の点P，辺DC上の点Qを通って点Gまで糸を張ります。糸の長さが最短になるとき，PBの長さはQCの長さの何倍ですか。

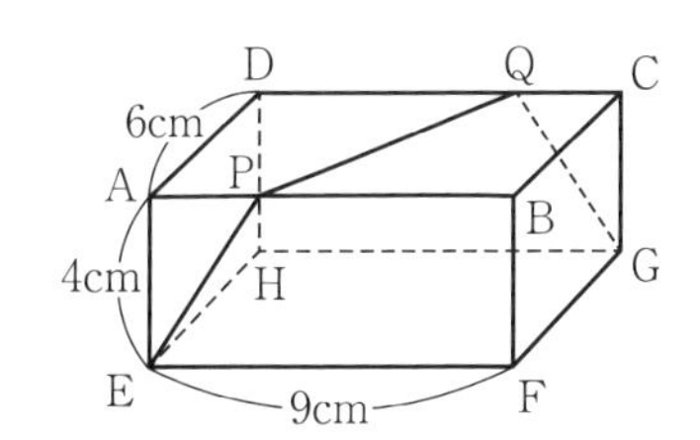

4 大きい立方体の 6 つの面すべてに色をぬってから，右の図のように，縦，横，高さをそれぞれ 5 等分して，125個の小さい立方体に切り分けました。

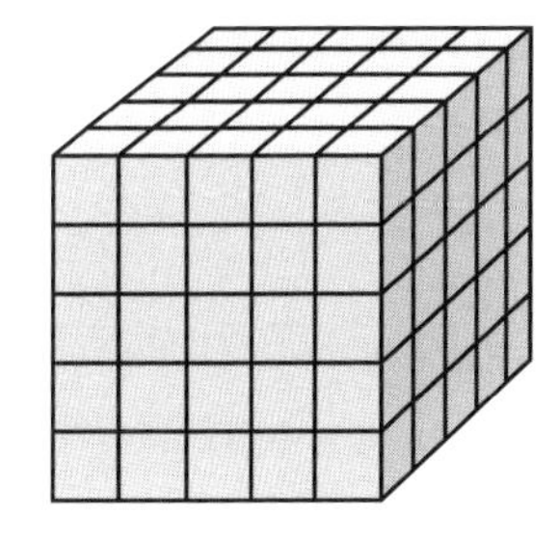

□(1) 3 つの面に色がぬられている立方体は何個ありますか。

□(2) 2 つの面に色がぬられている立方体は何個ありますか。

□(3) 125個の小さい立方体で，色がぬられていない面はいくつありますか。

水面の高さ

71 水面の高さの変化

入試必出例題　赤シートで答えをかくしてくり返し解こう！

例題1　容器の底面積と水面の高さ

円柱の容器A，Bがあり，AとBの底面積の比は5：3です。また，Aには深さ20cmまで，Bには深さ12cmまで水が入っています。

(1)　AとBに入っている水の量の比を，最も簡単な整数の比で表しなさい。

(2)　Aの水の一部をBに移して水の深さを等しくしたとき，水の深さは何cmですか。

解き方 (1)　水の体積＝底面積×高さより，AとBに入っている水の量の比は，

$(5\times20):(3\times12)=100:36=$ **25** ： **9**　←比で表すので，Aの底面積を5，Bの底面積を3と考える

(2)　求める水の深さを□cmとすると，全体の水の量は，$5\times20+3\times12=136$だから，

$(5+3)\times$□$=136$，□$=136\div8=$ **17** (cm)　←AとBの底面積を合わせた容器の水の深さを考える

例題2　面積図の利用

直方体の容器の中に水が入っています。その中に，底面が1辺5cmの正方形で，高さが7cmの直方体のおもりを，右の図のように，2通りの入れ方でしずめたら，水面の高さはそれぞれ3cm，5cmになりました。

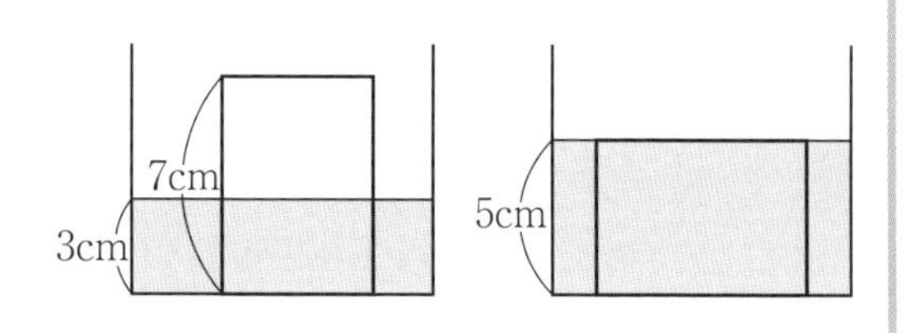

(1)　容器の底面積を求めなさい。

(2)　容器に入っていた水の体積を求めなさい。

解き方 (1)　正方形の面を下にして入れたときのおもりの底面積は，$5\times5=25(cm^2)$

縦を高さ，横を底面積とした右の面積図で，斜線部分の2つの長方形の面積は等しいから，容器の底面積を□cm^2とすると，

$25\times(7-3)=$□$\times(5-3)$

□$=25\times4\div2=$ **50** (cm^2)

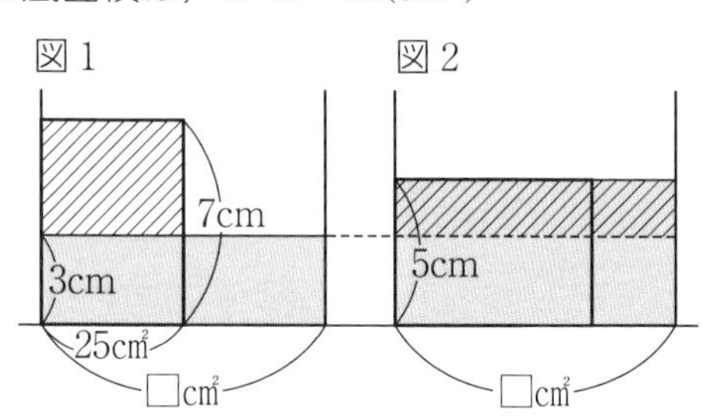

(2)　図1より，水の体積は，$(50-25)\times3=$ **75** (cm^3)

〈別解〉　図2より，水とおもりの体積の和は，$50\times5=250(cm^3)$

おもりの体積は，$5\times5\times7=175(cm^3)$だから，

水の体積は，$250-175=$ **75** (cm^3)

▶解答は別冊 51 ページ

71 水面の高さの変化　理解度確認ドリル

学習日　　月　　日

1 直方体の容器の中に，底面と側面に垂直な仕切りを 1 枚立て，A，B 2 つの部分に分けました。AとBの底面積の比は 3：7で，Aには深さ21cmまで，Bには深さ15cmまで水を入れました。

□(1) AとBに入っている水の量の比を，最も簡単な整数の比で表しなさい。

□(2) 仕切りを外すと，水の深さは何cmになりますか。

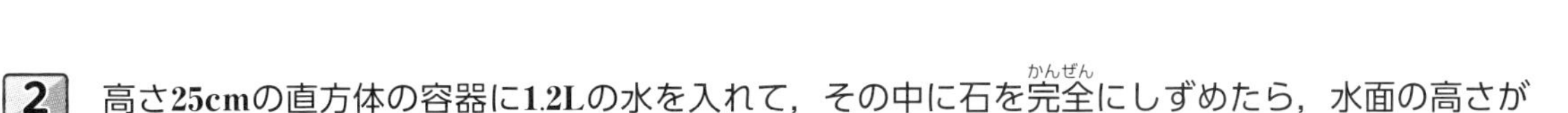

2 高さ25cmの直方体の容器に1.2Lの水を入れて，その中に石を完全にしずめたら，水面の高さが10cmになりました。さらに，1.8Lの水を加えたら，水面の高さは22cmになりました。

□(1) この容器の底面積は何cm²ですか。

□(2) 石の体積は何cm³ですか。

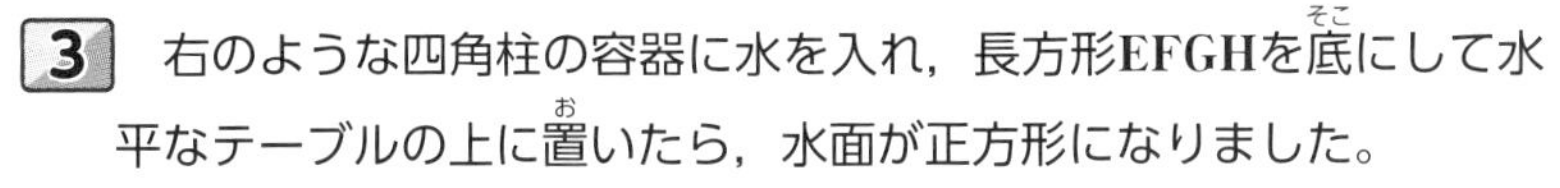

3 右のような四角柱の容器に水を入れ，長方形EFGHを底にして水平なテーブルの上に置いたら，水面が正方形になりました。

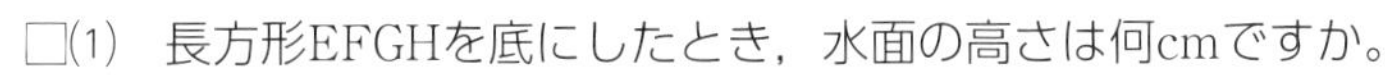

□(1) 長方形EFGHを底にしたとき，水面の高さは何cmですか。

□(2) 台形AEFBを底にすると，水面の高さは何cmになりますか。

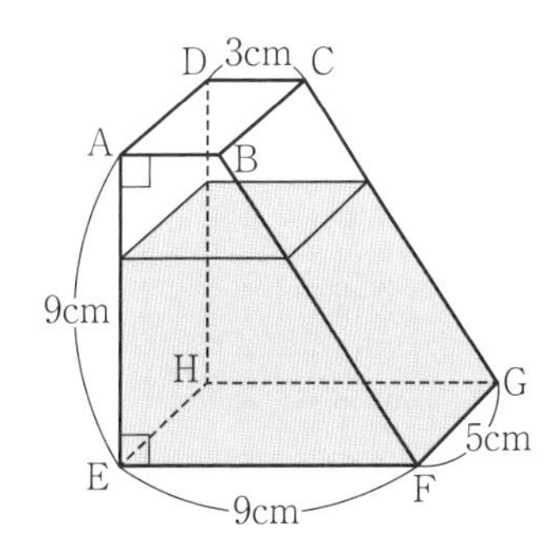

4 縦24cm，横30cm，深さ30cmの直方体の水そうに深さ10cmまで水が入っています。この水そうに，縦6cm，横6cm，高さ21cmの直方体のおもりを，正方形の面が水そうの底につくように 1 本ずつ入れます。

□(1) 4 本目のおもりを入れたとき，水面の高さは何cmになりますか。

□(2) 水面がおもりの高さをはじめてこえるのは，何本目のおもりを入れたときですか。

水面の高さ

72 水面の高さの変化とグラフ

入試必出例題　赤シートで答えをかくしてくり返し解こう！

例題1　段のある水そうに水を入れる

右の図のような直方体を組み合わせた形の水そうに，一定の割合で水を入れました。グラフは，水を入れ始めてからの時間と水の深さの関係を表したものです。

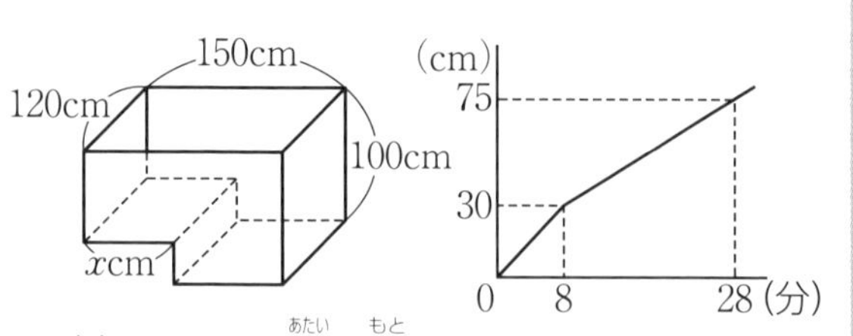

(1)　毎分何cm^3の割合で水を入れましたか。　(2)　図のxの値を求めなさい。

解き方 (1)　グラフより，右の図の㋑の部分には，$28-8=20$(分間)で，

$120\times150\times(75-30)=810000(cm^3)$の水が入っているから，

1分間に入れた水の量は，$810000\div20=$ **40500** (cm^3)

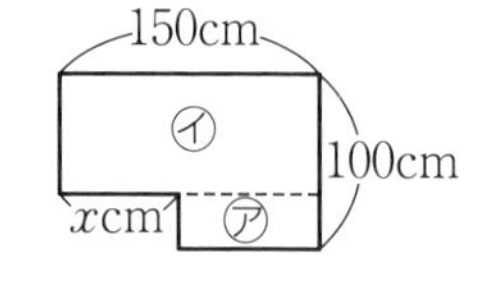

(2)　グラフより，㋐の部分の高さは30cmで，　←縦の長さ(奥行)は120cm

横の長さは，$40500\times8\div(120\times30)=90$(cm)だから，$x=150-90=$ **60** (cm)

例題2　仕切りのある容器に水を入れる

右の図は，直方体の容器を2枚の板で仕切ったようすを，横から見たものです。グラフは，図の位置のじゃ口から一定の割合で水を入れたときの，水を入れ始めてからの時間とじゃ口の下の部分の水面の高さの関係を表したものです。板の厚さは考えないものとして，次の問いに答えなさい。

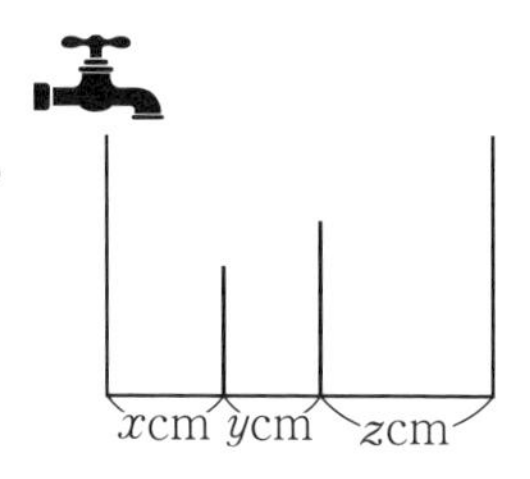

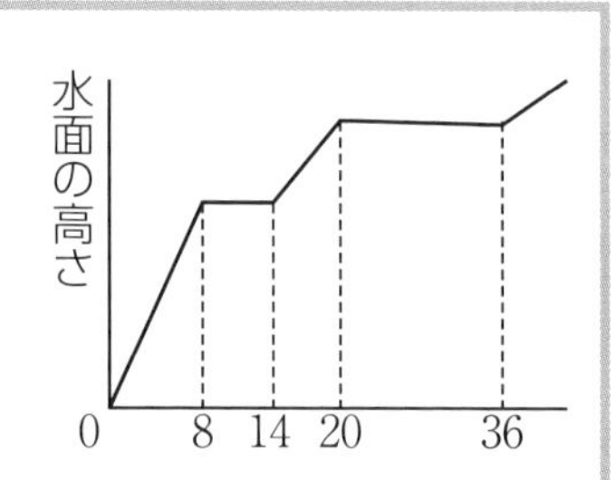

(1)　容器の図で，$x:y$を最も簡単な整数の比で表しなさい。

(2)　容器の横の長さが90cmのとき，zの値を求めなさい。

解き方 (1)　右の図で，㋐→㋑→㋒→㋓の順に，水は満たされていく。

グラフより，㋐の部分を満たすのに8分，

㋑の部分を満たすのに，$14-8=6$(分)かかっているから，

$x:y=8:6=$ **4** : **3**　←底面積の比は，水を入れた時間の比に等しい

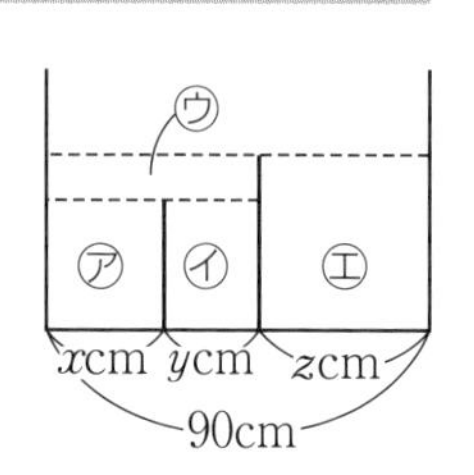

(2)　グラフより，㋒の部分まで満たすのに20分，

㋓の部分を満たすのに，$36-20=16$(分)かかっているから，

$(x+y):z=20:16=5:4$，$z=90\times\dfrac{4}{5+4}=$ **40** (cm)　←90cmを比例配分

▶解答は別冊 52 ページ

理解度確認ドリル

学習日　　月　　日

1 右の図のような，立方体から直方体を切り取った形の水そうに，一定の割合(わりあい)で水を入れました。グラフは，水を入れ始めてからの時間と水の深さの関係(かんけい)を表したものです。

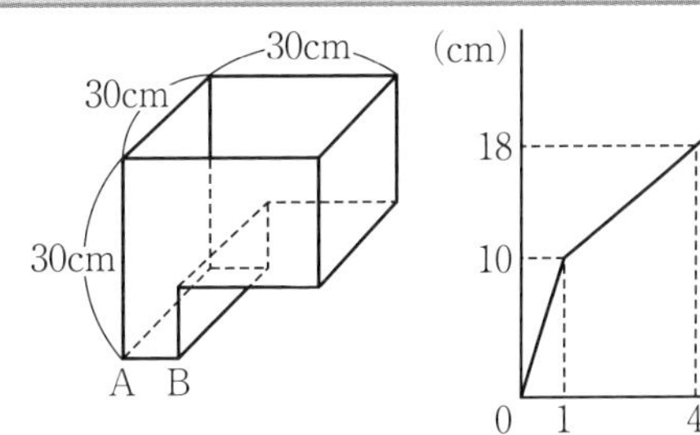

□(1) 毎分何cm^3の割合で水を入れましたか。

＿＿＿＿＿＿

□(2) 水そうが満水(まんすい)になるのは，水を入れ始めてから何分何秒後ですか。

＿＿＿＿＿＿

□(3) 図のABの長さを求(もと)めなさい。

＿＿＿＿＿＿

2 右の図のような直方体の水そうがあり，A，B 2枚(まい)の仕切り板が底面(ていめん)と側面(そくめん)に垂直(すいちょく)に立てられています。また，仕切り板Aの左側(ひだりがわ)には，排水口(はいすいこう)がついています。いま，空(から)の水そうに，排水口を閉(と)じた状態(じょうたい)で，仕切り板Aの左側から一定の割合で水を入れました。グラフは，水を入れ始めてからの時間と仕切り板Aの左側の水面の高さの関係を表したものです。仕切り板の厚(あつ)さは考えないものとして，次の問いに答えなさい。

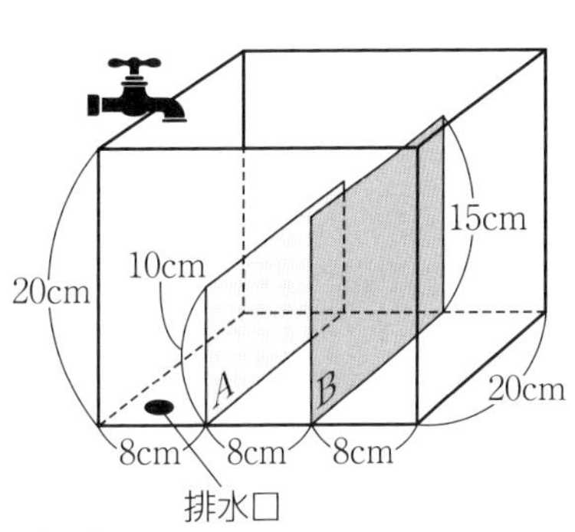

□(1) 毎秒何cm^3の割合で水を入れましたか。

＿＿＿＿＿＿

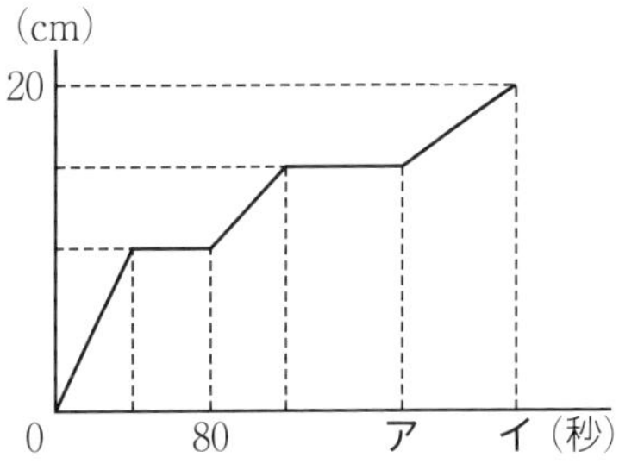

(2) グラフのア，イにあてはまる数を求めなさい。

□ア＿＿＿＿＿＿　□イ＿＿＿＿＿＿

(3) 水そうが満水の状態で水を入れるのを止め，排水口を開きました。

□① 排水されなくなったとき，水そうには何cm^3の水が残(のこ)っていますか。

＿＿＿＿＿＿

□② 排水されなくなるまでに1分20秒かかりました。排水口からは，毎秒何cm^3の割合で水が出ましたか。

＿＿＿＿＿＿

集中学習　11×11〜19×19の暗算

（2けたの数）×（2けたの数）の計算は，ふつう筆算でします。難しくはないのですが，それなりに時間がかかり，ときどきミスをすることもあります。

```
  18
×17
 126
 18
 306
```

インドは，かけ算を19×19まで覚えることで有名ですが，これらのかけ算は暗記しなくても，ここで紹介するような方法で簡単に計算することができます。

この集中学習で，計算のしかたを理解し，練習をくり返して計算のしかたに慣れましょう。慣れれば短時間で正しく計算できるようになり，**暗算でできる**ようになります。

はじめは，右のような1けたずらした2段のマスに書き込んで計算します。計算方法に慣れてきたら，マスを使わずに，1けたずらした数だけを書いて計算するようにしましょう。161ページではステップをふんで練習し，162，163ページで計算練習をします。計算練習には音声もついているので，これを活用しましょう。

18×17の計算

```
  25
+ 56
 306
```

※このように計算してよい理由は，164ページで解説しています。

※この計算法も，実はたくさんある「インド式計算法」の中の1つです。

1　11×11〜19×19の計算のしかた

→ 上のマスには，（一方の数）＋（もう一方の数の一の位の数）を書き入れ，
　下のマスには，2つの数の一の位の数の積を書き入れて，たします。

例1　12×16の計算

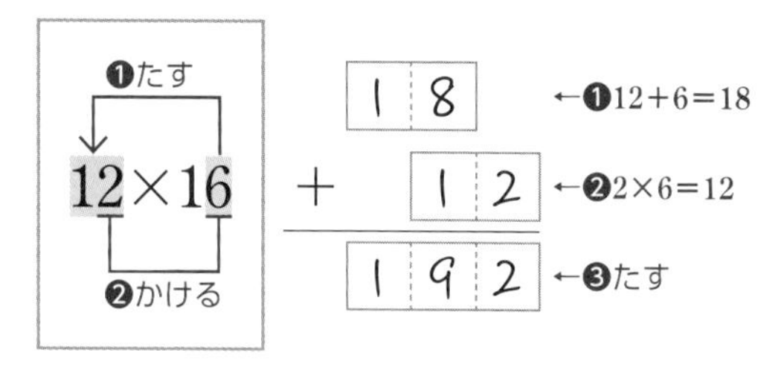

例2　12×13の計算

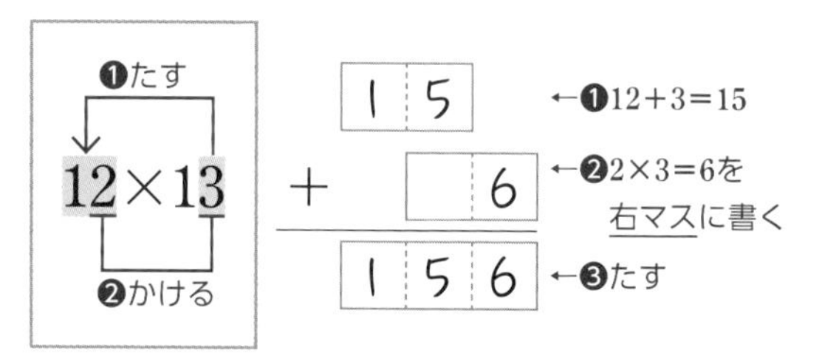

2　11×□，□×11の計算のしかた（1の方法で計算してもOKです。）

一方が11のかけ算のときは，次のような方法で簡単に計算することもできます。

→ 11ではないほうの数を，上下のマスにそれぞれ書き入れて，たします。

例　11×13の計算

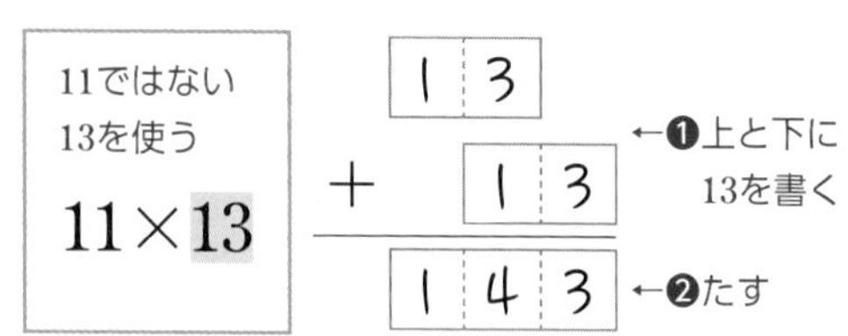

17×11なども，11ではない17を使えばいいわね。
また，11×11は11を使えばいいわよ。

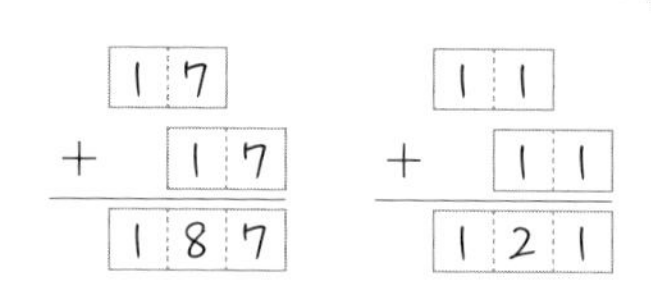

3 ステップをふんで計算に慣れよう！

(1) マスに書き入れて計算しよう！

↓赤シートをのせると文字が見えます

① 13×18=　② 16×15=　③ 19×14=　④ 12×17=

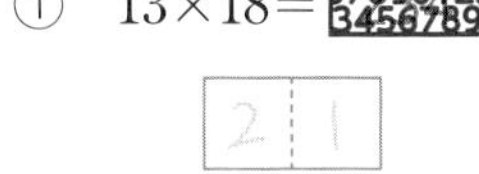
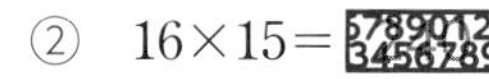
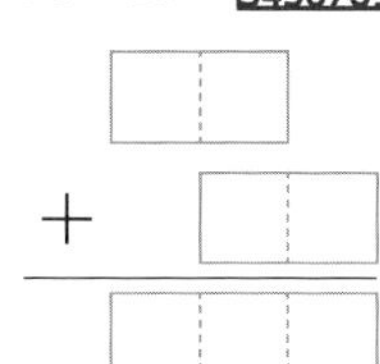
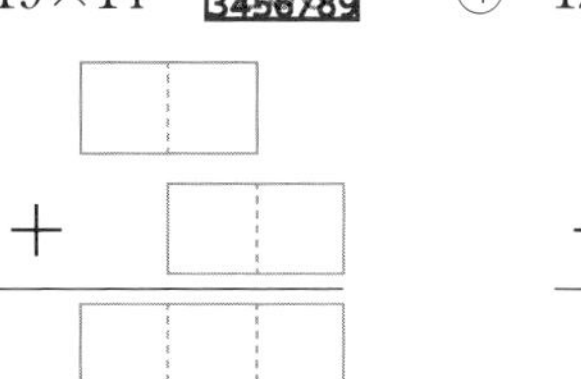
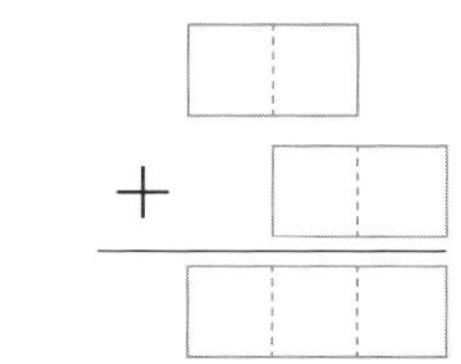

① 21 ＋ 24

⑤ 11×15=　⑥ 18×12=　⑦ 14×11=　⑧ 13×13=

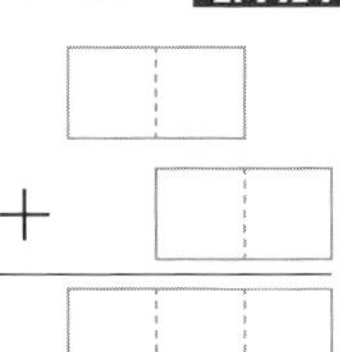
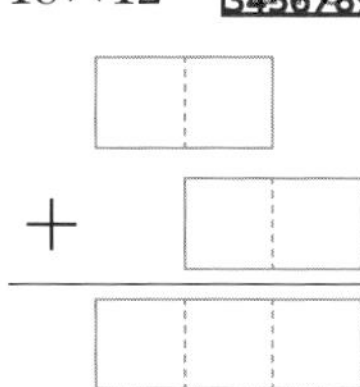
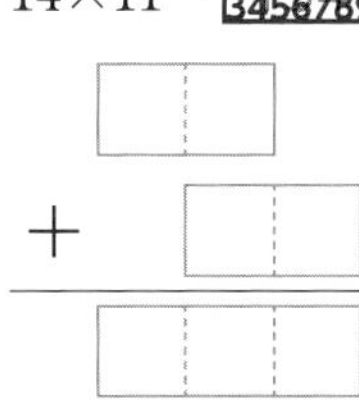
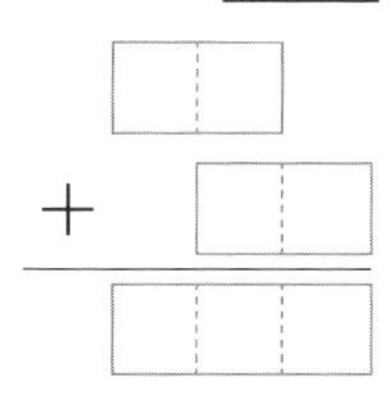

(2) マスのないところに書いて計算しよう！

① 12×19=　② 14×17=　③ 18×18=　④ 15×14=

① 21 ＋ 18

⑤ 13×16=　⑥ 19×11=　⑦ 17×15=　⑧ 11×18=

(3) 数と線だけをメモ書きして計算しよう！

① 15×18=　② 13×14=　③ 16×11=　④ 19×19=

① 23 40

⑤ 18×14=　⑥ 11×14=　⑦ 13×17=　⑧ 19×15=

4 くり返し練習しよう！

11×11〜19×19のかけ算全81問を出題しています。赤シートをのせると答えが出てきます。ノートなどに書いてくり返し練習し，計算に自信をつけましょう。QR を読み取れば，同じ問題を音声で聞くこともできます。音を聞いて計算できるようになりましょう。

※早く正しく計算することが目的なので，メモ書きで計算できるようになれば十分です。余裕があれば，暗算できることを目指しましょう。

スマホで QR を読み取って
音声一問一答を聞きましょう！

① 15×13＝	② 11×15＝	③ 17×18＝
④ 19×12＝	⑤ 16×15＝	⑥ 12×19＝
⑦ 15×16＝	⑧ 13×19＝	⑨ 18×19＝

① 11×11＝	② 18×15＝	③ 16×17＝
④ 18×14＝	⑤ 17×17＝	⑥ 19×19＝
⑦ 12×12＝	⑧ 13×12＝	⑨ 12×13＝

① 11×16＝	② 18×17＝	③ 16×12＝
④ 11×19＝	⑤ 15×12＝	⑥ 13×11＝
⑦ 19×18＝	⑧ 17×15＝	⑨ 14×18＝

① 13×14＝	② 16×16＝	③ 12×15＝
④ 13×18＝	⑤ 12×18＝	⑥ 16×13＝
⑦ 11×13＝	⑧ 18×11＝	⑨ 15×18＝

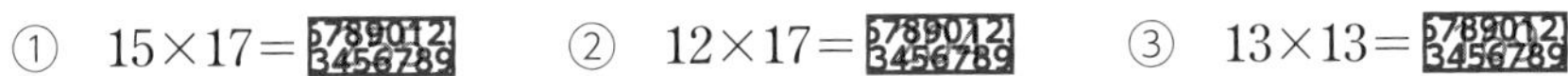

① 15×17＝　② 12×17＝　③ 13×13＝

④ 19×13＝　⑤ 11×12＝　⑥ 18×13＝

⑦ 17×16＝　⑧ 14×12＝　⑨ 14×16＝

① 12×14＝　② 15×15＝　③ 12×11＝

④ 17×19＝　⑤ 18×16＝　⑥ 17×13＝

⑦ 17×12＝　⑧ 11×17＝　⑨ 18×12＝

① 14×14＝　② 19×15＝　③ 12×16＝

④ 15×19＝　⑤ 19×14＝　⑥ 18×18＝

⑦ 14×13＝　⑧ 13×16＝　⑨ 14×19＝

① 17×11＝　② 17×14＝　③ 14×17＝

④ 19×11＝　⑤ 13×17＝　⑥ 14×15＝

⑦ 19×16＝　⑧ 15×14＝　⑨ 13×15＝

① 16×14＝　② 11×14＝　③ 16×18＝

④ 16×11＝　⑤ 11×18＝　⑥ 16×19＝

⑦ 15×11＝　⑧ 14×11＝　⑨ 19×17＝

紹介した計算法が正しい理由

例として，13×16 が次のように計算できる理由を考えてみましょう。

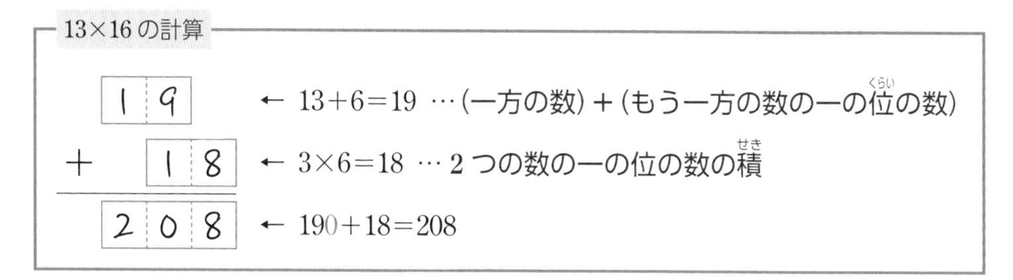

13×16 の答えは，縦 13，横 16 の長方形の面積を求めることと同じです。
この長方形は，図 1 のように，1 つの正方形と 3 つの長方形に分けられます。
ここで，10×6の長方形を横にして，6×10の長方形にし，図 2 のように下に移動します。
すると，全体の面積は，図 3 のように，

縦 13+6=19，横 10 の大きい長方形と，縦 3，横 6 の小さい長方形

の面積の和になります。

大きい長方形の面積は，19×10=190　小さい長方形の面積は，3×6=18

なので，全体の面積は，190+18=208 になり，計算法の答えと同じになります。

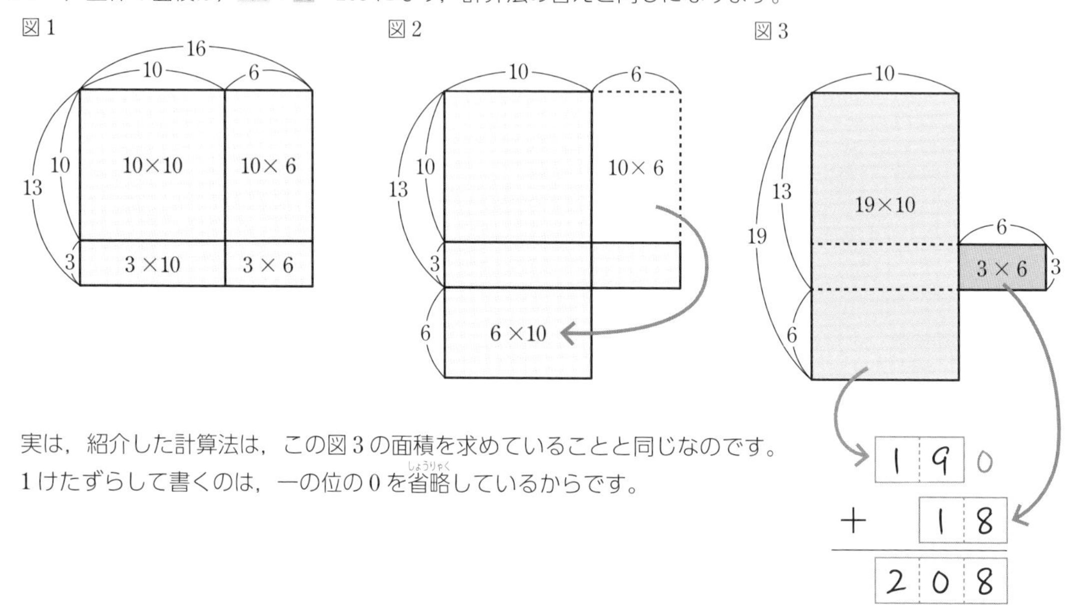

実は，紹介した計算法は，この図 3 の面積を求めていることと同じなのです。
1 けたずらして書くのは，一の位の 0 を省略しているからです。

中学受験まるっとチェック　算数

■著者　OWAS28
■本文デザイン　キハラ工芸株式会社　ゼム・スタジオ
■キャライラスト　宮島　幸次
■DTP　キハラ工芸株式会社　株式会社明昌堂
■図版　キハラ工芸株式会社　ゼム・スタジオ
株式会社明昌堂
■Special thanks　K.T.　T.Y.

OWAS28　おわすにじゅうはち
数々の中学受験・高校受験教材を企画・執筆・編集してきたプロの編集チーム。市販だけでなく塾直販教材も多数手がけた実績を持つ。特に中学受験の企画ものを得意とする。

■特許第 4796763 号

無料音声のご案内

「中学受験まるっとチェック」シリーズの音声一問一答は、アプリmy-oto-moをダウンロードすれば、すべて無料で聞くことができます。

ですが、ほかの教科の音声もためしにきいてみたい、というご要望にこたえるために、音声がすぐに聞けるQRコードを用意しました。下のQRコードを読みとって、音声を聞いてみてください。

※通信料はお客様のご負担になります。

※ほかのQRコードを指などでかくしながら、うまく読みとろう！

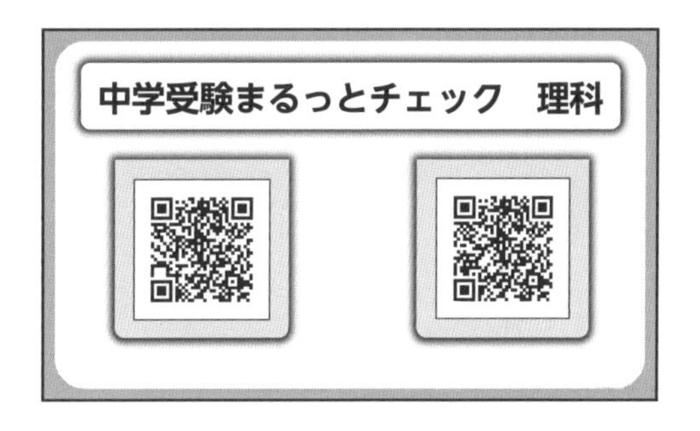

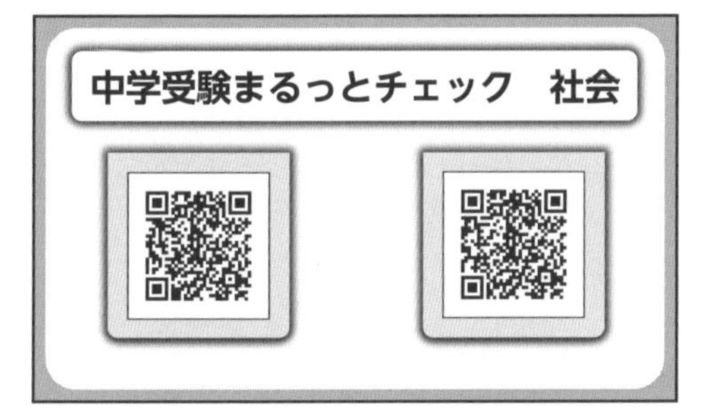

↑歴史人物や歴史年代、都道府県を音声一問一答で学習できるHPです。もちろん、無料です！

↑かけ算九九が音声で出題されます。段を選ぶ、ランダムで出題するなどの選択ができます。勉強前に九九の暗算に挑戦して、頭を勉強モードにしよう！　こちらも無料です。

中学受験 まるっとチェック 学習スケジュール表 1

算数

		学習予定日	学習日	対策(たいさく)	復習日	対策(たいさく)
1	計算の順序と計算のきまり	／	／		／	
2	小数の計算	／	／		／	
3	□を求める計算	／	／		／	
4	倍数と約数(1)	／	／		／	
5	倍数と約数(2)	／	／		／	
6	倍数と約数(3)	／	／		／	
7	分数の計算(1)	／	／		／	
8	分数の計算(2)	／	／		／	
9	整数の問題(1)	／	／		／	
10	整数の問題(2)	／	／		／	
11	小数，分数の問題	／	／		／	
12	時間の単位と計算	／	／		／	
13	メートル法の単位と計算	／	／		／	
14	和差算，分配算	／	／		／	
15	消去算	／	／		／	
16	つるかめ算	／	／		／	
17	差集め算，過不足算	／	／		／	
18	平均算	／	／		／	
19	割合の基本	／	／		／	
20	割合の問題	／	／		／	
21	売買損益算(1)	／	／		／	
22	売買損益算(2)	／	／		／	
23	相当算	／	／		／	
24	比の基本	／	／		／	
25	比の問題	／	／		／	
26	濃度算(1)	／	／		／	
27	濃度算(2)	／	／		／	
28	倍数算	／	／		／	
29	年令算	／	／		／	
30	仕事算，のべ算	／	／		／	
31	速さの基本	／	／		／	
32	速さの問題	／	／		／	
33	速さと比の基本	／	／		／	
34	速さと比の問題	／	／		／	
35	旅人算(1)	／	／		／	
36	旅人算(2)	／	／		／	

「対策」のらんには，次のような記号を書きこもう

カンペキ→○　まちがえた問題だけ復習→△　全部復習→×

中学受験 まるっとチェック

別冊解答

1 計算の順序と計算のきまり ▶問題17ページ

1 (1) **15** (2) **115** (3) **2**
(4) **87** (5) **500** (6) **3**
(7) **2** (8) **79**

2 (1) **2700** (2) **100000** (3) **720**
(4) **100** (5) **660** (6) **505500**

3 **181**

解説

1 かっこの中→かけ算・わり算→たし算・ひき算の順(じゅん)に計算する。

(1) $114 \div 6 - 4 = 19 - 4 = 15$

(2) $8 \times 14 + 48 \div 16 = 112 + 3 = 115$

(3) $15 \times 4 \div 12 - 3 = 60 \div 12 - 3 = 5 - 3 = 2$

(4) $7 \times (15 - 3) + (32 - 5) \div 9 = 7 \times 12 + 27 \div 9$
$= 84 + 3 = 87$

(5) $(29 \times 3 + 104 \div 8) \times 5 = (87 + 13) \times 5$
$= 100 \times 5 = 500$

(6) $54 \div 6 - (8 \times 4 - 2 \times 7) \div 3 = 9 - (32 - 14) \div 3$
$= 9 - 18 \div 3 = 9 - 6 = 3$

(7) $150 - \{75 - (20 - 12) \div 8\} \times 2$
$= 150 - (75 - 8 \div 8) \times 2 = 150 - (75 - 1) \times 2$
$= 150 - 74 \times 2 = 150 - 148 = 2$

(8) $5 \times \{13 - (2 + 4 \div 2)\} + 12 \div 3 \times 12 - 14$
$= 5 \times \{13 - (2 + 2)\} + 4 \times 12 - 14$
$= 5 \times (13 - 4) + 48 - 14 = 5 \times 9 + 48 - 14$
$= 45 + 48 - 14 = 93 - 14 = 79$

2 計算の法則(ほうそく)を利用(りよう)して，くふうして計算する。

(1)，(2)は，交換(こうかん)の法則，結合(けつごう)の法則を利用する。

(1) $9 \times 25 \times 3 \times 4 = 9 \times 3 \times 25 \times 4$
$= (9 \times 3) \times (25 \times 4) = 27 \times 100 = 2700$

(2) $32 \times 5 \times 5 \times 125 = 4 \times 8 \times 25 \times 125$
$= 4 \times 25 \times 8 \times 125 = (4 \times 25) \times (8 \times 125)$
$= 100 \times 1000 = 100000$

(3)～(6)は，分配(ぶんぱい)の法則を利用する。

(3) $41 \times 24 - 24 \times 36 + 24 \times 25$
$= 24 \times (41 - 36 + 25) = 24 \times 30 = 720$

(4) $25 \times 3 + 50 \times 5 - 75 \times 3$
$= 25 \times 3 + 25 \times 2 \times 5 - 25 \times 3 \times 3$
$= 25 \times (3 + 10 - 9) = 25 \times 4 = 100$

(5) $20 \times 22 - 17 \times 22 + 22 \times 53 - 13 \times 44$
$= 20 \times 22 - 17 \times 22 + 22 \times 53 - 13 \times 2 \times 22$
$= 20 \times 22 - 17 \times 22 + 22 \times 53 - 26 \times 22$
$= 22 \times (20 - 17 + 53 - 26) = 22 \times 30 = 660$

(6) $5055 \times 514 - 2022 \times 235 - 1011 \times 40 \times 40$
$= 1011 \times 5 \times 514 - 1011 \times 2 \times 235 - 1011 \times 40 \times 40$
$= 1011 \times 2570 - 1011 \times 470 - 1011 \times 1600$
$= 1011 \times (2570 - 470 - 1600)$
$= 1011 \times 500 = 505500$

3 7※1＝$(7 + 1) \times 4 - 3 = 8 \times 4 - 3 = 32 - 3 = 29$
2※3＝$(2 + 3) \times 4 - 3 = 5 \times 4 - 3 = 20 - 3 = 17$
(7※1)※(2※3)＝29※17
$= (29 + 17) \times 4 - 3 = 46 \times 4 - 3 = 184 - 3 = 181$

2 小数の計算 ▶問題19ページ

1 (1) **8.17** (2) **0.68** (3) **2.653**
(4) **2940.6** (5) **290** (6) **0.0612**
(7) **7.9** (8) **16**
(9) **3.8あまり0.06**

2 (1) **1.49** (2) **29.8** (3) **2**
(4) **14** (5) **31.4** (6) **100**
(7) **14** (8) **23.4**

解説

1 小数のたし算・ひき算は，次の手順(てじゅん)で，筆算で計算する。

❶ 位(くらい)をそろえて書く。
❷ 整数のたし算・ひき算と同じように計算する。
❸ 上の小数点にそろえて，答えの小数点をうつ。

(1)
```
  5.80
+ 2.37
  8.17
```
(2)
```
  5.38
- 4.70
  0.68
```
(3)
```
  12.000
-  9.347
   2.653
```

小数のかけ算は，次の手順で，筆算で計算する。

❶ 整数のかけ算と同じように，右にそろえて書く。
❷ 小数点がないものとして計算する。
❸ 積(せき)の小数点は，かけられる数とかける数の小数点の右にあるけた数の和だけ，右から数えてうつ。

(4)
```
   754
 × 3.9
  6786
 2262
2940.6
```
(5)
```
  23.2
× 12.5
  1160
  464
 232
 290.00
```
(6)
```
    0.72
 ×0.085
    360
   576
 0.06120
```

小数のわり算は，次の手順で，筆算で計算する。

❶ 整数のわり算と同じように書く。
❷ わる数とわられる数の小数点を同じけた数だけ右に移(うつ)し，わる数を整数にして計算する。
❸ 商の小数点は，わられる数の移した小数点にそろえてうつ。

※　小数のわり算であまりを考えるとき，あまりの小数点は，わられる数のもとの小数点にそろえてうつ。

(7)
```
        7.9
3.2 ) 25.2.8
      224
       288
       288
         0
```

(8)
```
          16
0.75 ) 12.00
        75
        450
        450
          0
```

(9)
```
       3.8
2.3 ) 8.8.0
      69
      190
      184
      0.06
```

2　小数の計算でも，計算の順序（じゅんじょ）は，かっこの中→かけ算・わり算→たし算・ひき算 である。

(1)　$6.21+8.33-4.5\times2.9=6.21+8.33-13.05$
　$=14.54-13.05=1.49$

(2)　$3.5\times9.4-8.37\div2.7=32.9-3.1=29.8$

(3)　$1.5+(0.63-0.49)\div0.28=1.5+0.14\div0.28$
　$=1.5+0.5=2$

(4)　$4.2\div\{7\times0.3-(2.3-1.7)\times3\}$
　$=4.2\div(2.1-0.6\times3)=4.2\div(2.1-1.8)$
　$=4.2\div0.3=14$

(5)～(8)は，分配（ぶんぱい）の法則（ほうそく）を利用（りよう）して，くふうして計算する。

(5)　$3.14\times4-3.14\times2+6.28\times4$
　$=3.14\times4-3.14\times2+3.14\times2\times4$
　$=3.14\times4-3.14\times2+3.14\times8$
　$=3.14\times(4-2+8)=3.14\times10=31.4$

(6)　$(0.55\times11+0.99\times5)\div0.11$
　$=(0.11\times5\times11+0.11\times9\times5)\div0.11$
　$=(5\times11+9\times5)\times0.11\div0.11$
　$=5\times11+9\times5=55+45=100$

(7)　$5\times1.4+120\times0.14-0.07\times140$
　$=5\times1.4+120\div10\times0.14\times10$
　　$-0.07\times100\times140\div100$
　$=5\times1.4+12\times1.4-7\times1.4$
　$=1.4\times(5+12-7)=1.4\times10=14$

(8)　$2.34\times4.36+23.4\times0.389+0.234\times17.5$
　$=2.34\times4.36+23.4\div10\times0.389\times10$
　　$+0.234\times10\times17.5\div10$
　$=2.34\times4.36+2.34\times3.89+2.34\times1.75$
　$=2.34\times(4.36+3.89+1.75)=2.34\times10=23.4$

3　□を求める計算

▶問題21ページ

1　(1)　**38**　(2)　**12**　(3)　**72**
(4)　**35**　(5)　**10.7**　(6)　**5.4**
(7)　**1.4**　(8)　**3**

2　(1)　**112**　(2)　**6**　(3)　**4**
(4)　**156**　(5)　**16**　(6)　**5**
(7)　**1.6**　(8)　**9**　(9)　**3**
(10)　**16**

解説

1　(1)　$73+\square=111,\ \square=111-73=38$

(2)　$\square\times8=96,\ \square=96\div8=12$

(3)　$\square\div3=24,\ \square=24\times3=72$

(4)　$54-\square=19,\ \square=54-19=35$

(5)　$\square-2.9=7.8,\ \square=7.8+2.9=10.7$

(6)　$\square+3.7=9.1,\ \square=9.1-3.7=5.4$

(7)　$7\times\square=9.8,\ \square=9.8\div7=1.4$

(8)　$5.4\div\square=1.8,\ \square=5.4\div1.8=3$

2　(1)　$18-3\times5+\square\div4=31,$
$18-15+\square\div4=31,\ 3+\square\div4=31,$
$\square\div4=31-3=28,\ \square=28\times4=112$

(2)　$42\div3-\square\times3\div2=5,\ 14-\square\times3\div2=5,$
$\square\times3\div2=14-5=9,\ \square\times3=9\times2=18,$
$\square=18\div3=6$

(3)　$(19-\square)\times5+6=81,\ (19-\square)\times5=81-6=75,$
$19-\square=75\div5=15,\ \square=19-15=4$

(4)　$243\div(\square\div12-4)=27,$
$\square\div12-4=243\div27=9,\ \square\div12=9+4=13,$
$\square=13\times12=156$

(5)　$36-\{91\div(\square-9)\}=23,$
$91\div(\square-9)=36-23=13,\ \square-9=91\div13=7,$
$\square=7+9=16$

(6)　$(12+4\times\square)\div4+16=24,$
$(12+4\times\square)\div4=24-16=8,$
$12+4\times\square=8\times4=32,\ 4\times\square=32-12=20,$
$\square=20\div4=5$

(7)　$25\times0.4\div12.5\div\square=0.5,\ 10\div12.5\div\square=0.5,$
$0.8\div\square=0.5,\ \square=0.8\div0.5=1.6$

〈別解（べっかい）〉$25\times0.4\div12.5\div\square=0.5,$
$\square=25\times0.4\div12.5\div0.5=10\div12.5\div0.5$
　$=0.8\div0.5=1.6$

(8)　$3.8\times17.5-5.7\times\square=15.2,$
$66.5-5.7\times\square=15.2,$
$5.7\times\square=66.5-15.2=51.3,\ \square=51.3\div5.7=9$

(9)　$6-3.5\div(5-\square)=4.25,$
$3.5\div(5-\square)=6-4.25=1.75,$
$5-\square=3.5\div1.75=2,\ \square=5-2=3$

(10)　$(56-\square\times1.5)\div1.6=20,$
$56-\square\times1.5=20\times1.6=32,$
$\square\times1.5=56-32=24,\ \square=24\div1.5=16$

4 倍数と約数(1)

▶問題23ページ

1 (1) **104**　(2) **13個**　(3) **1188**

2 (1) **0，4，8**　(2) **0，9**
(3) ① **2，5，8**　② **16個**

3 (1) **360**　(2) **504**　(3) **120**

解説

1 (1) 100÷13=7あまり9より，
13の倍数で，100に近い数は，
13×7=91，13×8=104
100−91=9，104−100=4より，
13の倍数で，100に最も近い整数は104

(2) 1から200までの整数の中にある8の倍数は，
200÷8=25(個)
1から99までの整数の中にある8の倍数は，
99÷8=12あまり3より，12個。
100から200までの整数の中にある8の倍数は，
25−12=13(個)

(3) 1から200までの整数の中にある18の倍数は，
200÷18=11あまり2より，11個。
1から200までの整数の中にある18の倍数の和は，
18×(1+2+3+……+11)=18×66=1188

2 (1) 4の倍数は，下2けたが4の倍数だから，
2□が4の倍数になればよい。
十の位の数が2の4の倍数は，20，24，28
だから，□=0，4，8

(2) 9の倍数は，各位の数の和が9の倍数だから，
2+3+□+4が9の倍数になればよい。
2+3+4=9だから，□=0，9

(3) 6の倍数は，一の位の数が偶数で，各位の数の和が3の倍数である。
① 5+3+□+2が3の倍数になればよい。
5+3+2=10より，□=2，5，8 ←3個
② 一の位の数が0のとき，5+3+0=8より，
十の位の数は，□=1，4，7 ←3個
一の位の数が4のとき，5+3+4=12より，
十の位の数は，□=0，3，6，9 ←4個
一の位の数が6のとき，5+3+6=14より，
十の位の数は，□=1，4，7 ←3個
一の位の数が8のとき，5+3+8=16より，
十の位の数は，□=2，5，8 ←3個
よって，□□にあてはまる2けたの数は，
全部で，3×4+4=16(個)

3 (1) 9と15の最小公倍数は45だから，
9と15の公倍数で，小さいほうから数えて
8番目の数は，45×8=360

(2) 6と9の最小公倍数は18だから，
500÷18=27あまり14より，
500に近い数は，18×27=486，18×28=504
500−486=14，504−500=4より，
6と9の公倍数で，500に最も近い整数は504

(3) 8と12の最小公倍数は24だから，8☆12=24
(8☆12)☆60=24☆60
24と60の最小公倍数は120だから，
(8☆12)☆60=24☆60=120

5 倍数と約数(2)

▶問題25ページ

1 (1) **1，2，3，6，9，18，27，54**
(2) **8個**

2 (1) **1，2，3，6，9，18**
(2) **60**

3 (1) **2，3，5，7，11，13，17，19**
(2) **23，29，31**

4 (1) **6，8，10，14，15，21，22，26，27**
(2) **2401**

解説

1 (1) 54を2つの整数の積の形で表すと，
1×54，2×27，3×18，6×9だから，
54の約数は，1，2，3，6，9，18，27，54

(2) 60を2つの整数の積の形で表すと，
1×60，2×30，3×20，4×15，5×12，6×10
60の約数のうち，偶数は，
2，4，6，10，12，20，30，60の8個。

2 (1) 36の約数は，
1，2，3，4，6，9，12，18，36
90の約数は，
1，2，3，5，6，9，10，15，18，30，45，90
36と90の公約数は，
1，2，3，6，9，18 ←最大公約数18の約数

(2) 48の約数は，
1，2，3，4，6，8，12，16，24，48
このうち，72の約数は，
1，2，3，4，6，8，12，24で，
これが48と72の公約数だから，その和は，
1+2+3+4+6+8+12+24=60

3 (1) 1から20までの整数の中に，素数は，
2，3，5，7，11，13，17，19の8個ある。

(2) 83÷3＝27あまり2より，

27付近の3つの素数の和を調べてみると，

23＋29＋31＝83

〈参考〉21から50までの整数の中に，素数は，

23，29，31，37，41，43，47の7個ある。

4 (1) 例えば，2×3＝6のように，

異なる素数を2個かけてできる数の約数は，

1，2，3，6の4個しかない。

また，2×2×2＝8のように，

同じ素数を3個かけてできる数の約数は，

1，2，4，8の4個しかない。

したがって，30以下の整数の中で，

約数が4個しかない数は，

2×3＝6，2×2×2＝8，2×5＝10，2×7＝14，

3×5＝15，3×7＝21，2×11＝22，2×13＝26，

3×3×3＝27

(2) 約数を5個持つ整数は，

例えば，2×2×2×2＝16のように，

同じ素数を4個かけてできる数である。

このような数で，4番目に小さい数は，

4番目に小さい素数を4個かけてできる数で，

7×7×7×7＝2401

6 倍数と約数(3)

▶問題27ページ

1 (1) **24個** (2) **96個**

2 (1) **午前8時30分** (2) **7回**

3 (1) 最大公約数…**60**，最小公倍数…**4620**

(2) 最大公約数…**26**，最小公倍数…**312**

4 (1) **84** (2) **18** (3) **3組**

解説

1 (1) できるだけ小さい立方体の1辺の長さは，

4と3と6の最小公倍数より，12cm

必要な直方体の個数は，

(12÷4)×(12÷3)×(12÷6)＝3×4×2＝24(個)

(2) できるだけ大きい立方体の1辺の長さは，

20と40と15の最大公約数より，5cm

できる立方体の個数は，

(20÷5)×(40÷5)×(15÷5)＝4×8×3＝96(個)

2 (1) 6と9と15の最小公倍数は90だから，

3方面行きのバスが同時に駅を出発するのは，

始発から90分ごとで，始発の次は，

午前7時＋90分＝午前7時＋1時間30分

＝午前8時30分

(2) 午前7時から午後6時までは，

18時－7時＝11(時間)＝60×11＝660(分)

したがって，始発の後，午後6時までに，

3方面行きのバスが同時に駅を出発するのは，

660÷90＝7あまり30より，7回。

3 (1) 右の連除法より，

最大公約数は，

2×2×3×5＝60

最小公倍数は，

60×7×11＝4620

```
2 ) 420  660
2 ) 210  330
3 ) 105  165
5 )  35   55
      7   11
```

(2) 右の連除法より，

最大公約数は，

2×13＝26

最小公倍数は，

26×3×2×1×2×1＝312

```
 2 ) 78  104  156
13 ) 39   52   78
 3 )  3    4    6
 2 )  1    4    2
      1    2    1
```

4 (1) 最大公約数が12，

最小公倍数が420だから，

右の連除法より，

12×□×5＝420，□＝420÷5÷12＝7

A＝12×7＝84

```
12 ) A  60
     □   5
```

〈別解〉A×60＝12×420より，

A＝12×420÷60＝84

(2) 最大公約数が6，

最小公倍数が1386だから，

右の連除法より，

6×□×7×11＝1386，□＝1386÷11÷7÷6＝3

A＝6×3＝18

```
6 ) A  42  66
    □   7  11
```

(3) 最大公約数が17だから，2つの整数A，Bを，

1以外に公約数を持たない数□，○を使って，

A＝17×□，B＝17×○とする。

A＋B＝153より，

17×□＋17×○＝153

17×(□＋○)＝153，□＋○＝153÷17＝9

□と○は1以外に公約数を持たないから，

□，○の組(□，○)は，

(1，8)，(2，7)，(4，5)の3組ある。

```
17 ) A  B
     □  ○
```

〈確認〉2つの整数A，Bの組(A，B)は，

(17，136)，(34，119)，(68，85)で，

どれも最大公約数が17で，和が153である。

7 分数の計算(1)

▶問題29ページ

1 (1) $3\frac{5}{24}$ (2) $\frac{19}{20}$ (3) $3\frac{17}{30}$

(4) $8\frac{1}{3}$ (5) $\frac{5}{8}$ (6) $1\frac{1}{8}$

2 (1) **6** (2) $\mathbf{\frac{1}{45}}$ (3) $\mathbf{\frac{1}{12}}$

(4) **4** (5) $\mathbf{5\frac{1}{3}}$ (6) $\mathbf{\frac{13}{15}}$

3 (1) **42** (2) $\mathbf{\frac{2}{5}}$

解説

1 (1) $\frac{5}{8}+2\frac{7}{12}=\frac{15}{24}+2\frac{14}{24}$

$=2\frac{29}{24}=3\frac{5}{24}$

(2) $5\frac{1}{5}-4\frac{1}{4}=5\frac{4}{20}-4\frac{5}{20}=4\frac{24}{20}-4\frac{5}{20}=\frac{19}{20}$

(3) $3\frac{1}{2}+2\frac{2}{3}-2\frac{3}{5}=3\frac{15}{30}+2\frac{20}{30}-2\frac{18}{30}$

$=5\frac{35}{30}-2\frac{18}{30}=3\frac{17}{30}$

(4) $2\frac{2}{9}\times3\frac{3}{4}=\frac{20}{9}\times\frac{15}{4}=\frac{\overset{5}{\cancel{20}}\times\overset{5}{\cancel{15}}}{\underset{3}{\cancel{9}}\times\underset{1}{\cancel{4}}}=\frac{25}{3}=8\frac{1}{3}$

(5) $2\frac{1}{12}\div3\frac{1}{3}=\frac{25}{12}\div\frac{10}{3}=\frac{25}{12}\times\frac{3}{10}$

$=\frac{\overset{5}{\cancel{25}}\times\overset{1}{\cancel{3}}}{\underset{4}{\cancel{12}}\times\underset{2}{\cancel{10}}}=\frac{5}{8}$

(6) $\frac{4}{5}\div\frac{7}{15}\times\frac{21}{32}=\frac{4}{5}\times\frac{15}{7}\times\frac{21}{32}$

$=\frac{\overset{1}{\cancel{4}}\times\overset{3}{\cancel{15}}\times\overset{3}{\cancel{21}}}{\underset{1}{\cancel{5}}\times\underset{1}{\cancel{7}}\times\underset{8}{\cancel{32}}}=\frac{9}{8}=1\frac{1}{8}$

2 分数の計算でも，計算の順序(じゅんじょ)は，かっこの中→かけ算・わり算→たし算・ひき算である。

(1) $1\frac{3}{4}+1\frac{3}{14}\times3\frac{1}{2}=1\frac{3}{4}+\frac{17}{14}\times\frac{7}{2}$

$=1\frac{3}{4}+\frac{17}{4}=1\frac{3}{4}+4\frac{1}{4}=5\frac{4}{4}=6$

(2) $\frac{5}{9}\times1\frac{3}{10}-2\frac{5}{8}\div3\frac{3}{4}=\frac{5}{9}\times\frac{13}{10}-\frac{21}{8}\div\frac{15}{4}$

$=\frac{5}{9}\times\frac{13}{10}-\frac{21}{8}\times\frac{4}{15}=\frac{13}{18}-\frac{7}{10}$

$=\frac{65}{90}-\frac{63}{90}=\frac{2}{90}=\frac{1}{45}$

(3) $\frac{5}{6}\div1\frac{2}{3}-\left(\frac{3}{4}-\frac{1}{3}\right)=\frac{5}{6}\div\frac{5}{3}-\left(\frac{9}{12}-\frac{4}{12}\right)$

$=\frac{5}{6}\times\frac{3}{5}-\frac{5}{12}=\frac{1}{2}-\frac{5}{12}=\frac{6}{12}-\frac{5}{12}=\frac{1}{12}$

(4) $3\frac{1}{4}+\left(4\frac{1}{6}-\frac{2}{3}\right)\div4\frac{2}{3}=3\frac{1}{4}+\left(\frac{25}{6}-\frac{4}{6}\right)\div\frac{14}{3}$

$=3\frac{1}{4}+\frac{21}{6}\times\frac{3}{14}=3\frac{1}{4}+\frac{3}{4}=3\frac{4}{4}=4$

(5) $\left(1\frac{1}{2}+2\frac{2}{3}\right)\div3\frac{3}{4}\times4\frac{4}{5}=\left(1\frac{3}{6}+2\frac{4}{6}\right)\div\frac{15}{4}\times\frac{24}{5}$

$=3\frac{7}{6}\times\frac{4}{15}\times\frac{24}{5}=\frac{25}{6}\times\frac{4}{15}\times\frac{24}{5}$

$=\frac{\overset{\cancel{5}\,1}{\cancel{25}}\times4\times\overset{4}{\cancel{24}}}{\underset{1}{\cancel{6}}\times\underset{3}{\cancel{15}}\times\underset{1}{\cancel{5}}}=\frac{16}{3}=5\frac{1}{3}$

(6) $\left(\frac{7}{9}-\frac{3}{5}\right)\div\frac{4}{15}+1\frac{2}{5}\times\frac{1}{7}$

$=\left(\frac{35}{45}-\frac{27}{45}\right)\times\frac{15}{4}+\frac{7}{5}\times\frac{1}{7}$

$=\frac{8}{45}\times\frac{15}{4}+\frac{1}{5}=\frac{2}{3}+\frac{1}{5}=\frac{10}{15}+\frac{3}{15}=\frac{13}{15}$

3 (1) $3\div\left(\frac{3}{5}-\frac{1}{2}\right)\div□=\frac{5}{7}$,

$3\div\left(\frac{6}{10}-\frac{5}{10}\right)\div□=\frac{5}{7}$, $3\div\frac{1}{10}\div□=\frac{5}{7}$,

$3\times10\div□=\frac{5}{7}$, $30\div□=\frac{5}{7}$,

$□=30\div\frac{5}{7}=30\times\frac{7}{5}=42$

(2) $\frac{3}{2}\times\left(\frac{3}{4}\times□+\frac{1}{3}\right)=\frac{19}{20}$,

$\frac{3}{4}\times□+\frac{1}{3}=\frac{19}{20}\div\frac{3}{2}=\frac{19}{20}\times\frac{2}{3}=\frac{19}{30}$,

$\frac{3}{4}\times□=\frac{19}{30}-\frac{1}{3}=\frac{19}{30}-\frac{10}{30}=\frac{9}{30}=\frac{3}{10}$,

$□=\frac{3}{10}\div\frac{3}{4}=\frac{3}{10}\times\frac{4}{3}=\frac{2}{5}$

8 分数の計算(2)

▶問題31ページ

1 (1) $\mathbf{\frac{2}{45}}$ (2) **30**

2 (1) **24** (2) $\mathbf{4\frac{1}{2}}$ (3) $\mathbf{1\frac{5}{7}}$

(4) **3**

3 (1) **15** (2) **19.2** (3) $\mathbf{\frac{4}{45}}$

(4) $\mathbf{\frac{8}{33}}$

4 (1) $\mathbf{\frac{3}{4}}$ (2) $\mathbf{\frac{1}{2}}$

解説

1 分数のかけ算の形にして約分(やくぶん)する。

(1) $36\div51\div25\times85\div54=\frac{\overset{2}{\cancel{36}}\times\overset{\cancel{5}\,1}{\cancel{85}}}{\underset{3}{\cancel{51}}\times\underset{5}{\cancel{25}}\times\underset{3}{\cancel{54}}}=\frac{2}{45}$

(2) $35\times48\div12\div7\times6\div4=\frac{\overset{5}{\cancel{35}}\times\overset{\cancel{4}\,1}{\cancel{48}}\times6}{\underset{1}{\cancel{12}}\times\underset{1}{\cancel{7}}\times\underset{1}{\cancel{4}}}=30$

2 (1) $11\times1\frac{4}{5}+4.2=11\times1.8+4.2$

$=19.8+4.2=24$

(2) $5-\frac{2}{5}\times1.125\div\frac{9}{10}=5-\frac{2}{5}\times1\frac{1}{8}\div\frac{9}{10}$

$=5-\frac{2}{5}\times\frac{9}{8}\times\frac{10}{9}=5-\frac{1}{2}=4\frac{1}{2}$

(3) $\frac{5}{16}\div\left\{0.375\times\left(0.75-\frac{1}{6}\right)\right\}+\frac{2}{7}$

$=\frac{5}{16}\div\left\{\frac{3}{8}\times\left(\frac{3}{4}-\frac{1}{6}\right)\right\}+\frac{2}{7}$

$=\frac{5}{16}\div\left\{\frac{3}{8}\times\left(\frac{9}{12}-\frac{2}{12}\right)\right\}+\frac{2}{7}$
$=\frac{5}{16}\div\left(\frac{3}{8}\times\frac{7}{12}\right)+\frac{2}{7}=\frac{5}{16}\div\frac{7}{32}+\frac{2}{7}$
$=\frac{5}{16}\times\frac{32}{7}+\frac{2}{7}=\frac{10}{7}+\frac{2}{7}=\frac{12}{7}=1\frac{5}{7}$

(4) $\left(1\frac{1}{2}+0.75\right)\div\frac{1}{3}-0.875\times4\frac{2}{7}$
$=\left(\frac{3}{2}+\frac{3}{4}\right)\times3-\frac{7}{8}\times\frac{30}{7}=\left(\frac{6}{4}+\frac{3}{4}\right)\times3-\frac{15}{4}$
$=\frac{9}{4}\times3-\frac{15}{4}=\frac{27}{4}-\frac{15}{4}=\frac{12}{4}=3$

3 (1), (2)は分配(ぶんぱい)の法則(ほうそく)を利用(りよう)する。

(1) $36\times\left(\frac{4}{9}-\frac{5}{12}+\frac{7}{18}\right)$
$=36\times\frac{4}{9}-36\times\frac{5}{12}+36\times\frac{7}{18}=16-15+14=15$

(2) $\frac{1}{9}\times6.4+2\frac{2}{9}\times9.6-\frac{8}{9}\times3.2$
$=\frac{1}{9}\times2\times3.2+\frac{20}{9}\times3\times3.2-\frac{8}{9}\times3.2$
$=\frac{2}{9}\times3.2+\frac{60}{9}\times3.2-\frac{8}{9}\times3.2$
$=\left(\frac{2}{9}+\frac{60}{9}-\frac{8}{9}\right)\times3.2=\frac{54}{9}\times3.2=6\times3.2=19.2$

(3) $\frac{1}{5\times6}+\frac{1}{6\times7}+\frac{1}{7\times8}+\frac{1}{8\times9}$
$=\left(\frac{1}{5}-\frac{1}{6}\right)+\left(\frac{1}{6}-\frac{1}{7}\right)+\left(\frac{1}{7}-\frac{1}{8}\right)+\left(\frac{1}{8}-\frac{1}{9}\right)$
$=\frac{1}{5}-\frac{1}{9}=\frac{9}{45}-\frac{5}{45}=\frac{4}{45}$

(4) $\frac{2}{15}+\frac{2}{35}+\frac{2}{63}+\frac{2}{99}$
$=\frac{2}{3\times5}+\frac{2}{5\times7}+\frac{2}{7\times9}+\frac{2}{9\times11}$
$=\left(\frac{1}{3}-\frac{1}{5}\right)+\left(\frac{1}{5}-\frac{1}{7}\right)+\left(\frac{1}{7}-\frac{1}{9}\right)+\left(\frac{1}{9}-\frac{1}{11}\right)$
$=\frac{1}{3}-\frac{1}{11}=\frac{11}{33}-\frac{3}{33}=\frac{8}{33}$

4 (1) $5\frac{1}{3}-(2.25-\square)\times3=\frac{5}{6}$,
$\frac{16}{3}-\left(2\frac{1}{4}-\square\right)\times3=\frac{5}{6}$,
$\left(\frac{9}{4}-\square\right)\times3=\frac{16}{3}-\frac{5}{6}=\frac{32}{6}-\frac{5}{6}=\frac{27}{6}=\frac{9}{2}$,
$\frac{9}{4}-\square=\frac{9}{2}\div3=\frac{3}{2}$,
$\square=\frac{9}{4}-\frac{3}{2}=\frac{9}{4}-\frac{6}{4}=\frac{3}{4}$

(2) $\frac{2}{3}\div\left\{\left(\square-\frac{1}{3}\right)\times5+2.5\right\}=\frac{1}{5}$,
$\left(\square-\frac{1}{3}\right)\times5+\frac{5}{2}=\frac{2}{3}\div\frac{1}{5}=\frac{2}{3}\times5=\frac{10}{3}$,
$\left(\square-\frac{1}{3}\right)\times5=\frac{10}{3}-\frac{5}{2}=\frac{20}{6}-\frac{15}{6}=\frac{5}{6}$,
$\square-\frac{1}{3}=\frac{5}{6}\div5=\frac{1}{6}$,
$\square=\frac{1}{6}+\frac{1}{3}=\frac{1}{6}+\frac{2}{6}=\frac{3}{6}=\frac{1}{2}$

9 整数の問題(1)

▶問題33ページ

1 (1) **43個** (2) **47個** (3) **225個**
2 (1) **98** (2) **190** (3) **13, 43, 73**
3 (1) **6, 8, 12, 24** (2) **7**
(3) **3, 4, 6, 12**

解説

1 整数Aでわり切れる数とは，Aの倍数のことである。

(1) 1から200までの整数の中に，
4でわり切れる数は，200÷4＝50(個(こ))
4でも7でもわり切れる数は，
200÷28＝7あまり4より，7個だから，
4でわり切れて，7でわり切れない数は，
50－7＝43(個)

(2) 1から100までの整数の中に，
3でわり切れる数は，
100÷3＝33あまり1より，33個。
5でわり切れる数は，100÷5＝20(個)
3でも5でもわり切れる数は，
100÷15＝6あまり10より，6個だから，
3または5でわり切れる数は，
33＋20－6＝47(個)

(3) 1から300までの整数の中に，
6でわり切れる数は，300÷6＝50(個)
8でわり切れる数は，
300÷8＝37あまり4より，37個。
6でも8でもわり切れる数は，
300÷24＝12あまり12より，12個だから，
6でも8でもわり切れない数は，
300－(50＋37－12)＝300－75＝225(個)

2 (1) 3でわっても4でわっても2あまる整数は，3と4の公倍数に2をたした数である。
3と4の最小(さいしょう)公倍数は12だから，
100÷12＝8あまり4より，100に近い数は，
12×8＋2＝98，12×(8＋1)＋2＝110
100－98＝2，110－100＝10より，
100に最(もっと)も近い数は，98

(2) 6－4＝2，8－6＝2より，6でわると4あまり，
8でわると6あまる整数は，2をたすと，
6でも8でもわり切れる整数だから，
6と8の公倍数から2をひいた数である。
6と8の最小公倍数は24だから，
200÷24＝8あまり8より，200に近い数は，

24×8－2＝190，24×(8＋1)－2＝214
200－190＝10，214－200＝14より，
200に最も近い数は，190

(3) 5でわると3あまる2けたの整数は，
13，18，23，28，33，38，43，……
このうち，6でわると1あまる整数は，
13，43，……
この後，5と6の最小公倍数30をたすごとに，
このような整数はあらわれるから，
求める2けたの整数は，13，43，73

3 (1) 52－4＝48，76－4＝72より，
52をわっても76をわっても4あまる整数は，
48と72の公約数のうち，
あまりの4より大きい数である。
48と72の最大公約数は，
2×2×2×3＝24

2) 48　72
2) 24　36
2) 12　18
3) 6　9
　　2　3

48と72の公約数は，
最大公約数24の約数で，
1，2，3，4，6，8，12，24
あまりの4より大きい数は，6，8，12，24

(2) 62をわると6あまる整数は，
(62－6＝)56の約数のうち，
あまりの6より大きい数である。
また，130をわると4あまる整数は，
(130－4＝)126の約数のうち，
あまりの4より大きい数である。
よって，求める数は，56と126の公約数のうち，
あまりの6より大きい数である。
56と126の最大公約数は，
2×7＝14

2) 56　126
7) 28　63
　　4　9

56と126の公約数は，
最大公約数14の約数で，1，2，7，14
あまりの6より大きい数は7，14で，
最も小さい数は7

(3) 38をわっても50をわってもあまりが等しくなる整数とは，2つの数の差50－38＝12をわり切る整数だから，12の約数である。

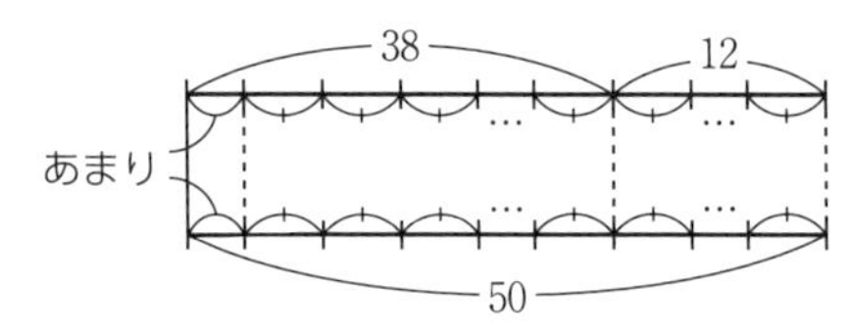

12の約数は，1，2，3，4，6，12
このうち，1，2はあまりが出ないから，
求める数は，3，4，6，12

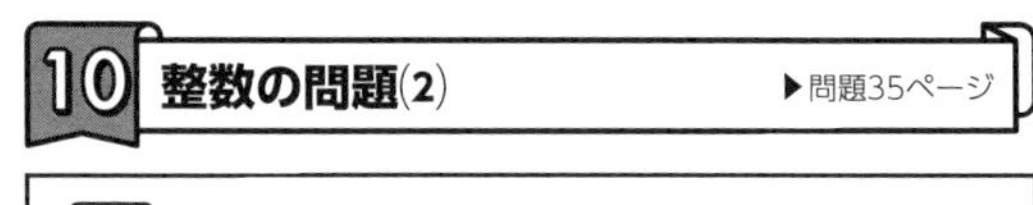

1 (1) **4**　(2) **1**
2 (1) **24個**　(2) **124個**　(3) **12個**
3 (1) **255**　(2) **153**
(3) 右の図

■■□□
■□□■

解説

1 積の一の位の数字の規則性を見つける。

(1) 4を次々にかけたときの積の一の位の数字は，
4，4×4＝16，6×4＝24，4×4＝16，…のように，4，6の2個の数字のくり返しになる。
4を25回かけてできる数の一の位の数字は，
25÷2＝12あまり1より，2個の数字を12回くり返した後の1番目の数字で，4。

(2) 3を次々にかけたときの積の一の位の数字は，
3，3×3＝9，9×3＝27，7×3＝21，1×3＝3，
3×3＝9，…のように，3，9，7，1の4個の数字のくり返しになる。
3を100回かけてできる数の一の位の数字は，
100÷4＝25より，4個の数字を25回くり返したときの最後の数字で，1。

2 2×5＝10だから，できる数をそれぞれ素数の積に分解したとき，2×5が何組あるかを考える。
2の個数は5の個数より明らかに多いので，
5が何個あるかを求めればよい。

(1) 1から100までの整数の中に，
5の倍数は，100÷5＝20(個)，
5×5の倍数は，100÷25＝4(個)あるから，
1から100までの整数の積を素数の積に分解したとき，5の個数は，20＋4＝24(個)
したがって，一の位から0が24個続く。
〈注意〉5×5の倍数が4個あるからといって，
この部分の5の個数を8個としないように。
5の倍数の20個の中に4個はふくまれている。

(2) 1から500までの整数の中に，
5の倍数は，500÷5＝100(個)，
5×5の倍数は，500÷25＝20(個)，
5×5×5の倍数は，500÷125＝4(個)あるから，
1から500までの整数の積を素数の積に分解したとき，5の個数は，100＋20＋4＝124(個)
したがって，一の位から0が124個続く。

(3) 2から100までの偶数の中に，
5の倍数は，10，20，……，100の10個，
25の倍数は，50，100の2個あるから，

2から100までの偶数の積を素数の積に分解したとき，5の個数は，$10+2=12$(個)

したがって，一の位から0が12個続く。

3 この表し方は，4倍するごとに位が1つ左に進む4進法で，各位の数は，

□□□□
□□□□
↑ ↑ ↑ ↑
64 16 4 1
の の の の
位 位 位 位

□/□ が0，□/■ が1，■/□ が2，■/■ が3を表している。

(1) 最大の整数は，8つすべて■のときで，

$3\times64+3\times16+3\times4+3\times1$

$=3\times(64+16+4+1)=3\times85=255$

(2) $2\times64+1\times16+2\times4+1\times1$

$=128+16+8+1=153$

(3) $225=192+32+0+1$

$=\underline{3}\times64+\underline{2}\times16+\underline{0}\times4+\underline{1}\times1$

より，右の図のようになる。

■■□□
■□□■

〈参考〉10進法の225を4進法になおすには，右のように225を4でわり続け，最後の商とあまりを逆から並べればよい。

10進法の225は，4進法で3201である。

〈別解〉この表し方は，2倍するごとに位が上→左下→上→左下→……と進む2進法で，各位の数は，□が0を，■が1を表していると考えることもできる。

11 小数，分数の問題

▶問題37ページ

1 (1) **4** (2) **5**

2 (1) $6\frac{2}{3}$ (2) $6\frac{6}{35}$

3 (1) $\frac{10}{13}$ (2) **9個**

4 (1) $\frac{54}{135}$ (2) **19**

解説

1 (1) $\frac{9}{37}=9\div37=0.243243\cdots$ より，小数点以下は，243の3個の数字のくり返しになる。

小数第50位の数字は，$50\div3=16$あまり2より，3個の数字を16回くり返した後の2番目の数字で，4。

(2) $\frac{4}{41}=4\div41=0.0975609756\cdots$ より，小数点以下は，09756の5個の数字のくり返しになる。

小数第99位の数字は，$99\div5=19$あまり4より，5個の数字を19回くり返した後の4番目の数字で，5。

2 (1) $\frac{3}{4}$をかけても$2\frac{2}{5}=\frac{12}{5}$をかけても積が整数となる最も小さい分数は，

分母が3と12の最大公約数で3，

分子が4と5の最小公倍数で20だから，

$\frac{20}{3}=6\frac{2}{3}$

(2) $\div\frac{54}{175}$は，$\times\frac{175}{54}$のことである。

$\frac{175}{54}$をかけても$\frac{35}{72}$をかけても積が整数となる最も小さい分数は，

分母が175と35の最大公約数で35，

分子が54と72の最小公倍数で216だから，

$\frac{216}{35}=6\frac{6}{35}$

3 (1) 条件にあう分数の分子を□とすると，

$\frac{3}{4}<\frac{\square}{13}<\frac{4}{5}$

分母を13にそろえると，

$\frac{3\times13\div4}{4\times13\div4}<\frac{\square}{13}<\frac{4\times13\div5}{5\times13\div5}$

$\frac{9.75}{13}<\frac{\square}{13}<\frac{10.4}{13}$

□=10だから，求める分数は，$\frac{10}{13}$

(2) $\frac{1}{12}<\frac{2}{A}<\frac{1}{3}$より，$\frac{2}{24}<\frac{2}{A}<\frac{2}{6}$だから，

$6<A<24$

$\frac{2}{A}$は既約分数だから，Aは奇数で，

7，9，11，13，15，17，19，21，23の9個。

4 (1) 求める分数の分母と分子の差は，約分した分数の分母と分子の差の

$81\div(5-2)=81\div3=27$(倍)になっているから，

この分数は，$\frac{2\times27}{5\times27}=\frac{54}{135}$

(2) 分数の分母と分子に同じ数をたしても，分母と分子の差は変わらない。

もとの分数の分母と分子の差は，$23-5=18$

約分した分数の分母と分子の差は，$7-4=3$

したがって，分母と分子の差は，

$18\div3=6$(倍)になっているから，

約分する前の分数は，$\frac{4\times6}{7\times6}=\frac{24}{42}$

たした数は，$24-5=19$

または，$42-23=19$

12 時間の単位と計算

▶問題39ページ

1 (1) **12451** (2) **15, 25, 55**
(3) **33, 12, 5** (4) **13, 55, 12**

2 (1) **8, 15, 10** (2) **3, 16, 49**
(3) **2, 41, 59**

3 (1) **16, 46, 15** (2) **1, 15, 30**
(3) **6** (4) **3620** (5) **8**
(6) **31**

解説

1 (1) 3時間＝60×60×3＝10800(秒)
27分＝60×27＝1620(秒)
3時間27分31秒＝10800＋1620＋31
＝12451(秒)

(2) 55555秒は，55555÷60＝925あまり55より，
925分55秒
925分は，925÷60＝15あまり25より，
15時間25分
したがって，55555秒は，15時間25分55秒

(3) 48245分は，48245÷60＝804あまり5より，
804時間5分
804時間は，804÷24＝33あまり12より，
33日12時間
したがって，48245分は，33日12時間5分

(4) 0.58日＝24×0.58＝13.92(時間)
0.92時間＝60×0.92＝55.2(分)
0.2分＝60×0.2＝12(秒)だから，
0.58日＝13時間55分12秒

2 (1) 2時間56分43秒＋5時間18分27秒
＝7時間74分70秒＝7時間75分10秒
＝8時間15分10秒

(2) 6時間3分8秒－2時間46分19秒
＝6時間2分68秒－2時間46分19秒
＝5時間62分68秒－2時間46分19秒
＝3時間16分49秒

(3) 0.24時間＝60×0.24＝14.4(分)
0.4分＝60×0.4＝24(秒)だから，
2.24時間＝2時間14分24秒
$\frac{5}{8}$時間＝$60\times\frac{5}{8}=\frac{75}{2}=37\frac{1}{2}$(分)
$\frac{1}{2}$分＝$60\times\frac{1}{2}$＝30(秒)だから，
$4\frac{5}{8}$時間＝4時間37分30秒
5時間5分5秒＋2.24時間－$4\frac{5}{8}$時間
＝5時間5分5秒＋2時間14分24秒
－4時間37分30秒
＝7時間19分29秒－4時間37分30秒
＝7時間18分89秒－4時間37分30秒
＝6時間78分89秒－4時間37分30秒
＝2時間41分59秒

3 (1) 5時間35分25秒×3
＝15時間105分75秒＝15時間106分15秒
＝16時間46分15秒

(2) 6時間17分30秒÷5＝5時間77分30秒÷5
＝5時間75分150秒÷5＝1時間15分30秒

(3) 13時間48分÷2時間18分
＝(60×13＋48)分÷(60×2＋18)分
＝828分÷138分＝6

(4) 1日12時間12分÷36秒
＝(60×60×24×1＋60×60×12＋60×12)秒÷36秒
＝(86400＋43200＋720)秒÷36秒
＝130320秒÷36秒＝3620

(5) 34分12秒×□＝4時間33分36秒
□＝4時間33分36秒÷34分12秒
＝(60×60×4＋60×33＋36)秒÷(60×34＋12)秒
＝(14400＋1980＋36)秒÷(2040＋12)秒
＝16416秒÷2052秒＝8

(6) 4時間1分17秒÷□＝7分47秒
□＝4時間1分17秒÷7分47秒
＝(60×60×4＋60×1＋17)秒÷(60×7＋47)秒
＝(14400＋60＋17)秒÷(420＋47)秒
＝14477秒÷467秒＝31

13 メートル法の単位と計算

▶問題41ページ

1 (1) **136.974** (2) **432.1**

2 (1) **7120** (2) **295**

3 (1) **25560** (2) **6.83** (3) **24**
(4) **7.04**

4 (1) **750** (2) **0.00898** (3) **570**
(4) **4380**

5 **80**

解説

1 (1) 0.1234km＋1234cm＋1234mm
＝123.4m＋12.34m＋1.234m＝136.974m

(2) 19280cm＋0.25km－□m＝10.7m
□m＝19280cm＋0.25km－10.7m
＝192.8m＋250m－10.7m＝432.1m

2 (1) 1220g＋0.0035t＋2.4kg

＝1220g＋3500g＋2400g＝7120g

(2) 0.31t－□kg＋2500g＝17.5kg

□kg＝0.31t＋2500g－17.5kg

＝310kg＋2.5kg－17.5kg＝295kg

3 (1) 5.5a＋2.5ha＋100000cm^2

＝550m^2＋25000m^2＋10m^2＝25560m^2

(2) 0.12km^2－520a＋300m^2

＝12ha－5.2ha＋0.03ha＝6.83ha

(3) □ha－3800m^2－862a＝15ha

□ha＝15ha＋862a＋3800m^2

＝15ha＋8.62ha＋0.38ha＝24ha

(4) (22.2m^2＋3280cm^2)÷3.2m^2

＝(22.2m^2＋0.328m^2)÷3.2m^2

＝22.528m^2÷3.2m^2＝7.04

4 (1) 0.4L＋2dL＋150cm^3

＝400mL＋200mL＋150mL＝750mL

(2) 1.2L－720cm^3＋85dL

＝0.0012m^3－0.00072m^3＋0.0085m^3

＝0.00898m^3

(3) 0.00036m^3＋□cm^3－4.2dL＝0.51L

□cm^3＝0.51L＋4.2dL－0.00036m^3

＝510cm^3＋420cm^3－360cm^3＝570cm^3

(4) 0.035m^3×43－1125L＋580dL

＝350dL×43－11250dL＋580dL

＝15050dL－11250dL＋580dL＝4380dL

5 24cm×0.6m＋□cm×0.32m＝0.4m^2

24cm×60cm＋□cm×32cm＝4000cm^2

1440cm^2＋□cm×32cm＝4000cm^2

□cm×32cm＝4000cm^2－1440cm^2＝2560cm^2

□cm＝2560cm^2÷32cm＝80cm

14 和差算，分配算

▶問題43ページ

1 (1) **114，175** (2) **24個**
(3) **525cm^2**

2 (1) **28才** (2) **70cm** (3) **火曜日**

3 (1) **64cm** (2) **111個**

解説

1 大小2つの数量があり，
その和と差がわかっているとき，
大＝(和＋差)÷2，小＝(和－差)÷2

(1) 小さいほうの数は，
(289－61)÷2＝228÷2＝114

大きいほうの数は，
(289＋61)÷2＝350÷2＝175

※ 114＋61＝175や，289－114＝175でもよい。

(2) 弟より3個多い姉の個数は，
(45＋3)÷2＝48÷2＝24(個)

(3) 周の長さが1m＝100cmだから，
縦と横の長さの和は，100÷2＝50(cm)
横より20cm長い縦の長さは，
(50＋20)÷2＝70÷2＝35(cm)
横の長さは，50－35＝15(cm)
この長方形の面積は，35×15＝525(cm^2)

2 (1) 線分図に表すと，次のようになる。

A B C 5才 8才 66才

Aの年令の3倍は，66＋5＋(8＋5)＝84(才)
だから，Aの年令は，84÷3＝28(才)

(2) 線分図に表すと，次のようになる。

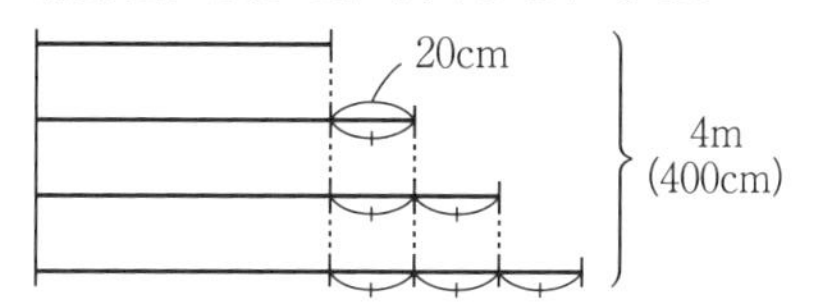

いちばん短いリボンの長さの4倍は，
400－20×6＝400－120＝280(cm)
だから，いちばん短いリボンの長さは，
280÷4＝70(cm)

(3) ひと月に同じ曜日は，4日か5日ある。
この月の土曜日が5日あるとすると，
日付の和は，最少で，1＋8＋15＋22＋29＝75
この月の土曜日の日付の和は62だから，
この月の土曜日は4回あり，線分図に表すと，
次のようになる。

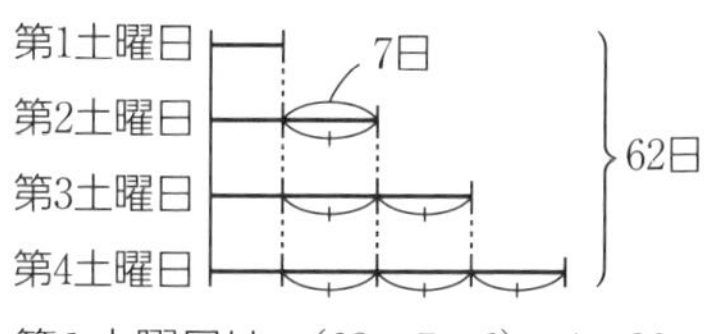

第1土曜日は，(62－7×6)÷4＝20÷4＝5(日)
5日が土曜日だから，
1日は火曜日。

日	月	火	水	木	金	土
		1	2	3	4	5

3 (1) 短いほうのテープの長さを①とすると，
長いほうのテープの長さは，
①×2－8＝②－8(cm)

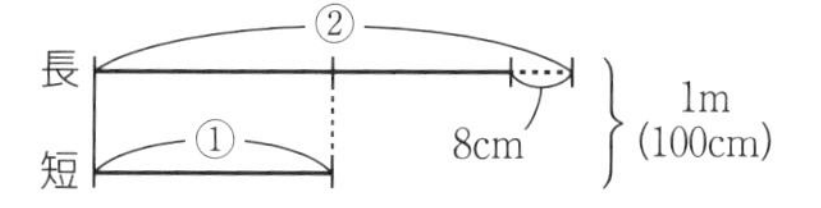

②＋①＝③が100＋8＝108(cm)にあたるから，
①にあたる短いほうのテープの長さは，
108÷3＝36(cm)
長いほうのテープの長さは，100－36＝64(cm)

(2) Aが取った個数を①とすると，
Bが取った個数は，①×2＝②
Cが取った個数は，②×2－17＝④－17(個)

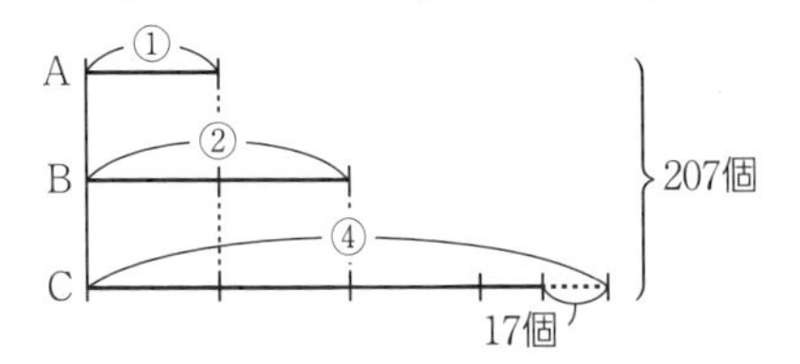

①＋②＋④＝⑦が207＋17＝224(個)にあたるから，①にあたるAが取った個数は，
224÷7＝32(個)
Cが取った個数は，
32×4－17＝128－17＝111(個)

15 消去算

▶問題45ページ

1	(1) **60円**	(2) **12人**	
2	(1) **550円**	(2) **1500円**	
3	(1) **30g**	(2) **190円**	(3) **410円**

解説

1 (1) 鉛筆(えんぴつ)1本の値段(ねだん)を(鉛)，ノート1冊(さつ)の値段を㋨として式に表すと，
(鉛)＋㋨＝190…①，(鉛)×5＋㋨×3＝690…②
①の式を3倍すると，(鉛)×3＋㋨×3＝570…③
②の式から③の式をひくと，
(鉛)×2＝690－570＝120
鉛筆1本の値段は，(鉛)＝120÷2＝60(円)

(2) 男子の人数を㊚，女子の人数を㊛として式に表すと，
3×㊚＋2×㊛＝85－1，3×㊚＋2×㊛＝84…①
2×㊚＋4×㊛＝85＋3，2×㊚＋4×㊛＝88…②
①の式を2倍すると，6×㊚＋4×㊛＝168…③
②の式を3倍すると，6×㊚＋12×㊛＝264…④
④の式から③の式をひくと，
8×㊛＝264－168＝96
女子の人数は，㊛＝96÷8＝12(人)

2 (1) 2通りの関係(かんけい)を式に表すと，
A×2＋B×3＝2450…①，A＝B＋100…②
②の式を①の式に代入すると，
(B＋100)×2＋B×3＝2450，
B×2＋200＋B×3＝2450，B×5＝2250，
B＝2250÷5＝450(円)
②の式より，A＝450＋100＝550(円)

(2) 大人1人の入園料を(大)，子ども1人の入園料を(子)として式に表すと，
(大)×2＋(子)×5＝8000…①，(子)×3＝(大)×2…②
②の式を①の式に代入すると，
(子)×3＋(子)×5＝8000，(子)×8＝8000
子ども1人の入園料は，
(子)＝8000÷8＝1000(円)
②の式より，(大)×2＝1000×3＝3000
大人1人の入園料は，
(大)＝3000÷2＝1500(円)

3 (1) 3通りの関係を式に表すと，
A＋B＝50…①，B＋C＝70…②，C＋A＝80…③
3つの式をすべてたすと，
(A＋B＋C)×2＝200だから，
A＋B＋C＝200÷2＝100…④
④の式から②の式をひくと，
A＝100－70＝30(g)

(2) 3通りの関係を式に表すと，
B＝A＋60…①，C＝A＋80…②，
A×2＋B×4＋C×3＝1470…③
①，②の式を③の式に代入すると，
A×2＋(A＋60)×4＋(A＋80)×3＝1470，
A×2＋A×4＋240＋A×3＋240＝1470，
A×2＋A×4＋A×3＝1470－240－240，
A×9＝990，A＝990÷9＝110(円)
②の式より，C＝110＋80＝190(円)

(3) リンゴ1個(こ)の値段を㋷，モモ1個の値段を㋲，ナシ1個の値段を㋤として式に表すと，
㋷×5＋㋲×4＝1320…①
㋲×3＋㋤×8＝1420…②
㋷×4＋㋲×2＋㋤×1＝950…③
3つの式をすべてたすと，
㋷×9＋㋲×9＋㋤×9＝1320＋1420＋950，
(㋷＋㋲＋㋤)×9＝3690，
㋷＋㋲＋㋤＝3690÷9＝410(円)

16 つるかめ算

▶問題47ページ

1	(1) **25日**	(2) **10枚**	(3) **13個**
2	(1) **4個**	(2) **7回**	
3	(1) **5枚**	(2) **11個**	

解説

1 (1) 40日間毎日5題ずつ解いたとすると，
実際に解いた問題数より，
250－5×40＝50(題)少ない。
1日5題を1日7題にするごとに，
解いた問題数は，7－5＝2(題)ずつ増えるから，
7題解いた日数は，50÷2＝25(日)

〈別解〉縦を問題数，横を日数として面積図に表すと，右のようになる。

合わせて250題
㋐
7題
5題
□日 ○日
40日

図形全体の面積は，実際に解いた問題数で，250題。
㋐の部分の面積は，250－5×40＝50(題)
7題解いた日数は，○＝50÷(7－5)＝25(日)

(2) 28枚全部500円であったとすると，
実際の合計金額より，
500×28－10000＝4000(円)多い。
500円1枚を100円1枚に取りかえるごとに，
合計金額は，500－100＝400(円)ずつ減るから，
100円の枚数は，4000÷400＝10(枚)

〈別解〉縦を額面，横を枚数として面積図に表すと，右のようになる。

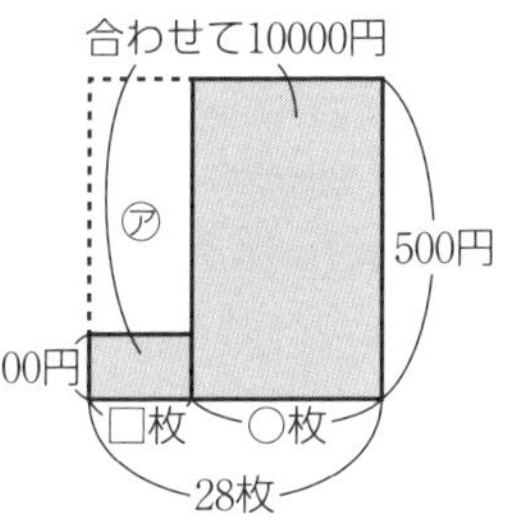

かげをつけた部分の面積は，実際の合計金額で，10000円。
㋐の部分の面積は，
500×28－10000＝4000(円)
100円の枚数は，
□＝4000÷(500－100)＝10(枚)

(3) リンゴとナシの代金の合計は，
3000－250＝2750(円)
20個全部ナシを買ったとすると，
実際の代金より，
170×20－2750＝650(円)高い。
ナシ1個をリンゴ1個に取りかえるごとに，
代金の合計は，170－120＝50(円)ずつ減るから，
リンゴの個数は，650÷50＝13(個)

※ (2)のような面積図に表して解いてもよい。

2 (1) 1個もこわさずに組み立てたとすると，
もらえる金額は，30×100＝3000(円)
実際にもらった金額は2680円で，
3000－2680＝320(円)少ない。
もらえる金額は，1個こわすごとに，
30＋50＝80(円)ずつ減るから，こわした個数は，
320÷80＝4(個)

(2) 10回全部表が出たとすると，持ち点は，
30＋3×10＝60(点)
実際の持ち点は45点で，60－45＝15(点)低い。
裏が1回出るごとに，持ち点は，
3＋2＝5(点)ずつ減るから，
裏が出た回数は，15÷5＝3(回)
表が出た回数は，10－3＝7(回)

3 (1) 合計金額が620円だから，
10円は，2枚か7枚か12枚である。

・10円が2枚のとき，50円と100円の
枚数の合計は，15－2＝13(枚)
金額の合計は，620－10×2＝600(円)
13枚全部額面の低い50円だったとしても，
金額の合計は，50×13＝650(円)で，
これは600円をこえるから問題に合わない。

・10円が7枚のとき，50円と100円の
枚数の合計は，15－7＝8(枚)
金額の合計は，620－10×7＝550(円)
8枚全部100円だったとすると，
実際の金額の合計より，
100×8－550＝250(円)多い。
100円1枚を50円1枚に取りかえるごとに，
金額の合計は，100－50＝50(円)ずつ減るから，
50円の枚数は，250÷50＝5(枚)
100円の枚数は，8－5＝3(枚)
これは問題に合っている。

・10円が12枚のとき，50円と100円の
枚数の合計は，15－12＝3(枚)
金額の合計は，620－10×12＝500(円)
3枚全部額面の高い100円だったとしても，
金額の合計は，100×3＝300(円)で，
これは500円に届かないから問題に合わない。

(2) 30円と50円のお菓子は同じ数ずつあるから，
中間の値段(平均の値段)をとって，
(30＋50)÷2＝40(円)のお菓子と考える。
43個全部40円のお菓子だったとすると，
実際の代金より，2380－40×43＝660(円)安い。
40円のお菓子1個を100円のお菓子1個に
取りかえるごとに，代金の合計は，
100－40＝60(円)ずつ高くなるから，
100円のお菓子の個数は，660÷60＝11(個)

17 差集め算，過不足算

▶問題49ページ

1 (1) **240円**　(2) **240ページ**
(3) **15個**

2 (1) **43個**　(2) **150枚**　(3) **76個**
(4) **40人**

解説

1 (1) 値段(ねだん)の差(さ)100円が12個(こ)集まって，
プリン17－12＝5(個)分になるから，
プリン1個の値段は，100×12÷5＝240(円)

〈別解(べっかい)1〉プリン1個の値段を□円として線分図に表すと，次のようになる。

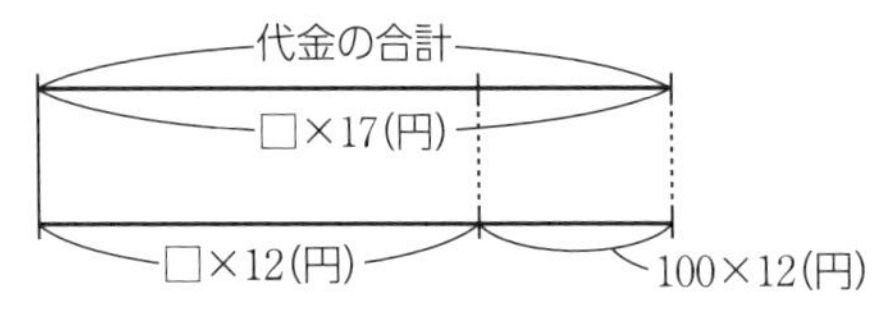

□×17－□×12＝□×5(円)が，
100×12＝1200(円)にあたるから，
□＝1200÷5＝240(円)

〈別解2〉プリン1個の値段を□円として面積(めんせき)図(ず)に表すと，右のようになる。

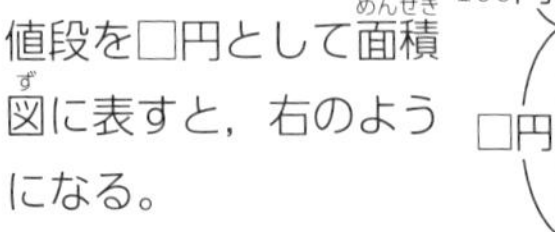

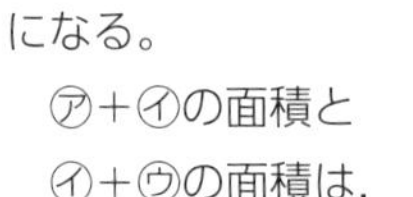

㋐＋㋑の面積と
㋑＋㋒の面積は，
どちらもかかる代金を表していて面積は等しい。
したがって，㋐と㋒の面積も等しいから，
100×12＝□×(17－12)，
□＝1200÷5＝240(円)

(2) 1日に読むページ数の差20－15＝5(ページ)が，
20ページずつ読んでかかる日数分集まって，
15×4＝60(ページ)になるから，
20ページずつ読んでかかる日数は，60÷5＝12(日)
この小説(しょうせつ)のページ数は，20×12＝240(ページ)

〈別解1〉20ページ読む日数を□日として線分図に表すと，次のようになる。

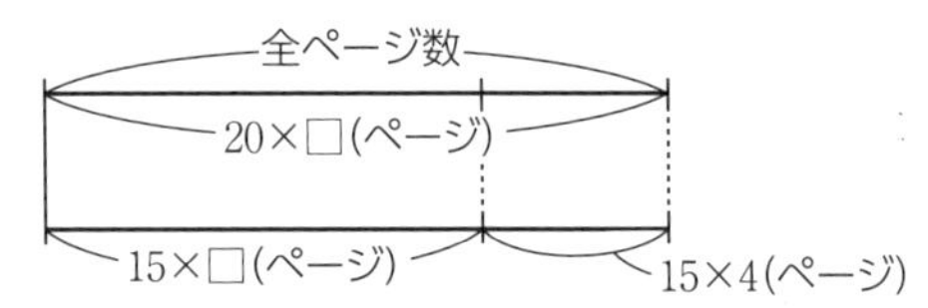

20×□－15×□＝5×□(ページ)が，
15×4＝60(ページ)にあたるから，
□＝60÷5＝12(日)
この小説のページ数は，20×12＝240(ページ)

〈別解2〉20ページ読む日数を□日として面積図に表すと，右のようになる。

㋐＋㋑の面積と
㋑＋㋒の面積は，
どちらもこの小説のページ数を表していて面積は等しい。
したがって，㋐と㋒の面積も等しいから，
(20－15)×□＝15×4，□＝60÷5＝12(日)
この小説のページ数は，20×12＝240(ページ)

(3) 150－120＝30(円)が予定の個数だけ集まって，
120×3＋90＝450(円)になるから，
予定の個数は，450÷30＝15(個)

〈別解1〉アイスを□個買う予定だったとして線分図に表すと，次のようになる。

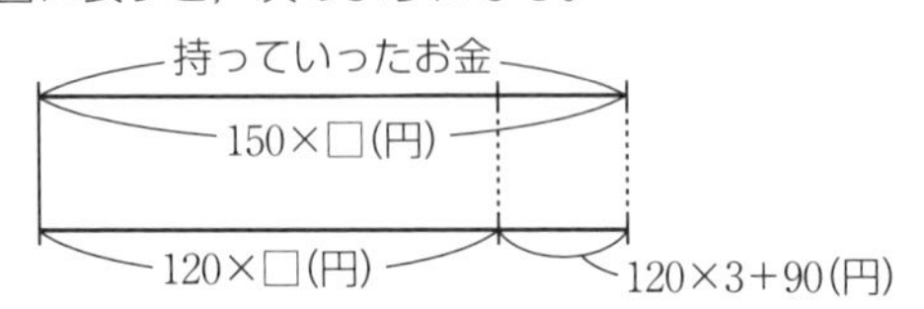

150×□－120×□＝30×□(円)が，
120×3＋90＝450(円)にあたるから，
□＝450÷30＝15(個)

〈別解2〉アイスを□個買う予定だったとして，縦(たて)を1個の値段，横を個数とした，右のような面積図に表して求(もと)めてもよい。

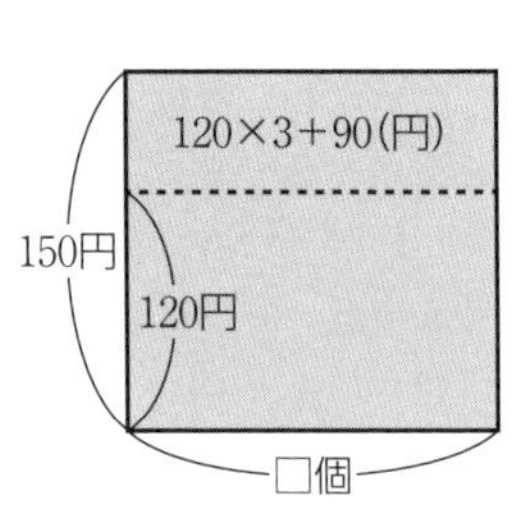

2 (1) 子どもの人数を□人として線分図に表すと，次のようになる。

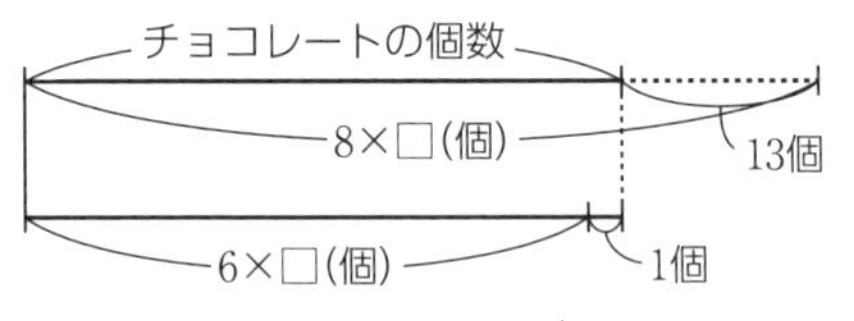

8×□－6×□＝2×□(個)が，
1＋13＝14(個)にあたるから，
□＝14÷2＝7(人)
チョコレートの個数は，6×7＋1＝43(個)

〈別解〉子どもの人数を□人として，縦を1人に配る個数，横を人数とした，右のような面積図に表して求めてもよい。

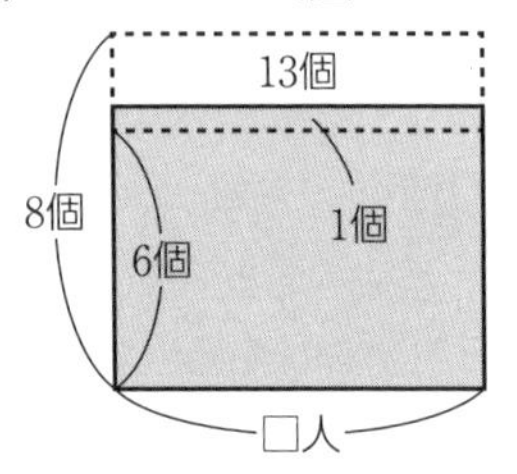

(2) 参加者の人数を□人として線分図に表すと，次のようになる。

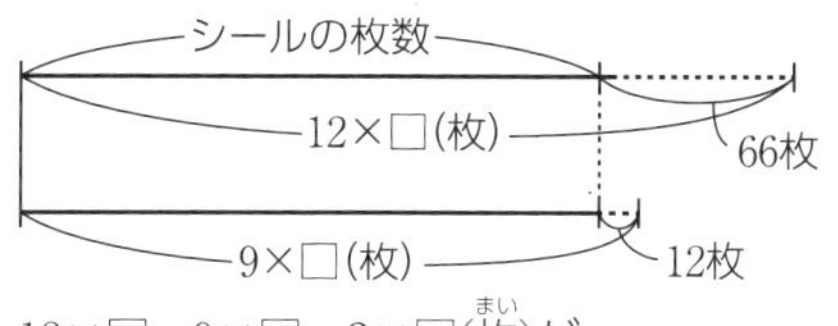

12×□－9×□＝3×□(枚)が，

66－12＝54(枚)にあたるから，

□＝54÷3＝18(人)

シールの枚数は，9×18－12＝150(枚)

〈別解〉参加者の人数を□人として，縦を1人に配る枚数，横を人数とした，右のような面積図に表して求めてもよい。

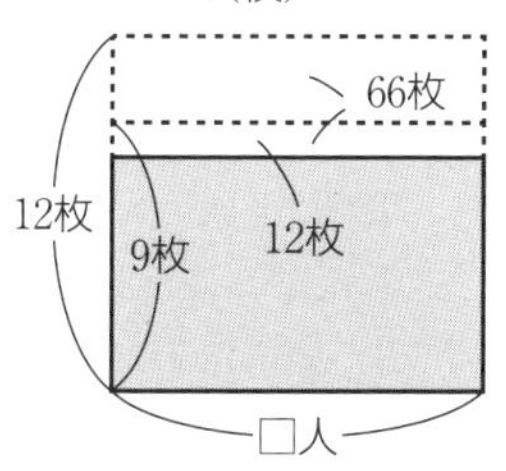

(3) 子どもの人数を□人として線分図に表すと，次のようになる。

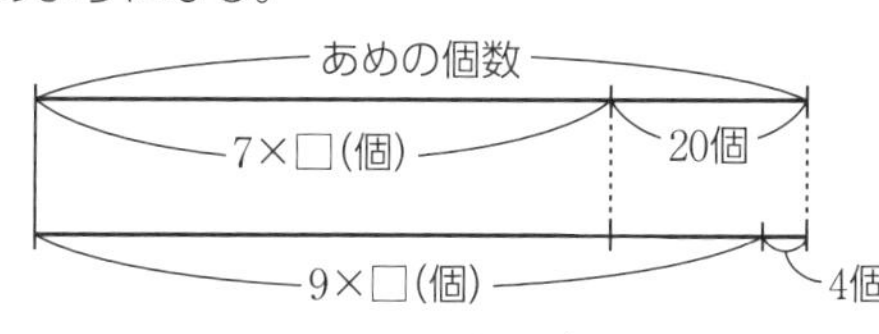

9×□－7×□＝2×□(個)が，

20－4＝16(個)にあたるから，

□＝16÷2＝8(人)

あめの個数は，9×8＋4＝76(個)

〈別解〉子どもの人数を□人として，縦を1人に配る個数，横を人数とした，右のような面積図に表して求めてもよい。

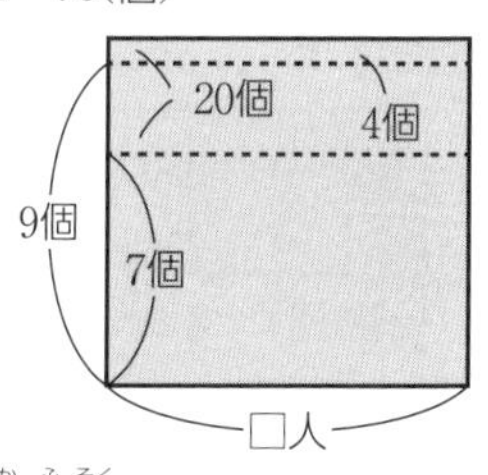

(4) 座席数に対する人数の過不足を考える。

長いすの数を□脚とすると，

「2人ずつ座ると6人が座れず」は，2×□の座席数に対して6人があまると考える。

「3人ずつ座ると1脚だけ1人で座ることになり，さらに3脚あまる」は，3×□の座席数に対して，(3－1)＋3×3＝11(人)が不足すると考える。

線分図に表すと，次のようになる。

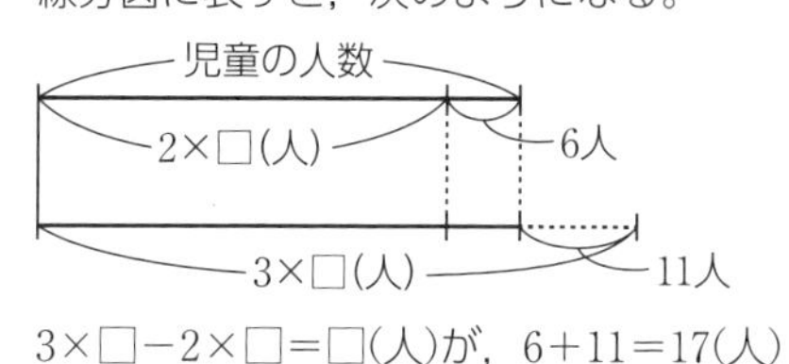

3×□－2×□＝□(人)が，6＋11＝17(人)

だから，長いすの数は，□＝17(脚)

児童の人数は，2×17＋6＝40(人)

〈別解〉長いすの数を□脚として，縦を1脚に座る人数，横を脚数とした，右のような面積図に表して求めてもよい。

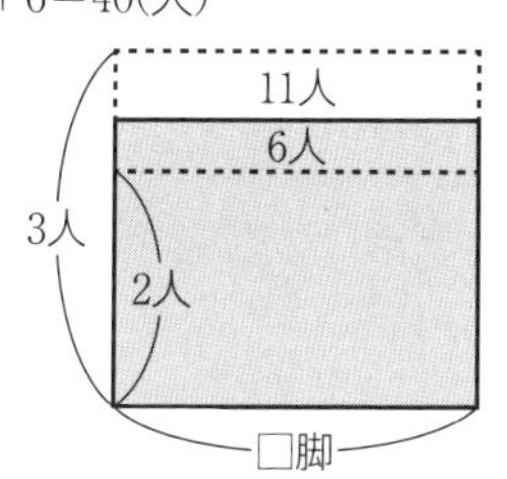

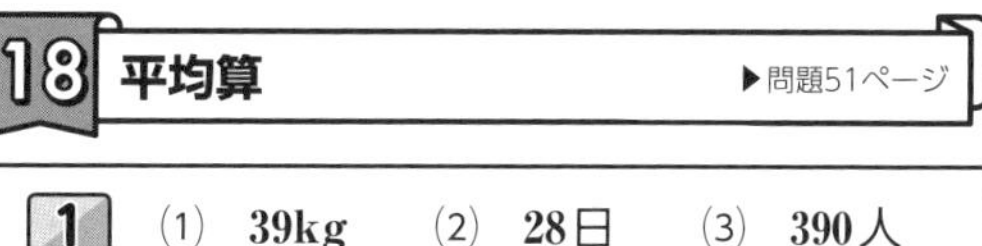

18 平均算

▶問題51ページ

1	(1) 39kg	(2) 28日	(3) 390人
2	(1) 93点	(2) 71点	(3) 88点
3	(1) 16人	(2) 6回	

解説

1 (1) 平均＝合計÷人数 より，

(37＋46＋34)÷3＝117÷3＝39(kg)

(2) 4.2a＝420m²

日数＝全体÷平均 より，420÷15＝28(日)

(3) 合計＝平均×日数 より，

3日間の来客数の合計は，430×3＝1290(人)

線分図に表すと，次のようになる。

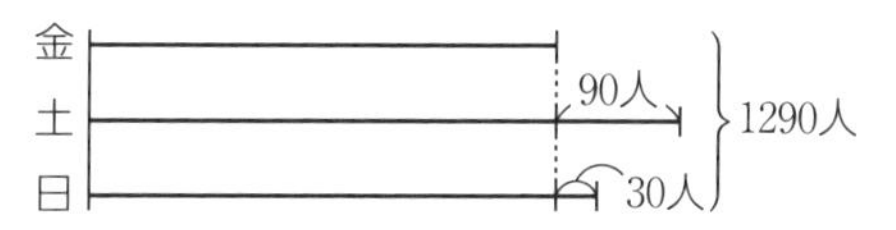

金曜日の来客数の3倍は，

1290－90－30＝1170(人)だから，

金曜日の来客数は，1170÷3＝390(人)

2 (1) これまで受けた5回のテストの合計点は，

75×5＝375(点)

6回のテストの平均点が78点のとき，合計点は，

78×6＝468(点)だから，

6回目のテストで取ればよい点数は，

468－375＝93(点)

(2) 5教科の合計点は，

78.5×2＋66×3＝157＋198＝355(点)だから，

5教科の平均点は，355÷5＝71(点)

(3) クラス全体の合計点は，81×36＝2916(点)

男子の合計点は，76×21＝1596(点)

女子の合計点は，2916－1596＝1320(点)

女子の人数は，36－21＝15(人)だから，

女子の平均点は，1320÷15＝88(点)

3 (1) 縦を点数，横を人数とした面積図に表すと，次のようになる。

図形ABCDEFと長方形GBCIの面積は，どちらもクラスの合計点を表していて，面積は等しい。

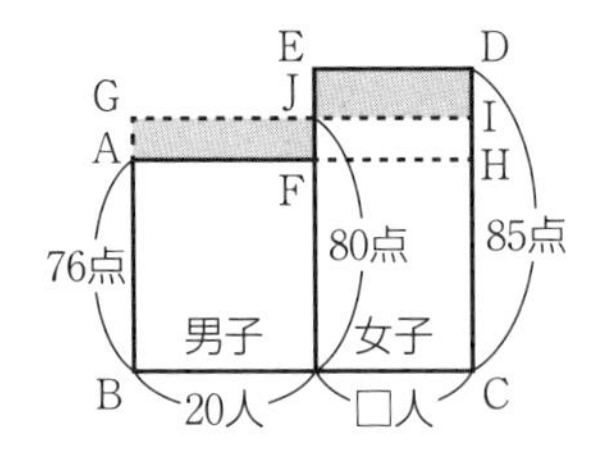

したがって，長方形GAFJと長方形EJIDの面積も等しいから，女子の人数を□人とすると，

(80−76)×20＝(85−80)×□，

□＝4×20÷5＝16(人)

(2) 縦を点数，横をテストの回数とした面積図に表すと，右のようになる。

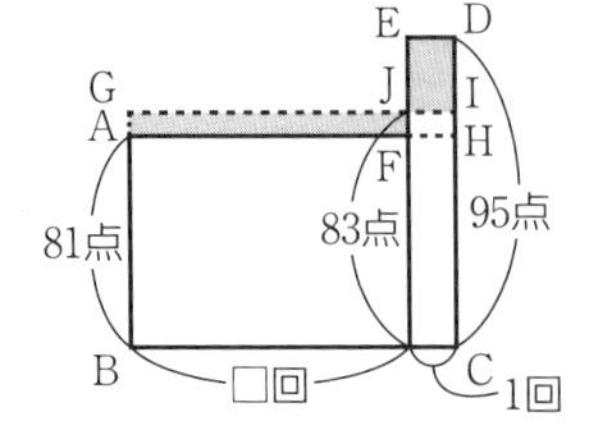

図形ABCDEFと長方形GBCIの面積は，どちらもテストの合計点を表していて，面積は等しい。

したがって，長方形GAFJと長方形EJIDの面積も等しいから，これまで受けたテストの回数を□回とすると，

(83−81)×□＝(95−83)×1，

□＝12×1÷2＝6(回)

19 割合の基本

▶問題53ページ

1 (1) **0.75**　(2) **35**　(3) **11**　(4) **6，8**　(5) **320**　(6) **3000**　(7) **20**　(8) **1**

2 (1) **11900円**　(2) **5個**

解説

1 割合とは，もとにする量を1とみたとき，比べられる量がどれだけにあたるかを表した数である。

割合＝比べられる量÷もとにする量

比べられる量＝もとにする量×割合

もとにする量＝比べられる量÷割合

(1) □は割合で，□＝42÷56＝0.75

(2) 1時間＝60分

□分は比べられる量で，$□=60\times\frac{7}{12}=35$

(3) □Lはもとにする量で，□＝3.3÷0.3＝11

(4) □割□分は割合で，646÷950＝0.68

0.68は6割8分

(5) □kgはもとにする量で，□＝256÷0.8＝320

(6) □円は比べられる量で，40%は0.4だから，

□＝7500×0.4＝3000

(7) 2割4分は0.24だから，

1500×0.24＝1800×□%

□%＝1500×0.24÷1800＝0.2より，□＝20

(8) 600m＝0.6km

25%は0.25，1割5分は0.15だから，

0.6×0.25＝□×0.15

□＝0.6×0.25÷0.15＝1

2 (1) 3日目の売り上げは，

34000×0.4＝13600(円)

2日目の売り上げは，

13600÷1.6＝8500(円)

したがって，1日目の売り上げは，

34000−13600−8500＝11900(円)

(2) Aが取ったミカンの個数は，

40×0.2＋2＝8＋2＝10(個)

残りは，40−10＝30(個)

Bが取ったミカンの個数は，

30×0.6−3＝18−3＝15(個)

残りは，30−15＝15(個)

Cが取ったミカンの個数は，

15×0.4＋4＝6＋4＝10(個)

あまったミカンは，15−10＝5(個)

20 割合の問題

▶問題55ページ

1 (1) **200人**　(2) **80m²**　(3) **250cm**

2 (1) **75kg**　(2) **5400kg**　(3) **50cm³**

3 (1) **4.5cm**　(2) **約3200万人**

解説

1 (1) イベントの参加者の数を□人とすると，

□×0.6×0.65＝78，□×0.39＝78，

□＝78÷0.39＝200(人)

(2) おじの家の土地全体の面積を□m²とすると，

$□\times\left(1-\frac{1}{4}\right)\times\frac{2}{5}=24$，$□\times\frac{3}{10}=24$，

$□=24\div\frac{3}{10}=24\times\frac{10}{3}=80(\mathrm{m}^2)$

(3) はじめ，□cmの高さから落としたとすると，

□×0.4×0.4×0.4＝16，□×0.064＝16，

□＝16÷0.064＝250(cm)

2 (1) 先週の回収量を1とすると，

今週の回収量は1＋0.08＝1.08にあたるから，

先週の回収量は，81÷1.08＝75(kg)

(2) 去年の収穫量を1とすると，
今年の収穫量は$1-0.15=0.85$にあたるから，
去年の収穫量は，$4590\div0.85=5400$(kg)

(3) 水の体積を1とすると，
氷の体積は$1+\frac{1}{11}=\frac{12}{11}$にあたる。
600cm^{3}の氷が水になったときの体積は，
$600\div\frac{12}{11}=600\times\frac{11}{12}=550$(cm^3)だから，
減った体積は，$600-550=50$(cm^3)

3 (1) O型の部分のおうぎ形の中心角は，
$360°-(144°+72°+36°)=108°$だから，
O型の割合は，$\frac{108}{360}=\frac{3}{10}$
15cmの帯グラフに表したときの長さは，
$15\times\frac{3}{10}=4.5$(cm)

(2) A型の割合は，$\frac{144}{360}=\frac{2}{5}$
この国の人口は，約
$1280万\div\frac{2}{5}=1280万\times\frac{5}{2}=3200万$(人)

21 売買損益算(1)

▶問題57ページ

1 (1) **4680円** (2) **1400円**
(3) **24%**

2 (1) **1600円** (2) **78000円**
(3) **40%(引き)** (4) **1125円**

3 **12500円**

解説

1 原価と定価の関係は，次のようになる。
定価＝原価＋利益＝原価×(1＋利益率)
原価＝定価÷(1＋利益率)

(1) 原価を1とすると，
定価は$1+0.3=1.3$にあたるから，
定価は，$3600\times1.3=4680$(円)

(2) 原価を1とすると，
定価は$1+0.4=1.4$にあたるから，
原価は，$1960\div1.4=1400$(円)

(3) 利益は，$1860-1500=360$(円)
利益率は，$360\div1500=0.24$ ➡ 24%

2 定価と売り値の関係は，次のようになる。
売り値＝定価－値引き額＝定価×(1－値引き率)
定価＝売り値÷(1－値引き率)

(1) 定価を1とすると，
売り値は$1-0.2=0.8$にあたるから，
売り値は，$2000\times0.8=1600$(円)

(2) 定価を1とすると，
売り値(買い値)は，$1-0.35=0.65$にあたるから，
定価は，$50700\div0.65=78000$(円)

(3) 値引き額は，$12000-7200=4800$(円)
値引き率は，$4800\div12000=0.4$ ➡ 40%

(4) 定価を1とすると，
3割引きの売り値は$1-0.3=0.7$にあたるから，
定価は，$5250\div0.7=7500$(円)
値引き率の差は$0.45-0.3=0.15$だから，
安くなる代金は，$7500\times0.15=1125$(円)

3 定価を1とすると，
値引き率の差$0.14-0.1=0.04$が
利益の差$100+400=500$(円)にあたるから，
定価は，$500\div0.04=12500$(円)

22 売買損益算(2)

▶問題59ページ

1 (1) **150円** (2) **24000円**
(3) **18800円**

2 (1) **3000円** (2) **2000円**
(3) **15000円**

3 (1) **200円** (2) **60個**

解説

1 (1) 原価を1とすると，
定価は$1+0.25=1.25$にあたるから，
原価は，$2500\div1.25=2000$(円)
定価を1とすると，
売り値は$1-0.14=0.86$にあたるから，
売り値は，$2500\times0.86=2150$(円)
利益は，$2150-2000=150$(円)

(2) 原価を1とすると，
見込んだ利益は0.2にあたるから，
定価の200円引きの1個あたりの利益は，
$3000\times0.2-200=600-200=400$(円)
60個売ったときの利益は，$400\times60=24000$(円)

(3) 原価を1とすると，見込んだ利益は0.3，
定価は$1+0.3=1.3$にあたる。
定価で75個売った分の利益は，
$800\times0.3\times75=18000$(円)
残り$100-75=25$(個)を，
定価の2割引きで売った分の利益は，
$\{800\times1.3\times(1-0.2)-800\}\times25=800$(円)
利益は合わせて，$18000+800=18800$(円)

2 (1) 定価を1とすると，
売り値は$1-0.3=0.7$にあたるから，
定価は，$3150\div0.7=4500$(円)
原価を1とすると，
定価は$1+0.5=1.5$にあたるから，
原価は，$4500\div1.5=3000$(円)
(2) 見込んだ利益は，$240+160=400$(円)
これが原価の2割にあたるから，
原価は，$400\div0.2=2000$(円)
(3) 原価を1とすると，定価は$1+0.4=1.4$で，
売り値は，$1.4\times(1-0.15)=1.19$
利益の2850円は$1.19-1=0.19$にあたるから，
原価は，$2850\div0.19=15000$(円)

3 (1) 売れ残ったモモ15個分の定価は，
減った利益分で，$4800-1800=3000$(円)
モモ1個の定価は，$3000\div15=200$(円)
(2) モモ1個に見込んだ利益は，$200-120=80$(円)
全体に見込んだ利益は4800円だから，
仕入れたモモの個数は，$4800\div80=60$(個)

23 相当算

▶問題61ページ

1 (1) **800円** (2) **240ページ**
(3) **750円**
2 (1) **1400円** (2) **285cm**
(3) **180ページ**
3 **130g**

解説

1 (1) 現在の所持金を1とすると，
ケーキを買った後の残金560円は，
$1-0.3=0.7$にあたるから，
現在の所持金は，$560\div0.7=800$(円)
(2) この本のページ数を1とすると，
まだ残っている112ページは，
$1-\frac{8}{15}=\frac{7}{15}$にあたるから，
この本のページ数は，$112\div\frac{7}{15}=240$(ページ)
(3) はじめの所持金を1とすると，
買い物後の残金450円は，
$1-(0.25+0.5+0.1)=0.15$にあたるから，
はじめの所持金は，$450\div0.15=3000$(円)
コンパスの値段は，$3000\times0.25=750$(円)

2 (1) はじめの所持金を1とすると，
買い物後の残金250円は，
$1\times\left(1-\frac{3}{8}\right)\times\left(1-\frac{5}{7}\right)=\frac{5}{28}$にあたるから，
はじめの所持金は，$250\div\frac{5}{28}=1400$(円)
(2) 棒の長さを1とすると，
水面から出ている棒の長さ15cmは，
$1\times\left(1-\frac{3}{4}\right)\times\left(1-\frac{4}{5}\right)=\frac{1}{20}$にあたるから，
棒の長さは，$15\div\frac{1}{20}=300$(cm)
池の深さは，$300-15=285$(cm)
(3)
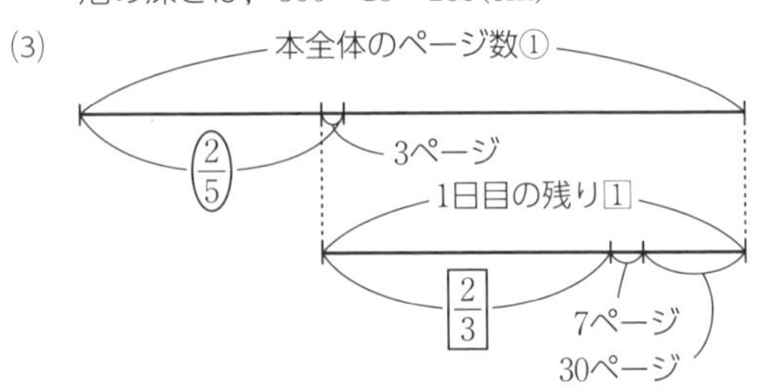

1日目の残りのページ数を1とすると，
$7+30=37$(ページ)が，
$1-\frac{2}{3}=\frac{1}{3}$にあたるから，
1日目の残りのページ数は，
$37\div\frac{1}{3}=111$(ページ)
この本のページ数を1とすると，
$111-3=108$(ページ)が，
$1-\frac{2}{5}=\frac{3}{5}$にあたるから，
この本のページ数は，$108\div\frac{3}{5}=180$(ページ)

3 容器いっぱいに入る水の重さを1とすると，
$400-370=30$(g)が，$\frac{3}{4}-\frac{2}{3}=\frac{1}{12}$にあたるから，
容器いっぱいに入る水の重さは，
$30\div\frac{1}{12}=360$(g)
容器の重さは，$400-360\times\frac{3}{4}=130$(g)

24 比の基本

▶問題63ページ

1 (1) **7：16** (2) **10：3**
(3) **21：16** (4) **7：32**
2 (1) **108** (2) **0.16** $\left(\frac{4}{25}\right)$
(3) **0.8** (4) **48**
3 (1) **33冊** (2) **1.5cm**
4 (1) **128人** (2) **180人**

解説

1 (1) 56：128＝(56÷8)：(128÷8)＝7：16

(2) 7.2：2.16＝(7.2×100)：(2.16×100)＝720：216
＝(720÷72)：(216÷72)＝10：3

(3) $\frac{7}{12}:\frac{4}{9}=\frac{21}{36}:\frac{16}{36}=21:16$

(4) $0.5:2\frac{2}{7}=\frac{1}{2}:\frac{16}{7}=\frac{7}{14}:\frac{32}{14}=7:32$

2 (1) 3：5＝□：180，5×□＝3×180，
□＝3×180÷5＝108

(2) $□:\frac{1}{5}=2.4:3$，$□\times3=\frac{1}{5}\times2.4$，
$□=\frac{1}{5}\times2.4\div3=0.2\times2.4\div3=0.16$

(3) 32cm：□m＝2：5，0.32m：□m＝2：5，
□×2＝0.32×5，□＝0.32×5÷2＝0.8

(4) 3時間12分：2時間□分＝8：7
3時間12分＝192分だから，
2時間□分＝○分とすると，
192分：○分＝8：7，○×8＝192×7，
○＝192×7÷8＝168
168分＝2時間48分だから，□＝48

3 □を使って比例式をつくり，□を求める。

(1) Aが□冊持っているとすると，
□：15＝11：5，□＝15×11÷5＝33

(2) 地球儀の表面から□cmはなれているとすると，
6400：400＝24：□，□＝400×24÷6400＝1.5

4 (1) $360\times\frac{16}{15+14+16}=360\times\frac{16}{45}=128$(人)

(2) A中学校の女子の人数は，
$169\times\frac{6}{7+6}=169\times\frac{6}{13}=78$(人)
B中学校の女子の人数は，78＋6＝84(人)
B中学校の人数は，
$84\div\frac{7}{8+7}=84\div\frac{7}{15}=84\times\frac{15}{7}=180$(人)

〈別解〉B中学校の女子の人数を求めてから，
次のように男子の人数を求めてもよい。
B中学校の男子の人数は，$84\times\frac{8}{7}=96$(人)
B中学校の人数は，84＋96＝180(人)

25 比の問題

▶問題65ページ

1 (1) **12：30：25** (2) **20：21：12**
2 (1) **4：5** (2) **15：20：24**
3 (1) **9：10** (2) **3：5**
4 (1) **42枚** (2) **120人**

解説

1 (1) 2つの比に共通なBの値を，
5と6の最小公倍数30にそろえると，
A：B＝2：5＝(2×6)：(5×6)＝12：30
B：C＝6：5＝(6×5)：(5×5)＝30：25
したがって，A：B：C＝12：30：25

(2) 2つの比に共通なCの値を，
3と4の最小公倍数12にそろえると，
A：C＝5：3＝(5×4)：(3×4)＝20：12
B：C＝7：4＝(7×3)：(4×3)＝21：12
したがって，A：B：C＝20：21：12

2 (1) $A\times\frac{1}{3}=B\times\frac{4}{15}=1$とすると，
$A=1\div\frac{1}{3}=3$，$B=1\div\frac{4}{15}=\frac{15}{4}$
$A:B=3:\frac{15}{4}=12:15=4:5$

(2) $A\times\frac{4}{5}=B\times\frac{3}{5}=C\times\frac{1}{2}=1$とすると，
$A=1\div\frac{4}{5}=\frac{5}{4}$，$B=1\div\frac{3}{5}=\frac{5}{3}$，$C=1\div\frac{1}{2}=2$
$A:B:C=\frac{5}{4}:\frac{5}{3}:2=\frac{15}{12}:\frac{20}{12}:\frac{24}{12}$
＝15：20：24

3 比の数をそのまま公式にあてはめればよい。

(1) 三角形の面積＝底辺×高さ÷2 より，
A：B＝(3×6÷2)：(4×5÷2)＝9：10

(2) 直方体の体積＝縦×横×高さ より，
P：Q＝(2×7×9)：(5×6×7)＝18：30＝3：5

4 (1) 比の差9－5＝4が12枚にあたるから，
1にあたる枚数は，12÷4＝3(枚)
2人が母からもらった折り紙の枚数は，
比の和9＋5＝14にあたるから，3×14＝42(枚)

(2) 比の差8－5＝3が72人にあたるから，
1にあたる人数は，72÷3＝24(人)
5にあたるA中学校の生徒数は，24×5＝120(人)

26 濃度算(1)

▶問題67ページ

1 (1) **10%** (2) **9g** (3) **300g**
(4) **153g** (5) **475g**
2 (1) **6** (2) **8** (3) **15**
(4) **4.8** (5) **2** (6) **7**

解説

1 食塩水の濃度＝食塩の重さ÷食塩水の重さ
食塩の重さ＝食塩水の重さ×食塩水の濃度
食塩水の重さ＝食塩の重さ÷食塩水の濃度

(1) この食塩水の重さは，180＋20＝200(g)だから，
濃度は，20÷200＝0.1 ➡ 10%

(2) 6%は0.06だから，
食塩の重さは，150×0.06＝9(g)

(3) 9%は0.09だから，
食塩水の重さは，27÷0.09＝300(g)

(4) 15%は0.15だから，
食塩の重さは，180×0.15＝27(g)
水の重さは，180－27＝153(g)

〈別解〉水の割合は，1－0.15＝0.85だから，
水の重さは，180×0.85＝153(g)

(5) 5%は0.05だから，
食塩水の重さは，25÷0.05＝500(g)
水の重さは，500－25＝475(g)

〈別解〉水の重さを□gとすると，
25：□＝5：(100－5)，□＝25×95÷5＝475(g)

2 (1) □%の食塩水の重さは，150＋50＝200(g)
この食塩水にふくまれている食塩の重さは，
150×0.04＋50×0.12＝6＋6＝12(g)
濃度は，12÷200＝0.06 ➡ □＝6(%)

(2) □%の食塩水の重さは，800＋100＝900(g)
この食塩水にふくまれている食塩の重さは，
800×0.09＝72(g)
濃度は，72÷900＝0.08 ➡ □＝8(%)

(3) □%の食塩水の重さは，340＋20＝360(g)
この食塩水にふくまれている食塩の重さは，
340×0.1＋20＝34＋20＝54(g)
濃度は，54÷360＝0.15 ➡ □＝15(%)

(4) □%の食塩水の重さは，200＋12＋288＝500(g)
この食塩水にふくまれている食塩の重さは，
200×0.06＋12＝12＋12＝24(g)
濃度は，24÷500＝0.048 ➡ □＝4.8(%)

(5) 3.6%の食塩水にふくまれている食塩の重さは，
(210＋240)×0.036＝450×0.036＝16.2(g)
5%の食塩水にふくまれている食塩の重さは，
240×0.05＝12(g)
□%の食塩水にふくまれている食塩の重さは，
16.2－12＝4.2(g)
濃度は，4.2÷210＝0.02 ➡ □＝2(%)

(6) 5%の食塩水にふくまれている食塩の重さは，
(300＋120)×0.05＝420×0.05＝21(g)だから，
□%の食塩水にふくまれている食塩の重さは
21g
濃度は，21÷300＝0.07 ➡ □＝7(%)

1	(1) **120**	(2) **125**	(3) **56**
	(4) **500**		
2	(1) **400**	(2) **300**	(3) **320**
3	(1) **6.4%**	(2) **120g**	

解説

1 (1) 14%の食塩水300gにふくまれている
食塩の重さは，300×0.14＝42(g)
水を加えても食塩の重さは変わらないから，
10%の食塩水の重さは，42÷0.1＝420(g)
加えた水の重さは，□＝420－300＝120(g)

(2) 9%の食塩水500gにふくまれている
食塩の重さは，500×0.09＝45(g)
水を蒸発させても食塩の重さは変わらないから，
12%の食塩水の重さは，45÷0.12＝375(g)
蒸発させた水の重さは，□＝500－375＝125(g)

(3) 3%の食塩水720gの水の割合は，
1－0.03＝0.97だから，
水の重さは，720×0.97＝698.4(g)
これは食塩を加えてできた10%の食塩水の，
1－0.1＝0.9にあたる。
食塩を加えても水の重さは変わらないから，
10%の食塩水の重さは，698.4÷0.9＝776(g)
加えた食塩の重さは，□＝776－720＝56(g)

(4) 食塩を20g加えた後，水を20g蒸発させても，
食塩水の重さは変わらないから，
食塩20gが，濃度の差9－5＝4(%)にあたる。
食塩水の重さは，□＝20÷0.04＝500(g)

2 それぞれてんびん図を利用して考える。
てんびん図では，水は0%の食塩水，食塩は100%の食塩水と考える。

(1) てんびん図に表すと，右のようになるから，
300：□＝3：4
□＝300×4÷3
＝400(g)

5%　9%　12%
4　3
300g　逆比　□g

(2) てんびん図に表すと，右のようになるから，
□＝400×$\frac{3}{3+1}$
＝300(g)

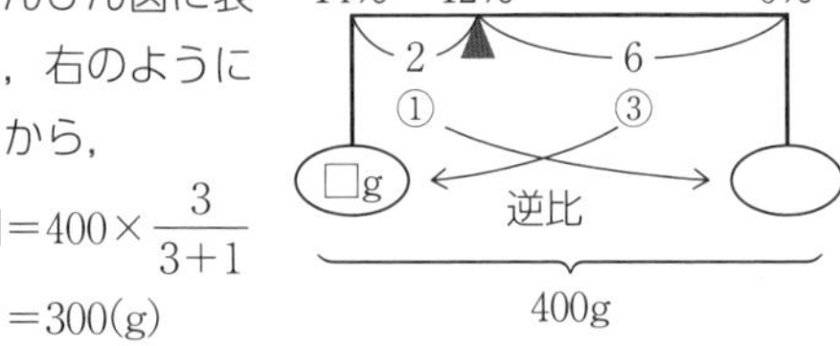

(3) てんびん図に表すと，右のようになるから，

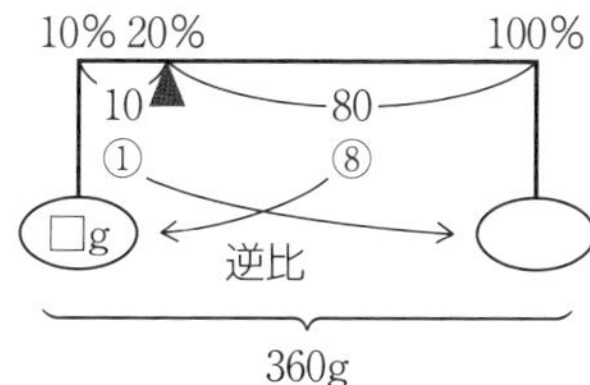

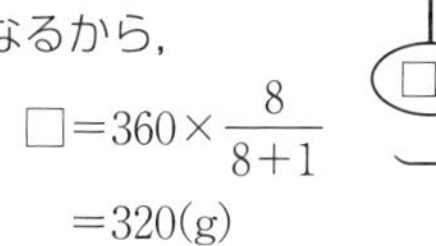

$\square=360\times\dfrac{8}{8+1}$

$=320$(g)

※ 67ページ **2** や69ページ **1** にあるような，食塩水と食塩水，食塩水と水，食塩水と食塩を混ぜ合わせる問題は，てんびん図を利用して解いてもよい。

3 (1) かき混ぜた後，2つの容器の食塩水の濃度は等しくなったのだから，容器Aの食塩水の濃度も容器Bの食塩水の濃度も，もとの2種類の食塩水を全部混ぜてできる食塩水の濃度と等しい。

全部かき混ぜてできる食塩水の重さは，

$300+200=500$(g)

食塩の重さは，

$300\times0.04+200\times0.1=12+20=32$(g)

濃度は，$32\div500=0.064$ ➡ 6.4%

(2) 容器Aから取り出した食塩水を□gとして，容器Bのようすをてんびん図に表すと，右のようになるから，

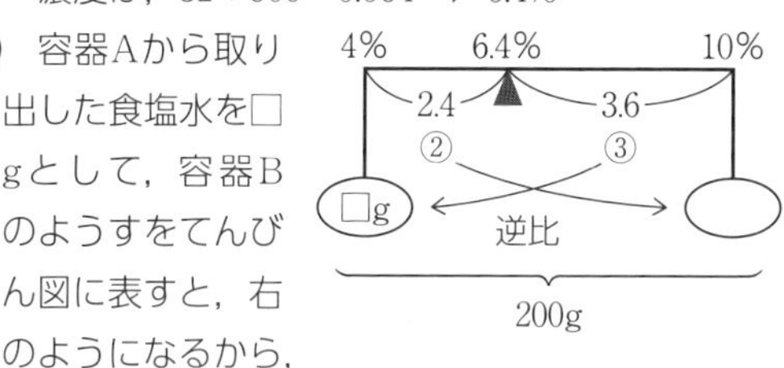

$\square=200\times\dfrac{3}{3+2}=120$(g)

28 倍数算

▶問題71ページ

1	(1) **1200円**	(2) **1800円**
2	(1) **2100円**	(2) **5000円**
3	(1) **2250円**	(2) **2400円**
4	**500円**	

解説

1 (1) Aが450円を使っても，Bの所持金は変わらないから，Bの所持金の比を5と4の最小公倍数20にそろえると，

はじめ　A：B＝6：5＝24：20

その後　A：B＝3：4＝15：20

Aの比の差24－15＝9が450円にあたるから，

1にあたる金額は，450÷9＝50(円)

24にあたるAのはじめの所持金は，

50×24＝1200(円)

(2) 妹が300円をもらっても，姉の所持金は変わらないから，姉の所持金の比を8と4の最小公倍数8にそろえると，

はじめ　姉：妹　　　＝8：5

その後　姉：妹＝4：3＝8：6

妹の比の差6－5＝1が300円にあたるから，

6にあたる妹の現在の所持金は，

300×6＝1800(円)

2 (1) 兄が弟に660円を渡しても，2人の所持金の和は変わらないから，比の和を(7＋5＝)12と(2＋3＝)5の最小公倍数60にそろえると，

はじめ　7：5＝35：25

その後　2：3＝24：36

兄の比の差35－24＝11が660円にあたるから，

1にあたる金額は，660÷11＝60(円)

35にあたる兄のはじめの所持金は，

60×35＝2100(円)

(2) AがCに500円あげても，Bの所持金は変わらないから，Bの所持金を18と9の最小公倍数18にそろえると，

はじめ　A：B：C　　　　　＝25：18：7

その後　A：B：C＝10：9：6＝20：18：12

Aの比の差25－20＝5が500円にあたるから，

1にあたる金額は，500÷5＝100(円)

3人の所持金の合計は，

100×(25＋18＋7)＝100×50＝5000(円)

※ AがCに500円あげても，AとCの所持金の和は変わらないから，AとCの比の和を(25＋7＝)32と(10＋6＝)16の最小公倍数32にそろえると考えてもよい。

3 (1) 2人が900円の買い物をしても，2人の所持金の差は変わらない。

2人の所持金の比の差は，買い物前が5－3＝2，買い物後が3－1＝2でそろっているから，

Aの比の差5－3＝2が900円にあたり，

1にあたる金額は，900÷2＝450(円)

5にあたるAのはじめの所持金は，

450×5＝2250(円)

(2) 2人が1200円のおこづかいをもらっても，2人の所持金の差は変わらないから，比の差を(3－1＝)2と(2－1＝)1の最小公倍数2にそろえると，

はじめ　兄：弟　　　＝3：1

その後　兄：弟＝2：1＝4：2

兄の比の差4－3＝1が1200円にあたるから，

2にあたるお手伝い後の弟の所持金は，

1200×2=2400(円)

4 姉がケーキを買っても，弟の所持金は変わらないから，弟の所持金の比を2と4の最小公倍数4にそろえると，

はじめ　　　　　　　　姉：弟=5：2=10：4

姉がケーキを買った後　姉：弟　　　= 9：4

その後，姉が弟に1000円あげても，2人の所持金の和は変わらない。

2人の所持金の比の和は，9+4=13，7+6=13でそろっているから，姉の比の差9−7=2が1000円にあたり，1にあたる金額は，1000÷2=500(円)

ケーキの値段（ねだん）は，10−9=1にあたるから500円。

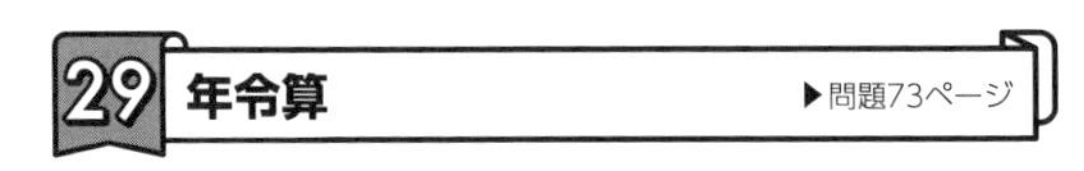

29 年令算

▶問題73ページ

1 (1) **35才**　(2) **9才**

2 (1) **7年後**　(2) **2年前**

(3) **26年後**　(4) **16才**

3 **30才**

解説

1 (1) 3年前の私と父の年令（ねんれい）の和は，

46−2×3=40(才)

このとき，私と父の年令の比（ひ）は1：4だから，

3年前の父の年令は，$40\times\frac{4}{1+4}=32$(才)

現在（げんざい）の父の年令は，32+3=35(才)

(2) 6年後の母と妹の年令の和は，

48+2×6=60(才)

このとき，母と妹の年令の比は3：1だから，

6年後の妹の年令は，$60\times\frac{1}{3+1}=15$(才)

現在の妹の年令は，15−6=9(才)

2 (1) 今から□年後の子の年令を①とすると，

父の年令は，①×3=③

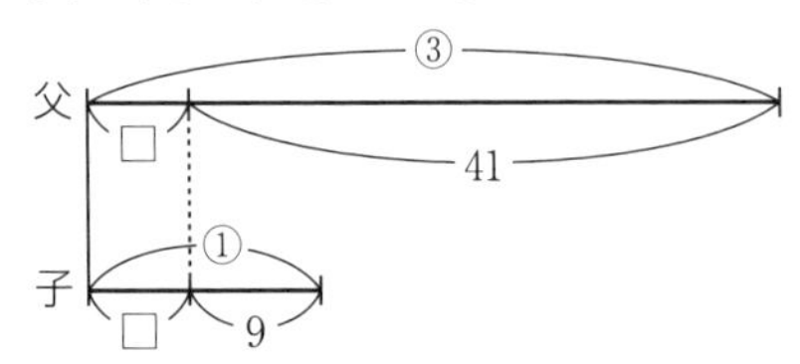

③−①=②が，41−9=32(才)にあたるから，

①=32÷2=16(才)

□=16−9=7(年後)

(2) 今から□年前の私の年令を①とすると，

母の年令は，①×4=④

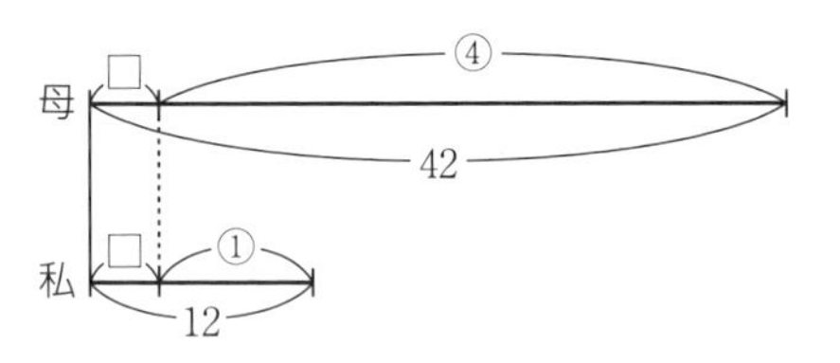

④−①=③が，42−12=30(才)にあたるから，

①=30÷3=10(才)

□=12−10=2(年前)

(3) 今から□年後に2人の子の年令の和が母の年令と等しくなるとすると，

母の年令は，37+□(才)

2人の子の年令の和は

8+3+□×2=11+□×2(才)

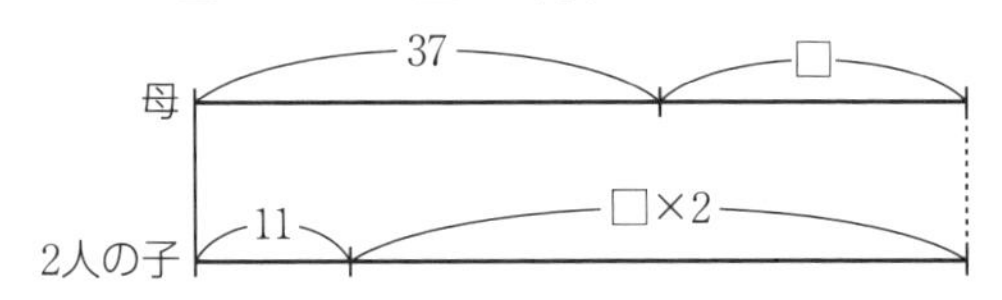

□×2−□=□は，37−11=26(才)にあたるから，

□=26(年後)

(4) 現在の子の年令を□才とすると，

父の年令は，□+30(才)

14年後の子の年令を①とすると，

父の年令は，①×2=②

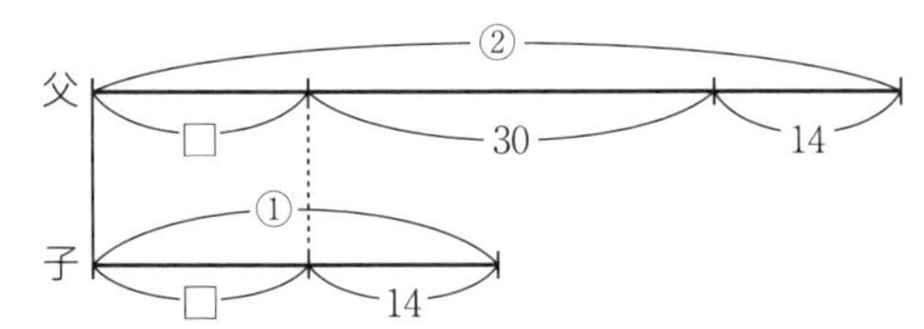

②−①=①が，30才にあたるから，

□=30−14=16(才)

3 母と子の年令の比は，

現在が5：1で，42年後は1.5：1=3：2

現在も42年後も2人の年令の差（さ）は変わらないから，比の差を(5−1=)4と(3−2=)1の最小公倍数（さいしょうこうばいすう）4にそろえると，

現在　　母：子　　　= 5：1

42年後　母：子=3：2=12：8

母の比の差12−5=7が42才にあたるから，

1にあたる年令は，42÷7=6(才)

5にあたる現在の母の年令は，6×5=30(才)

30 仕事算，のべ算

▶問題75ページ

1 (1) **48分**　(2) **8日**　(3) **90分**

	(4) **12日**	(5) **3日間**	(6) **5日間**
2	(1) **33分**	(2) **4日**	

解説

1 (1) 1時間20分＝80分，2時間＝120分
全体の仕事量を80(分)と120(分)の最小公倍数240とすると，
Aの1分間あたりの仕事量は，240÷80＝3
Bの1分間あたりの仕事量は，240÷120＝2
2人でしたときにかかる時間は，
240÷(3＋2)＝240÷5＝48(分)

(2) 全体の仕事量を20(日)と24(日)と30(日)の最小公倍数120とすると，
Aの1日あたりの仕事量は，120÷20＝6
Bの1日あたりの仕事量は，120÷24＝5
Cの1日あたりの仕事量は，120÷30＝4
3人でしたときにかかる日数は，
120÷(6＋5＋4)＝120÷15＝8(日)

(3) 全体の仕事量を45(分)と30(分)の最小公倍数90とすると，
Aの1分間あたりの仕事量は，90÷45＝2
AとB 2人の1分間あたりの仕事量は，
90÷30＝3だから，
Bの1分間あたりの仕事量は，3－2＝1
Bが1人でしたときにかかる時間は，
90÷1＝90(分)

(4) 全体の仕事量を30(日)と20(日)と15(日)の最小公倍数60とすると，
Aの1日あたりの仕事量は，60÷30＝2
AとB 2人の1日あたりの仕事量は，
60÷20＝3だから，
Bの1日あたりの仕事量は，3－2＝1
BとC 2人の1日あたりの仕事量は，
60÷15＝4だから，
Cの1日あたりの仕事量は，4－1＝3
AとCが2人でしたときにかかる日数は，
60÷(2＋3)＝60÷5＝12(日)

(5) 全体の仕事量を24(日)と18(日)の最小公倍数72とすると，
Aの1日あたりの仕事量は，72÷24＝3
Bの1日あたりの仕事量は，72÷18＝4
Aが17日間仕事をして残った仕事量は，
72－3×17＝72－51＝21だから，
残りの仕事をA，Bの2人でした日数は，
21÷(3＋4)＝21÷7＝3(日間)

(6) 全体の仕事量を30(日)と45(日)の最小公倍数90とすると，
Aの1日あたりの仕事量は，90÷30＝3
Bの1日あたりの仕事量は，90÷45＝2
A，B 2人の1日あたりの仕事量は，3＋2＝5
20日を全部A，Bの2人でやったとすると，
実際の仕事量より，5×20－90＝10多い。
Bが1日休むごとに，仕事量は2減るから，
Bが休んだ日数は，10÷2＝5(日間)

※ (1)～(6)は，本誌74ページ例題1(1)の別解のように，全体の仕事量を1として解いてもよい。

2 (1) 1人が1分間にする仕事量を1とすると，
全体の仕事量は，1×40×40＝1600
はじめの10分間を45人で行った仕事量は，
1×10×45＝450だから，
残りの仕事量は，1600－450＝1150
これを50人で行ったときにかかる時間は，
1150÷(1×50)＝23(分)だから，
かかった時間は，全部で，10＋23＝33(分)

(2) 1人が1日でする仕事量を1とすると，
全体の仕事量は，1×7×24＝168
はじめの6日間を7人で行った仕事量は，
1×6×7＝42だから，
残りの仕事量は，168－42＝126
これを7＋2＝9(人)でしたときにかかる日数は，
126÷(1×9)＝14(日)だから，
7人で毎日働くより，
24－(6＋14)＝4(日)早く終わる。

31 速さの基本

▶問題77ページ

1	(1) **秒速8m**	(2) **1500m**	
	(3) **2時間30分**		
2	(1) **900**	(2) **4.8**	(3) **1.6**
	(4) **250**	(5) **72**	(6) **30**
3	(1) **秒速65m**	(2) **B**	
4	**分速65m**		

解説

1 (1) 速さ＝道のり÷時間 より，
200÷25＝8(m) ➡ 秒速8m

(2) 道のり＝速さ×時間 より，
250×6＝1500(m)

(3) 時間＝道のり÷速さ より，
150÷60＝2.5(時間)

0.5時間は，60×0.5＝30(分)だから，2時間30分

2 (1) 秒速15m＝分速(15×60)m＝分速900m

(2) 分速80m＝時速(80×60÷1000)km＝時速4.8km

(3) 分速96m＝秒速(96÷60)m＝秒速1.6m

(4) 時速15km＝分速(15×1000÷60)m＝分速250m

(5) 秒速20m＝時速(20×60×60÷1000)km
＝時速72km

(6) 時速108km＝秒速(108×1000÷60÷60)m
＝秒速30m

3 速さの種類と長さの単位をそろえて比べる。

(1) 秒速65m＝時速(65×60×60÷1000)km
＝時速234kmだから，秒速65mのほうが速い。
〈別解〉時速216km＝秒速(216×1000÷60÷60)m
＝秒速60mだから，秒速65mのほうが速い。

(2) Aの速さは，8÷2＝4(km) ➡ 時速4km
Bの速さは，350÷5＝70(m) ➡ 分速70m
分速70m＝時速(70×60÷1000)km＝時速4.2km
だから，Bのほうが速い。

4 母親が分速200mで6分間に進む道のりは，
200×6＝1200(m)
分速155mで9分間に進む道のりは，
155×9＝1395(m)
したがって，子どもは，1395−1200＝195(m)を，
9−6＝3(分)で歩くから，子どもの速さは，
195÷3＝65(m) ➡ 分速65m

32 速さの問題

▶問題79ページ

1 (1) **分速300m** (2) **4時間26分40秒** (3) **1.4km**
2 (1) **時速2km** (2) **分速80m** (3) **分速240m**
3 (1) **34分間** (2) **4km**

解説

1 単位を求めるものにそろえる。

(1) 42km＝42000m，2時間20分＝140分だから，
速さは，42000÷140＝300(m) ➡ 分速300m

(2) 歩く速さは，225÷5＝45(m) ➡ 分速45m
12km＝12000mだから，かかる時間は，
$12000 \div 45 = \frac{800}{3} = 266\frac{2}{3}$(分)
266分は4時間26分，$\frac{2}{3}$分は40秒。

(3) 時速4.2kmで9分歩いた道のりは，
$4.2 \times \frac{9}{60} = 0.63$(km)
分速140mで5分30秒走った道のりは，
140×5.5＝770(m)＝0.77(km)
したがって，家から駅までの道のりは，
0.63＋0.77＝1.4(km)

2 (1) 往復の道のりは，6×2＝12(km)
往復にかかった時間は，4＋2＝6(時間)
したがって，往復の平均の速さは，
12÷6＝2(km) ➡ 時速2km

(2) 往復の道のりは，1800×2＝3600(m)
行きにかかった時間は，1800÷60＝30(分)
帰りにかかった時間は，1800÷120＝15(分)
往復にかかった時間は，30＋15＝45(分)
したがって，往復の平均の速さは，
3600÷45＝80(m) ➡ 分速80m

(3) 7.2km＝7200m
行きにかかった時間は，7200÷160＝45(分)
往復にかかった時間は，7200×2÷192＝75(分)
帰りにかかった時間は，75−45＝30(分)
したがって，帰りの速さは，
7200÷30＝240(m) ➡ 分速240m

3 つるかめ算を利用する。

(1) 46分を全部分速120mで走ったとすると，
実際に進んだ道のりより，
120×46−4160＝5520−4160＝1360(m)多い。
分速を120mから80mに変えると，
1分間に進む道のりは，
120−80＝40(m)ずつ減るから，
分速80mで歩いた時間は，1360÷40＝34(分間)

(2) 走った時間と歩いた時間の合計は，
$1 - \frac{10}{60} = \frac{50}{60} = \frac{5}{6}$(時間)
この時間を全部時速3kmで歩いたとすると，
実際に進んだ道のりより，
$5 - 3 \times \frac{5}{6} = 5 - \frac{5}{2} = \frac{5}{2}$(km)少ない。
時速を3kmから8kmに変えると，
1時間に進む道のりは，
8−3＝5(km)ずつ増えるから，
時速8kmで走った時間は，$\frac{5}{2} \div 5 = \frac{1}{2}$(時間)
時速8kmで走った道のりは，$8 \times \frac{1}{2} = 4$(km)

33 速さと比の基本

▶問題81ページ

 (1) **4：3** (2) **5：6** (3) **3：5**
2 (1) **16：15** (2) **弟** (3) **1：12**

3 (1) **45分後**　(2) **75分後**

解説

1 (1) 時間が同じとき，速さの比と道のりの比は等しいから，AとBの速さの比は，

$8:6=4:3$

(2) 道のりが同じとき，速さの比と時間の比は逆比になるから，普通列車と特急列車の速さの比は，

$\frac{1}{18}:\frac{1}{15}=\frac{5}{90}:\frac{6}{90}=5:6$

(3) 速さが同じとき，道のりの比と時間の比は等しいから，鉄橋とトンネルの長さの比は，

$72:(60\times 2)=72:120=3:5$

2 (1) 道のりの比は，(速さ×時間)の比と等しいから，AB間とBC間の道のりの比は，

$(8\times 6):(9\times 5)=48:45=16:15$

(2) 時間の比は，(道のり÷速さ)の比と等しいから，兄と弟の目的地まで行くのにかかる時間の比は，

$\frac{750}{5}:\frac{420}{3}=150:140=15:14$

したがって，目的地に先に着くのは弟である。

(3) 徒歩とバスの道のりの比は，

$\frac{1}{5}:\left(1-\frac{1}{5}\right)=\frac{1}{5}:\frac{4}{5}=1:4$

徒歩とバスの時間の比は，3：1

速さの比は，(道のり÷時間)の比と等しいから，

徒歩とバスの速さの比は，$\frac{1}{3}:\frac{4}{1}=1:12$

3 (1) 歩く速さを2倍にする前と後の，

道のりの比は，$3:(5-3)=3:2$

速さの比は，1：2だから，

かかった時間の比は，$\frac{3}{1}:\frac{2}{2}=3:1$

歩く速さを2倍にしたのは，家を出てから，

$60\times\frac{3}{3+1}=60\times\frac{3}{4}=45$(分後)

(2) 歩く速さを2倍にしてかかった時間は，

$60-45=15$(分)だから，速さを変えなければ，

$15\times 2=30$(分)かかる。

したがって，途中で速さを変えなければ，

家を出てから，$45+30=75$(分後)に駅に着く。

〈別解〉歩く速さを2倍にする前の速さは，

$3\div\frac{45}{60}=3\div\frac{3}{4}=4$(km) ➡ 時速4km

したがって，途中で速さを変えなければ，

家を出てから，

$5\div 4=\frac{5}{4}$(時間)$=60\times\frac{5}{4}=75$(分後)

に駅に着く。

34 速さと比の問題

▶問題83ページ

1 (1) **60km**　(2) **1200m**

(3) **8時38分**　(4) **1152m**

(5) **25m**　(6) **19m**

2 (1) **14：15**　(2) **864m**

解説

1 (1) 速さの比は，$60:40=3:2$だから，

かかる時間の比は，$\frac{1}{3}:\frac{1}{2}=2:3$

時速60kmで進んでかかる時間を②，

時速40kmで進んでかかる時間を③とすると，

③－②＝①が30分にあたるから，

時速60kmで進んでかかる時間は，

$30\times 2=60$(分)$=1$(時間)

A地点からB地点までの道のりは，

$60\times 1=60$(km)

(2) 速さの比は，$80:60=4:3$だから，

かかる時間の比は，$\frac{1}{4}:\frac{1}{3}=3:4$

分速80mで歩いてかかる時間を③，

分速60mで歩いてかかる時間を④とすると，

④－③＝①が$15-10=5$(分)にあたるから，

分速80mで歩いてかかる時間は，$5\times 3=15$(分)

家から学校までの道のりは，$80\times 15=1200$(m)

(3) 速さの比は，$70:80=7:8$だから，

かかる時間の比は，$\frac{1}{7}:\frac{1}{8}=8:7$

分速70mで歩いてかかる時間を⑧，

分速80mで歩いてかかる時間を⑦とすると，

⑧－⑦＝①が$2+3=5$(分)にあたるから，

分速70mで歩いてかかる時間は，$5\times 8=40$(分)

駅に到着する予定の時刻は，

8時＋40分－2分＝8時38分

(4) 行きと帰りの速さの比は，

$7.2:4.8=72:48=3:2$だから，

かかる時間の比は，$\frac{1}{3}:\frac{1}{2}=2:3$

行きにかかる時間は，$\frac{24}{60}\times\frac{2}{2+3}=\frac{4}{25}$(時間)

家から公園までの道のりは，

$7.2\times\frac{4}{25}=7.2\times 0.16=1.152(km)=1152$(m)

(5) 兄と弟のかかる時間の比は，

$20:24=5:6$だから，

速さの比は，$\frac{1}{5}:\frac{1}{6}=6:5$

兄が150m走る間に弟は□m走るとすると，
道のりの比は速さの比に等しいから，
150：□＝6：5，□＝150×5÷6＝125
したがって，弟が走っているところは，
ゴールの手前150－125＝25(m)

(6) 走る道のりの比は速さの比に等しいから，
A：B＝10：9
B：C＝10：9
2つの比に共通なBの値を9と10の最小公倍数90にそろえると，
A：B　＝10：9　＝100：90
　B：C＝　10：9＝　90：81
これより，3人の走る道のりの比は，
A：B：C＝100：90：81だから，
AはCに，100－81＝19(m)の差をつけて勝つ。

2 (1) AとBの歩はばの比は，$\frac{1}{6}:\frac{1}{7}$＝7：6
道のり＝歩はば×歩数 より，
AとBの歩く道のりの比は，
(7×4)：(6×5)＝28：30＝14：15
速さの比は道のりの比と等しいから，
AとBの速さの比は，14：15

(2) 兄と弟の歩はばの比は，
$\frac{1}{1200}:\frac{1}{1350}$＝1350：1200＝9：8
兄の歩はばを⑨，弟の歩はばを⑧とすると，
⑨－⑧＝①が8cmにあたるから，
兄の歩はばは，8×9＝72(cm)＝0.72(m)
家から駅までの道のりは，0.72×1200＝864(m)

35 旅人算(1)

▶問題85ページ

1 (1) **7分後**　(2) **25分後**
(3) **50分後**　(4) **24分後**
(5) **2890m**

2 (1) **20分後**　(2) **分速170m**

解説

1 (1) 2人は1分間に，
65＋50＝115(m)ずつ近づくから，
2人が出会うのは，歩き始めてから，
805÷115＝7(分後)

(2) 2人は1分間に，
90＋70＝160(m)ずつはなれるから，
2人が4km(＝4000m)はなれるのは，
出発してから，4000÷160＝25(分後)

(3) 姉が家を出発したとき，
妹は，75×14＝1050(m)先にいる。
姉は1分間に，
96－75＝21(m)ずつ妹に近づくから，
姉が妹に追いつくのは，姉が家を出発してから，
1050÷21＝50(分後)

(4) 図に表すと，次のようになる。

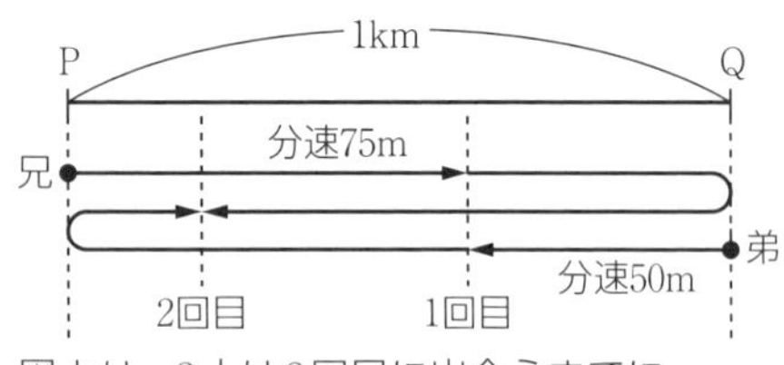

図より，2人は2回目に出会うまでに，
合わせてPQ間の3倍の道のりを歩くから，
歩く道のりの和は，1×3＝3(km)＝3000(m)
2人は1分間に，
75＋50＝125(m)ずつ近づくから，
2人が2回目に出会うのは，出発してから，
3000÷125＝24(分後)

(5) 弟が途中で2分休けいしている間に，
兄は，80×2＝160(m)歩くから，
2人とも歩いている間，兄は弟よりも，
790－160＝630(m)多く歩いている。
1分間に，兄は弟よりも，
80－50＝30(m)多く歩くから，
2人が出会ったのは，出発してから，
630÷30＋2＝21＋2＝23(分後)
家から学校までの道のりは，
80×23＋50×21＝1840＋1050＝2890(m)

2 (1) 3.2km(＝3200m)はなれている2人が向かい合って進むと考える。
2人がはじめて出会うのは，出発してから，
3200÷(100＋60)＝20(分後)

(2) Aが4800m先のBを追いかけると考える。
2人の速さの差は，
4800÷60＝80(m) ➡ 分速80m
速いほうのAの速さは分速250mだから，
おそいほうのBの速さは，
250－80＝170(m) ➡ 分速170m

36 旅人算(2)

1 (1) **分速40m**　(2) **5分後**
(3) **140分後**

2 (1) A…**分速105m**，B…**分速75m**

(2) **4：5**

3 (1) **9：7** (2) **8820m**

解説

1 (1) 2人の速さの和は，

2000÷20＝100(m) ➡ 分速100m

兄と妹の速さの比は3：2だから，妹の速さは，

$100\times\frac{2}{3+2}=100\times\frac{2}{5}=40$(m) ➡ 分速40m

(2) 姉と弟の速さの比は，かかる時間の逆比で，

$\frac{1}{15}:\frac{1}{18}=18:15=6:5$

姉の速さを⑥，弟の速さを⑤とすると，

姉が家を出発するとき，

弟は，⑤×1＝⑤先にいるから，

姉が弟に追いつくのは，出発してから，

⑤÷(⑥－⑤)＝5÷1＝5(分後)

(3) 池の周りの長さは，(60＋80)×20＝2800(m)

AとBの速さの比は，60：80＝3：4だから，

2人同時にスタート地点にもどってくるのは，

Aが3周，Bが4周したときで，出発してから，

2800×3÷60＝8400÷60＝140(分後)

2 (1) 2人の速さの差は，

1800÷60＝30(m) ➡ 分速30m

2人の速さの和は，

1800÷10＝180(m) ➡ 分速180m

速いほうのAの速さは，和差算を使って，

(180＋30)÷2＝210÷2＝105(m) ➡ 分速105m

おそいほうのBの速さは，

180－105＝75(m) ➡ 分速75m

(2) 同じ方向に進んだときと反対方向に進んだときのかかる時間の比は，

(60×3)：20＝180：20＝9：1

速さの比はかかる時間の逆比になるから，

AとBの速さの差と和の比は，

$\frac{1}{9}:\frac{1}{1}=1:9$

速いほうのAとおそいほうのBの速さの比は，

{(9＋1)÷2}：{(9－1)÷2}＝5：4

かかる時間の比は，速さの逆比で，

$\frac{1}{5}:\frac{1}{4}=4:5$

3 (1) Aと(A＋B)のかかる時間の比は，

$28:15\frac{45}{60}=28:\frac{63}{4}=112:63=16:9$

Aと(A＋B)の速さの比は，かかる時間の逆比で，

$\frac{1}{16}:\frac{1}{9}=9:16$

AとBの速さの比は，9：(16－9)＝9：7

(2) Aの速さを⑨，Bの速さを⑦とすると，

進んだ道のりの差は，28分で1960mだから，

(⑨－⑦)×28＝1960，②＝1960÷28＝70，

①＝70÷2＝35 ➡ 分速35m

Aの速さは，35×9＝315(m) ➡ 分速315m

このサイクリングコース1周の長さは，

315×28＝8820(m)

37 速さのグラフ

▶問題89ページ

1 (1) **分速72m** (2) **分速540m**

(3) **9時8分** (4) **2250m**

2 (1) **分速80m** (2) **8時15分**

(3) **200m**

解説

1 (1) 弟は，360mを5分で歩いているから，

その速さは，360÷5＝72(m) ➡ 分速72m

(2) バスで進んだ道のりは，3600－360＝3240(m)

バス停で2分待っていたから，

バスに乗っていた時間は，13－5－2＝6(分)

バスの速さは，3240÷6＝540(m) ➡ 分速540m

(3) 母はバスより1分早く駅に着いたから，

母が駅に着いたのは，

9時13分－1分＝9時12分

母は家から駅まで，

3600÷900＝4(分)かかっているから，

母が家を出たのは，

9時12分－4分＝9時8分

(4) 母が家を出るとき，母とバスの間の道のりは，

360＋540×(8－5－2)＝360＋540＝900(m)

母がバスを追いぬくまでにかかった時間は，

900÷(900－540)＝2.5(分)だから，

母がバスを追いぬいたのは，家から，

900×2.5＝2250(m)の地点である。

2 (1) 兄は，400mを5分で歩いているから，

兄の歩く速さは，400÷5＝80(m) ➡ 分速80m

(2) 母が家を出たのは，2人の間の距離が縮まり始めたときで，8時5分。

母が兄に弁当を渡したのは，2人の間の距離が0mになったときで，母が家を出てから，

400÷(120－80)＝10(分後)だから，

8時5分＋10分＝8時15分

(3) 母の速さは同じだから，家にもどるのにも10分

かかり，家にもどったのは，
8時15分＋10分＝8時25分
このとき，兄の歩いた道のりは，
80×25＝2000(m)だから，兄は運動場まで，
あと2200－2000＝200(m)のところにいる。

38 通過算

▶問題91ページ

1 (1) **72秒** (2) **3分11秒**
(3) **時速72km**
(4) 速さ…**秒速27m**，長さ…**180m**
(5) 鉄橋…**2400m**，電車…**150m**

2 (1) **7秒** (2) **52秒**
(3) **時速45km**

解説

1 (1) 1.2km＝1200m
この列車が鉄橋を通過(つうか)するとき，
進む道のりは，1200＋96＝1296(m)だから，
それにかかる時間は，1296÷18＝72(秒)

(2) 時速54km＝秒速(54×1000÷60÷60)m
＝秒速15m
3km＝3000m
この電車がトンネルに完全(かんぜん)にかくれている間，
進む道のりは，3000－135＝2865(m)だから，
その間の時間は，2865÷15＝191(秒)
191÷60＝3あまり11より，3分11秒

(3) この列車の先頭がホームを通過するとき，
かかる時間は，15－6＝9(秒)だから，
列車の速さは，180÷9＝20(m) ➡ 秒速20m
秒速20m＝時速(20×60×60÷1000)km
＝時速72km

(4) 2分30秒＝150秒
この電車は，3870－225＝3645(m)進むのに，
150－15＝135(秒)かかるから，
その速さは，3645÷135＝27(m) ➡ 秒速27m
この電車が鉄橋を通過するとき，
進む道のりは，27×15＝405(m)だから，
電車の長さは，405－225＝180(m)

(5) この電車の先頭が鉄橋を通過するとき，
かかる時間は，$36 \div \frac{3}{8}$＝96(秒)だから，
鉄橋の長さは，25×96＝2400(m)
この電車全体が鉄橋を通過するとき，
かかる時間は，36＋66＝102(秒)だから，
進む道のりは，25×102＝2550(m)
電車の長さは，2550－2400＝150(m)

2 (1) 普通(ふつう)列車が止まっていると考えると，
急行列車は，秒速35＋25＝60(m)で，
220＋200＝420(m)進んですれちがうから，
出会ってからはなれるまでにかかる時間は，
420÷60＝7(秒)

(2) 列車Bが止まっていると考えると，
列車Aは，秒速28－20＝8(m)で，
176＋240＝416(m)進んで追いこすから，
追いついてから追いこすまでにかかる時間は，
416÷8＝52(秒)

(3) 電車Aと電車Bの速さの差(さ)は，
(75＋105)÷24＝7.5(m) ➡ 秒速7.5m
秒速7.5m＝時速(7.5×60×60÷1000)km
＝時速27km
おそいほうの電車Bの速さは，
72－27＝45(km) ➡ 時速45km

39 時計算，流水算

▶問題93ページ

1 (1) **130°** (2) **67.5°**
(3) **4時$21\frac{9}{11}$分** (4) **2時$43\frac{7}{11}$分**
(5) **5時$10\frac{10}{11}$分，5時$43\frac{7}{11}$分**

2 (1) 静水時のボート…**分速128m**
川の流れ…**分速32m**
(2) **45km** (3) **24分**
(4) **時速3km**

解説

1 時計の針(はり)が1分間に進む角度は，
長針(ちょうしん)が360°÷60＝6°，短針(たんしん)が360°÷12÷60＝0.5°
だから，長針は短針より，6°－0.5°＝5.5°多く進む。

(1) 8時に，短針は長針より，
360°÷12×8＝240°先にある。
20分間に，長針は短針よりも，
5.5°×20＝110°多く進むから，
8時20分に両針がつくる小さいほうの角度は，
240°－110°＝130°

(2) 6時に，短針は長針より180°先にある。
45分間に，長針は短針よりも，
5.5°×45＝247.5°多く進むから，
6時45分に両針がつくる小さいほうの角度は，
247.5°－180°＝67.5°

(3) 4時に，短針は長針より，

$360° \div 12 \times 4 = 120°$先にある。

1分間に，長針は短針に5.5°ずつ近づくから，

4時と5時の間で，両針がぴったり重なるのは，

$120 \div 5.5 = \frac{240}{11} = 21\frac{9}{11}$(分) ➡ 4時$21\frac{9}{11}$分

(4) 2時に，短針は長針より，

$360° \div 12 \times 2 = 60°$先にある。

1分間に，長針は短針に5.5°ずつ近づき，

追いついてからは5.5°ずつはなれていくから，

2時と3時の間で，

両針のつくる角度が180°になるのは，

$(60 + 180) \div 5.5 = \frac{480}{11} = 43\frac{7}{11}$(分)

➡ 2時$43\frac{7}{11}$分

(5) 5時に，短針は長針より，

$360° \div 12 \times 5 = 150°$先にある。

1分間に，長針は短針に5.5°ずつ近づき，

追いついてからは5.5°ずつはなれていくから，

5時と6時の間で，

1回目に両針のつくる角度が90°になるのは，

$(150° - 90°) \div 5.5 = \frac{120}{11} = 10\frac{10}{11}$(分)

2回目に両針のつくる角度が90°になるのは，

$(150° + 90°) \div 5.5 = \frac{480}{11} = 43\frac{7}{11}$(分)

➡ 5時$10\frac{10}{11}$分と5時$43\frac{7}{11}$分

2 (1) 2.4km＝2400m

上りの速さは，$2400 \div 25 = 96$(m) ➡ 分速96m

下りの速さは，$2400 \div 15 = 160$(m) ➡ 分速160m

静水時(せいすいじ)のボートの速さは，

$(96 + 160) \div 2 = 128$(m) ➡ 分速128m

川の流れの速さは，

$(160 - 96) \div 2 = 32$(m) ➡ 分速32m

(2) 上りと下りの速さの比(ひ)は，時間の逆比(ぎゃくひ)で，

$\frac{1}{5} : \frac{1}{3} = 3 : 5$

上りの速さを③，下りの速さを⑤とすると，

川の流れの速さは，(⑤－③)÷2＝①で，

これが時速3kmにあたるから，

上りの速さは，$3 \times 3 = 9$(km) ➡ 時速9km

P地点からQ地点までは，$9 \times 5 = 45$(km)

(3) 3km＝3000mだから，静水時に，

P地点からQ地点までにかかる時間は，

$3000 \div 100 = 30$(分)

上りにはこれより時間がかかるから，

P地点からQ地点までかかる時間40分は，

上りにかかる時間である。

船の上りの速さは，

$3000 \div 40 = 75$(m) ➡ 分速75m

船の静水時の速さは分速100mだから，

川の流れの速さは，

$100 - 75 = 25$(m) ➡ 分速25m

船の下りの速さは，

$100 + 25 = 125$(m) ➡ 分速125m

Q地点からP地点までかかる時間は，

$3000 \div 125 = 24$(分)

(4) この船のいつもの上りの速さは，

$30 \div 2 = 15$(km) ➡ 時速15km

今回，エンジンが動いていた時間は，

2時間36分－30分＝2時間6分

2時間6分で進む距離(きょり)は，

$15 \times 2\frac{6}{60} = 15 \times 2.1 = 31.5$(km)

川の流れに30分間流された距離は，

$31.5 - 30 = 1.5$(km)だから，川の流れの速さは，

$1.5 \div \frac{30}{60} = 1.5 \div 0.5 = 3$(km) ➡ 時速3km

40 数　列

▶問題95ページ

1 (1) ア **21**　イ **57**

(2) ア **243**　イ **19683**

(3) ア **18**　イ **47**

(4) ア $\frac{7}{16}$　イ $\frac{15}{256}$

(5) ア $\frac{3}{4}$　イ $\frac{19}{21}$

2 (1) **117**　(2) **44番目**　(3) **4950**

3 **9**

解説

1 (1) 差(さ)が2ずつ増(ふ)えるから，

ア＝13＋8＝21，イ＝43＋14＝57

(2) 前の数の3倍になっているから，

ア＝81×3＝243，イ＝59049÷3＝19683

(3) 前の2数の和になっているから，

ア＝7＋11＝18，イ＝18＋29＝47

※ このような数列をフィボナッチ数列という。

(4) 分母が前の数の分母の2倍，

分子が1から始まる奇数列(きすうれつ)になっているから，

アの分母は8×2＝16，分子は5＋2＝7

イの分母は512÷2＝256，分子は17－2＝15

(5) $\frac{1}{2}=\frac{2}{4}$，$\frac{2}{3}=\frac{4}{6}$だから，

左から偶数番目の数は約分されている。

この数列は，$\frac{1}{3}$，$\frac{2}{4}$，$\frac{3}{5}$，$\frac{4}{6}$，$\frac{5}{7}$，……

分母も分子も，前の数より1ずつ増えるから，

ア$=\frac{6}{8}=\frac{3}{4}$　←約分して答える。

$\frac{9}{10}=\frac{18}{20}$だから，イ$=\frac{19}{21}$

2 はじめの数が1，公差が4の等差数列である。

(1) 1＋4×(30－1)＝1＋116＝117

(2) 173が□番目の数とすると，

1＋4×(□－1)＝173，4×(□－1)＝172，

□－1＝43，□＝44(番目)

(3) 50番目の数は，1＋4×(50－1)＝1＋196＝197

はじめの数から50番目の数までの和は，

(1＋197)×50÷2＝198×50÷2＝4950

※ この式は，次のように考えて導かれる。

```
     1＋  5＋  9＋……＋189＋193＋197
＋)197＋193＋189＋……＋  9＋  5＋  1
    198＋198＋198＋……＋198＋198＋198
    └─────────50個─────────┘
```

上のように，この数列の和に，この数列を逆から並べた和をたすと，1＋197＝198が50個の和となるから，この数列の和は，198×50を2でわればよい。

3 この数列を，次のように組分けすると，組にある整数の個数と組の番号は等しい。

(1)，(1，2)，(1，2，3)，(1，2，3，4)，……
1組　2組　3組　4組　……

100＝1＋2＋3＋……＋12＋13＋9より，

100番目の整数は，14組目の9番目の数で9

41 規則性の問題

▶問題97ページ

1	(1) **40**	(2) **57**	(3) **199**
	(4) **5025**		
2	(1) **21**	(2) **41**	(3) **505**
3	(1) **19個**	(2) **165本**	(3) **400個**

解説

1 (1) 1行目の偶数列の数は，

(列の数)×4になっているから，

1行10列の数は，10×4＝40

(2) 1行14列の数は，14×4＝56

1行15列の数は，その次の数で，56＋1＝57

(3) 1行50列の数は，50×4＝200

2行50列の数は，その前の数で，200－1＝199

(4) 各行の同じ偶数列までの数の和はどれも等しい。

1行50列までのすべての数の和は，

(1＋200)×200÷2＝20100だから，

2行目の数を50列まですべて加えた和は，

20100÷4＝5025

2 (1) 各段に並ぶ数の個数は，段の数と等しい。

6段目の右はしまで並ぶ数の個数は，

1＋2＋3＋4＋5＋6＝21(個)だから，

6段目の右はしの数は，21

(2) 8段目の右はしの数は，21＋7＋8＝36だから，

9段目の左から5番目の数は，36＋5＝41

(3) 9段目の右はしの数は，36＋9＝45だから，

10段目には46～55までの10個の数が並ぶ。

その和は，(46＋55)×10÷2＝505

3 (1) 上向きの小さい正三角形を△，

下向きの小さい正三角形を▽で表すと，

10段目には△が10個，▽が9個並ぶから，

10＋9＝19(個)

(2) 10段目までの△の数は，

1＋2＋3＋……＋9＋10＝55(個)だから，

必要なマッチ棒の数は，3×55＝165(本)

(3) 20段目までの小さい正三角形の個数は，

1から始まる20個の奇数の和になるから，

1＋3＋5＋……＋37＋39

＝(1＋39)×20÷2＝20×20＝400(個)

※ 1から始まるN個の奇数の和は，N×Nになる。

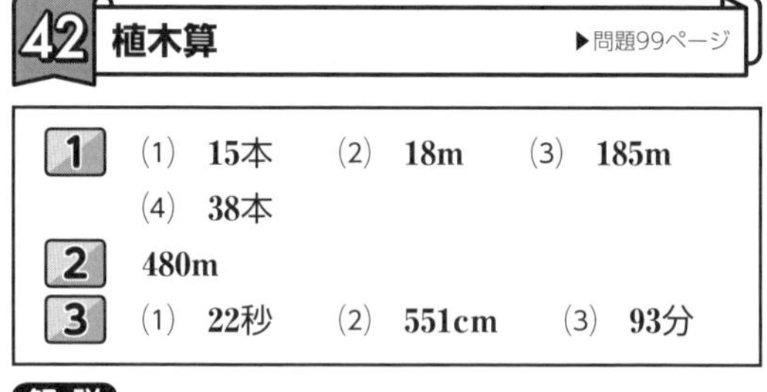

42 植木算

▶問題99ページ

1	(1) **15本**	(2) **18m**	(3) **185m**
	(4) **38本**		
2	**480m**		
3	(1) **22秒**	(2) **551cm**	(3) **93分**

解説

1 (1) 両はしには植えない場合だから，

必要な木の本数は，480÷30－1＝15(本)

(2) 木の本数は，2＋9＝11(本)だから，

間の数は，11－1＝10

木と木の間かくは，180÷10＝18(m)

(3) 木と木の間の数と，木の本数は等しいから，

この池の周りの長さは，

4×35＋3×(50－35)＝140＋45＝185(m)

(4) 土地の四すみには必ずくいを打つから，
くいとくいの間かくは，
24mと33mの最大公約数で3m
この土地の周りの長さは，
(24＋33)×2＝57×2＝114(m)だから，
必要なくいの本数は，114÷3＝38(本)

2 8mおきに植えるときに必要な桜の木の本数を□本として，縦を間かく，横を桜の木の本数とした面積図に表すと，右のようになる。

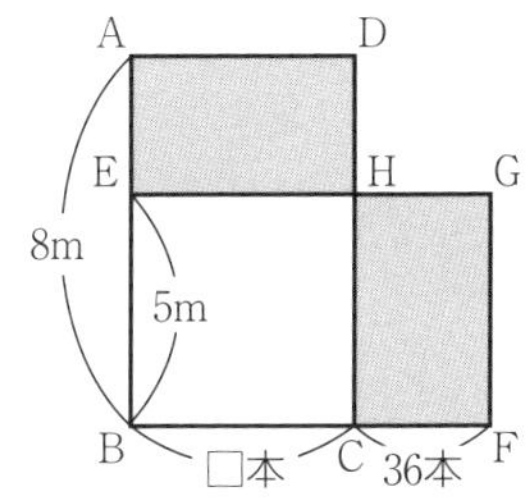

長方形ABCDの面積と長方形EBFGの面積は，ともに池の周りの長さを表していて面積は等しい。
よって，長方形AEHDの面積と長方形HCFGの面積も等しいから，
(8−5)×□＝5×36，□＝5×36÷3＝60(本)
池の周りの長さは，8×60＝480(m)

3 (1) 1階上がるのにかかる時間は，
6÷(4−1)＝6÷3＝2(秒)
地下2階から地上10階までは，
2＋(10−1)＝11(階)上がるから，
かかる時間は，2×11＝22(秒)
(2) のりしろの数は，50−1＝49(か所)だから，
のりしろの合計は，1×49＝49(cm)
全体の長さは，12×50−49＝551(cm)
(3) 6mの丸太1本から，1.5mの丸太は，
6÷1.5＝4(本)できる。
6mの丸太1本を切り分けるとき，
切る回数は，4−1＝3(回)で，
休む回数は，3−1＝2(回)だから，
かかる時間は，5×3＋3×2＝15＋6＝21(分)
6mの丸太は4本あり，
次の丸太に移る回数は，4−1＝3(回)だから，
全部切り終えるのにかかる時間は，
21×4＋3×3＝84＋9＝93(分)

 43 周期算，日暦算

▶問題101ページ

1 (1) 白　(2) **112個**
2 (1) **2**　(2) **123**
3 (1) 水曜日　(2) 木曜日
(3) 日曜日
(4) 50日後…**6月29日**
50日前…**3月21日**
(5) **6月1日**

解説

1 (1) ○○●○●○●○●の9個の周期だから，
200番目のご石は，200÷9＝22あまり2より，
9個の周期を22回くり返した後の2個目で，白。
(2) 9個の周期の中に白いご石は5個あるから，
白いご石は全部で，5×22＋2＝112(個)

2 (1) 1，2，3，4，3，2の6個の周期だから，
50番目の数は，50÷6＝8あまり2より，
6個の周期を8回くり返した後の2番目で，2
(2) (1＋2＋3＋4＋3＋2)×8＋1＋2＝120＋3＝123

3 (1) 2019年は平年だから，
1月1日から5月1日までの日数は，
31＋28＋31＋30＋1＝121(日)で，
121÷7＝17あまり2より，17週間と2日。
5月1日は，火曜日から始まる週の2番目で，
水曜日。
(2) 3月3日から8月10日までの日数は，
(31−3＋1)＋30＋31＋30＋31＋10＝161(日)で，
161÷7＝23より，23週間。
8月10日は，金曜日から始まる週の7番目で，
木曜日。
(3) 365÷7＝52あまり1より，同じ日の曜日は，
平年では1日，うるう年では2日先へずれる。
2020年はうるう年であるが，
2月をまたがないので1日先へずれる。
2024年は2日先にずれるから，
2024年の9月1日は，火曜日から，
1＋1＋1＋2＝5(日)先へずれて，日曜日。
(4) 5月10日の50日後は，
5月10日＋50日＝5月60日
5月60日は，5月の31日をひいて，
6月60日−31日＝6月29日
50日前は，月の日付から50がひけるまで，
月をさかのぼる。
5月10日は，4月の30日をたして，
4月10日＋30日＝4月40日
4月40日は，3月の31日をたして，
3月40日＋31日＝3月71日
5月10日の50日前は，
3月71日から50日をひいて，
3月71日−50日＝3月21日
(5) 2022年の1回目の水曜日は，

2月2日の7×4＝28(日)前で，
1月31日＋2日－28日＝1月5日
2022年の22回目の水曜日は，
1月5日から，7×(22－1)＝147(日後)で，
1月5日＋147日＝1月152日
1月152日は，2月152日－31日＝2月121日
2月121日は，3月121日－28日＝3月93日
3月93日は，4月93日－31日＝4月62日
4月62日は，5月62日－30日＝5月32日
5月32日は，6月32日－31日＝6月1日

44 方陣算，集合算

▶問題103ページ

1	(1) **76個**	(2) **289個**	(3) **214個**
2	(1) **39人**	(2) **9人**	(3) **11人**
3	(1) **8人**	(2) **5人**	

解説

1 (1) 400＝20×20より，
1辺のご石の個数は20個だから，
いちばん外側に並んでいるご石の個数は，
(20－1)×4＝76(個)

(2) 1辺のご石の個数は，64÷4＋1＝17(個)だから，
ご石の個数は全部で，17×17＝289(個)

(3) 縦横1列ずつ増やすのに必要なご石の個数は，
18＋11＝29(個)
はじめの正方形の1辺の個数は，
(29－1)÷2＝14(個)だから，
ご石の個数は全部で，14×14＋18＝214(個)

2 それぞれベン図をかいて考える。

(1)

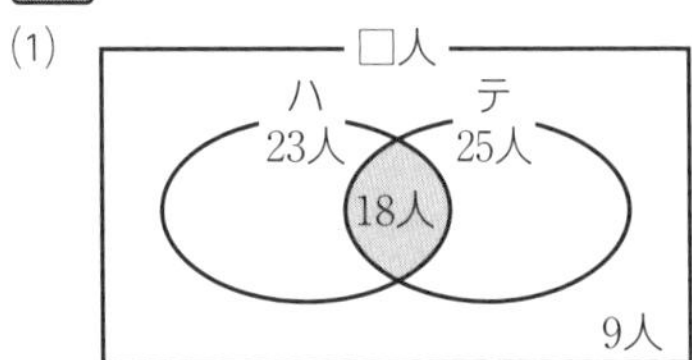

このクラスの人数は，
□＝23＋25－18＋9＝39(人)

(2)

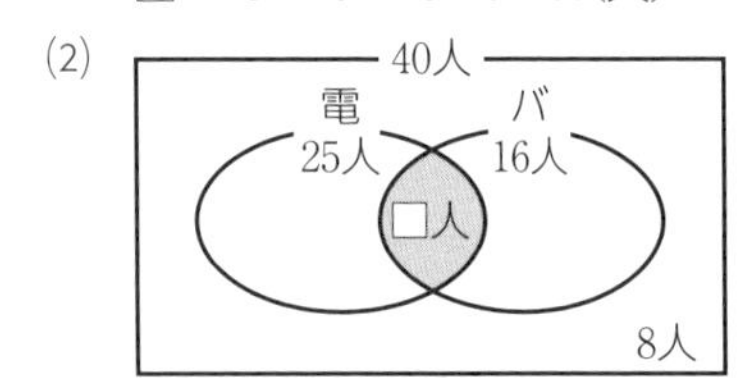

25＋16－□＋8＝40より，
電車とバスの両方を利用する生徒は，
□＝25＋16＋8－40＝9(人)

(3)

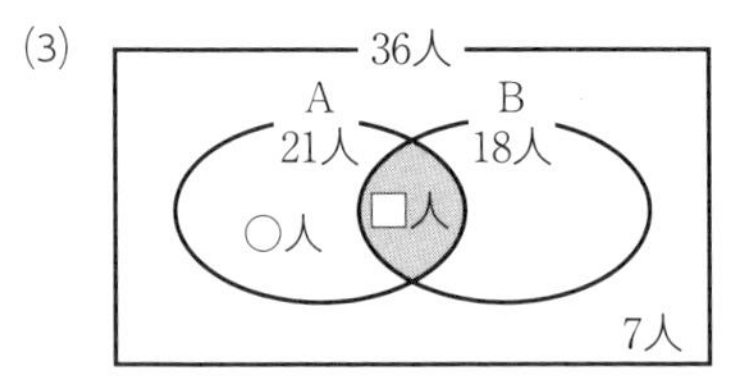

どちらもできた人は，
□＝21＋18＋7－36＝10(人)だから，
Aだけができた人は，
○＝21－10＝11(人)

3 それぞれ線分図に表すとわかりやすい。

(1)

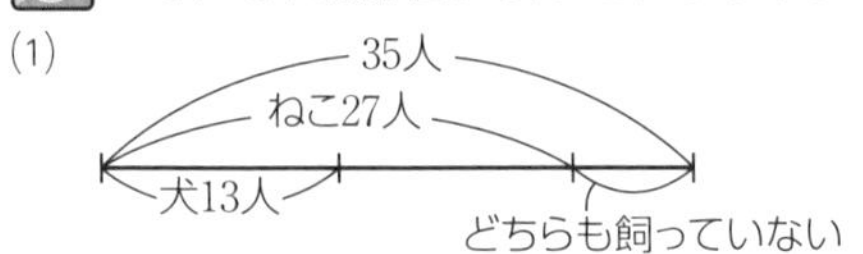

どちらも飼っていない人が最も多いのは，
犬を飼っている人全員が，
ねこも飼っているときで，
35－27＝8(人)

(2)

35人
犬13人
ねこ27人
どちらも飼っている

どちらも飼っている人が最も少ないのは，
どちらも飼っていない人がいないときで，
13＋27－35＝5(人)

45 ともなって変わる2つの量

▶問題105ページ

1	比例…イ，カ	反比例…ウ，オ
2	(1) **3.5kg**	(2) **午後8時58分15秒**
	(3) **37.5ポンド**	(4) **12回転**
3	(1) **11.6cm**	(2) **40g**

解説

1 xとyの関係を式に表してみる。
$y\div x$＝決まった数，y＝決まった数×xは比例，
$x\times y$＝決まった数，y＝決まった数÷xは反比例。

ア $y=15-x$だから，比例でも反比例でもない。
イ $y=50\times x$だから，yはxに比例する。
ウ $x\times y\div 2=24$より，$x\times y=48$だから，
yはxに反比例する。
エ $y=x\times x$だから，比例でも反比例でもない。
オ $y=180\div x$だから，yはxに反比例する。
カ $y=x\times 0.05=0.05\times x$だから，
yはxに比例する。

2 (1) 砂の重さは体積に比例する。

この砂1Lの重さは，$3 \div 1.8 = 30 \div 18 = \frac{5}{3}$(kg)

この砂2.1Lの重さは，

$\frac{5}{3} \times 2.1 = \frac{5}{3} \times \frac{21}{10} = \frac{7}{2} = 3.5$(kg)

(2) 時計のおくれは時間に比例する。

3分＝60×3＝180(秒)

午前7時から午後9時までの時間は，

21－7＝14(時間)

この時計が14時間でおくれる時間は，

$180 \times \frac{14}{24} = 105$(秒)＝1分45秒

この時計が午後9時に指している時刻は，

午後9時－1分45秒＝午後8時58分15秒

(3) 円はドルに比例するから，

50ドルは，105×50＝5250(円)

また，円はポンドにも比例するから，

5250円は，5250÷140＝37.5(ポンド)

(4) かみ合っている歯車では，

進んだ歯数(歯車の歯数×回転数)は等しい。

Aの1秒間の回転数は，15÷3＝5(回転)

Bの1秒間の回転数を□回転とすると，

18×5＝30×□，□＝18×5÷30＝3(回転)

Bの4秒間の回転数は，3×4＝12(回転)

3 (1) このバネは，20－10＝10(g)のおもりで，

14－12.8＝1.2(cm)のびるから，

おもりをつるしていないときのバネの長さは，

12.8－1.2＝11.6(cm)

(2) のびたバネの長さは，16.4－11.6＝4.8(cm)

つるしたおもりの重さは，

10×(4.8÷1.2)＝10×4＝40(g)

※ 1gでのびる長さは，1.2÷10＝0.12(cm)

これを利用して求めてもよい。

46 ニュートン算

▶問題107ページ

1 (1) **1800人** (2) **12人** (3) **10分**
(4) **10か所**

2 (1) **15L** (2) **180L** (3) **4分**

3 (1) **10** (2) **3時間20分**

解説

1 (1) 開場後50分で入場できる人数は，

(行列の人数＋50分間に行列に加わる人数)で，

450＋27×50＝450＋1350＝1800(人)

(2) 1か所の入場口から50分で入場した人数は，

1800÷3＝600(人)だから，

1か所の入場口から1分間に入場できる人数は，

600÷50＝12(人)

(3) 入場口を6か所にすると，行列の人数は，

1分間に12×6－27＝45(人)ずつ減るから，

行列がなくなるまでにかかる時間は，

450÷45＝10(分)

(4) 開場後5分で入場する人数は，

450＋27×5＝450＋135＝585(人)

1か所の入場口から入場できる人数は，

12×5＝60(人)だから，585÷60＝9.75より，

入場口を最低10か所開ければよい。

※ 9か所では行列はなくならない。

2 図に表すと，次のようになる。

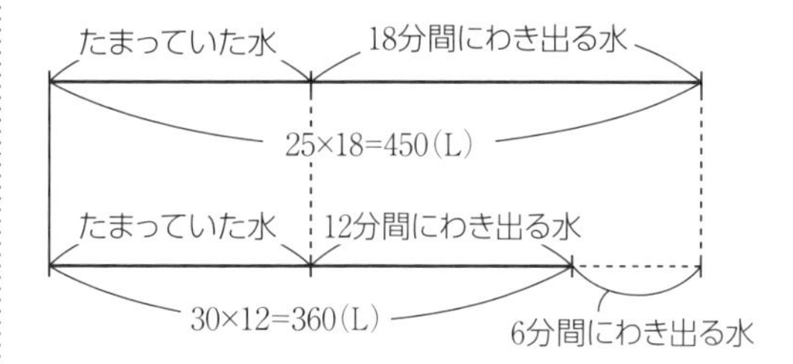

(1) 上の図より，18－12＝6(分間)にわき出る水は，

450－360＝90(L)だから，

1分間にわき出る水は，90÷6＝15(L)

(2) 水をくみ出すとき，井戸にたまっていた水は，

450－15×18＝450－270＝180(L)

(3) 井戸にたまっていた水は，

1分間に30×2－15＝45(L)ずつ減るから，

水がなくなるまでにかかる時間は，

180÷45＝4(分)

3 解説をわかりやすくするため，ポンプ1台が1時間にくみ出す水の量を1ではなく①とする。

図に表すと，次のようになる。

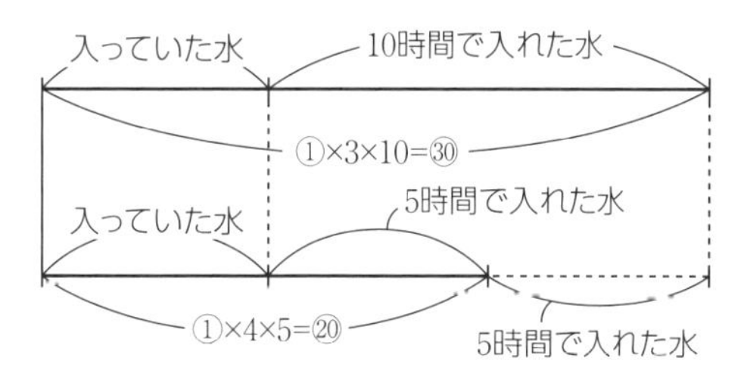

(1) 上の図より，10－5＝5(時間)で入れた水は，

㉚－⑳＝⑩だから，

1時間に入れた水は，⑩÷5＝②

はじめ，水そうに入っていた水の量は，

㉚－②×10＝㉚－⑳＝⑩

(2) はじめ水そうに入っていた水は，
1時間に①×5－②＝③ずつ減るから，
水をすべてくみ出すのにかかる時間は，
$⑩÷③=10÷3=\frac{10}{3}=3\frac{1}{3}$(時間)
$3\frac{1}{3}$時間は，3時間20分。

47 データの整理 ▶問題109ページ

1 (1) **18m** (2) **16.5m** (3) **16.3m**
(4) 階級…**15m以上20m未満(の階級)**
割合…**50%**

2 (1) **11人** (2) **30%** (3) **算数**
(4) **32点**

解説

1 (1) データの中で最も多い値は，
4個ある18mだから，最頻値は18m

(2) 中央値は，10番目と11番目の平均値をとって，
(16＋17)÷2＝16.5(m)

(3) データの合計を求めると326mだから，
平均値は，326÷20＝16.3(m)

(4) 5m以上10m未満の階級の度数は2人，
10m以上15m未満の階級の度数は4人，
15m以上20m未満の階級の度数は10人，
20m以上25m未満の階級の度数は4人だから，
度数が最も多いのは15m以上20m未満の階級で，
人数の割合は，10÷20＝0.5 ➡ 50%

2 (1) 右のように，表の左上から右下に対角線をひくと，この線より下側が，国語の点数が算数の点数より高い人だから，

算数の点数

国語の点数＼算数の点数	10	20	30	40	50
10					1
20			6	3	
30		2	1		④
40	1	5		②	1
50			③		1

2＋1＋5＋3＝11(人)

(2) 2教科の合計点が80点の人は，
上の表で○をつけた人で，4＋2＋3＝9(人)
その割合は，9÷30＝0.3 ➡ 30%

(3) 国語の合計点は，
10×1＋20×(6＋3)＋30×(2＋1＋4)
＋40×(1＋5＋2＋1)＋50×(3＋1)
＝10＋180＋210＋360＋200＝960(点)
算数の合計点は，
10×1＋20×(2＋5)＋30×(6＋1＋3)
＋40×(3＋2)＋50×(1＋4＋1＋1)
＝10＋140＋300＋200＋350＝1000(点)
したがって，合計点が高いのは算数である。

(4) (3)より，国語の合計点は960点だから，
国語の平均点は，960÷30＝32(点)

48 論理・推理 ▶問題111ページ

1 (1) B…**正直者**，C…**正直者**
(2) **正直者**

2 うそをついている人…**C**
4人の順位…**A，B，C，D**

3 (1) **60点** (2) **D，C，B，E，A**

解説

1 (1) Aがうそつきだとすると，
Aの「B君はうそつきだ。」はうそだから，
Bは正直者である。
すると，Bの「C君は正直者だね。」は本当で，
Cも正直者である。

(2)・AとBがうそつきだとすると，Cは正直者で，
Aの証言からBは正直者となり，
これはおかしい。
・AとCがうそつきだとすると，Bは正直者で，
Aの証言からBは正直者，
Bの証言からCも正直者となり，
これもおかしい。
・BとCがうそつきだとすると，Aは正直者で，
Aの証言からBはうそつき，
Bの証言からCもうそつき，
Cの証言からAは正直者となり，
おかしい点はない。
したがって，Aは正直者である。

2 ・Aがうそをついているとすると，
Aの発言から，Aは3位か4位。
Bの発言から，Bは2位。
Cの発言から，Bが2位，Cが3位，Aが4位で，
残ったDが1位。
これはDの発言と合っていないからおかしい。
・Bがうそをついているとすると，
Aの発言から，Aは1位か2位。
Cの発言から，Aは3位以下だから，
これはおかしい。
・Cがうそをついているとすると，

A，Bの発言から，Aは1位で，Bは2位。
Dの発言から，Aが1位，Bが2位，Dが4位で，
残ったCが3位。
CはAにもBにも負けているので，
Cの発言はうそになり，おかしい点はない。

・Dがうそをついているとすると，
A，Bの発言から，Aは1位で，Bは2位。
これはCの発言と合っていないからおかしい。
したがって，うそをついているのはCで，
4人を速かった順に左から並べると，A，B，C，D

3 (1) Aの発言より，5人の得点は，
20点，40点，60点，80点，100点で，
平均点は，真ん中の点で，60点。

(2) Bの発言より，BとCの得点の合計は，
60×2＝120(点)より低いから，
60点か80点か100点。
Cの発言より，Cは40点か60点か80点。
Cが40点のとき，Bは20点か60点。
Cが60点のとき，Bは20点か40点。
Cが80点のとき，Bは20点。
Dの発言より，Bは20点ではないから，
Cが40点でBは60点か，
Cが60点でBは40点。
Dの発言より，どちらの場合もDは20点。
Dが20点，Cが40点，Bが60点のとき，
Eの発言より，Eは80点で，Aは100点。
これは5人の発言をすべて満たす。
Dが20点，Cが60点，Bが40点のとき，
Eの発言より，Eは60点で，
これは60点が2人いるからおかしい。
よって，5人を得点の低い順に左から並べると，
D，C，B，E，A

49 場合の数の基本

▶問題113ページ

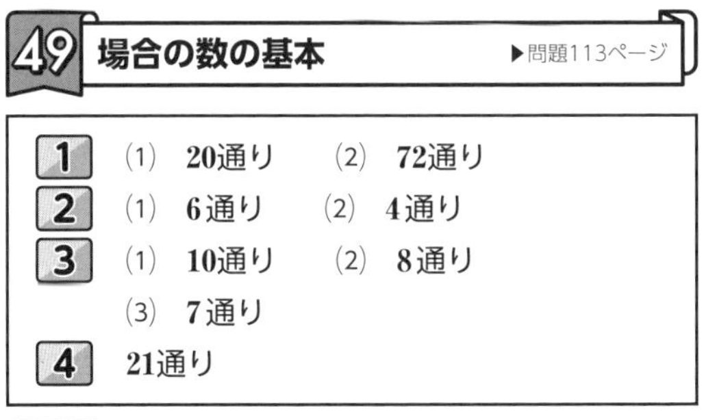

1 (1) **20通り**　(2) **72通り**
2 (1) **6通り**　(2) **4通り**
3 (1) **10通り**　(2) **8通り**
(3) **7通り**
4 **21通り**

解説

1 (1) 往復の道の選び方は，
行きは5通り，帰りは5−1＝4(通り)だから，
全部で，5×4＝20(通り)

(2) Tシャツとジーンズの組み合わせは，
6×3(通り)で，そのそれぞれについて，
スニーカーの組み合わせが4通りずつあるから，
組み合わせは，全部で，6×3×4＝72(通り)

2 樹形図に表すと，次のようになる。

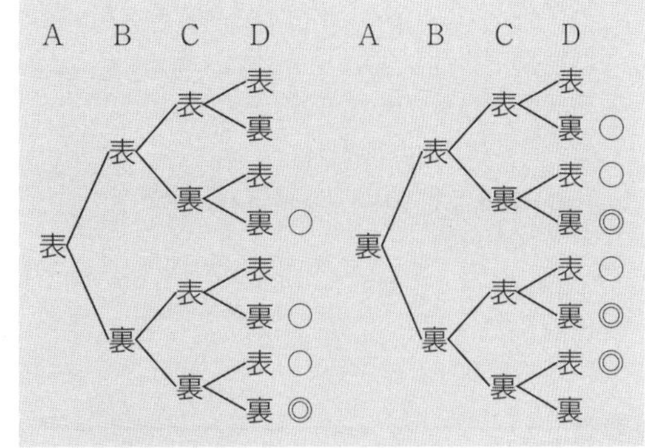

(1) 表と裏が2枚ずつ出る場合は，
○をつけた6通り。

(2) 1枚は表，3枚は裏が出る場合は，
◎をつけた4通り。

3 それぞれ表をつくって調べる。

(1) 目の数の和が9以上になるのは，
下の表1で，○をつけた10通り。

(2) 目の数の差が2になる場合は，
下の表2で，○をつけた8通り。

(3) 点Pが頂点Bにくるのは，
目の数の和が6，11になる場合で，
下の表3で，○をつけた7通り。

表1

大＼小	1	2	3	4	5	6
1						
2						
3						○
4					○	○
5				○	○	○
6			○	○	○	○

表2

大＼小	1	2	3	4	5	6
1			○			
2				○		
3	○				○	
4		○				○
5			○			
6				○		

表3

2回目

1回目＼2回目	1	2	3	4	5	6
1					○	
2				○		
3			○			
4		○				
5	○					○
6					○	

4 目の数の和が8になる場合は，
Aが1のとき，(B，C)の和が7のときで，
(1，6)，(2，5)，(3，4)，(4，3)，(5，2)，
(6，1)の6通り。

Aが2のとき，(B，C)の和が6のときで，
(1，5)，(2，4)，(3，3)，(4，2)，(5，1)の5通り。
Aが3のとき，(B，C)の和が5のときで，
(1，4)，(2，3)，(3，2)，(4，1)の4通り。
Aが4のとき，(B，C)の和が4のときで，
(1，3)，(2，2)，(3，1)の3通り。
Aが5のとき，(B，C)の和が3のときで，
(1，2)，(2，1)の2通り。
Aが6のとき，(B，C)の和が2のときで，
(1，1)の1通り。
したがって，全部で，
$6+5+4+3+2+1=21$(通り)

50 順列と組み合わせ

▶問題115ページ

1 (1) **120通り** (2) **12通り**
(3) **36通り** (4) **48通り**
2 (1) **12通り**
(2) ① **96通り** ② **60通り**
(3) **12通り**
3 (1) **15通り** (2) **10通り**

解説

1 (1) $5\times4\times3\times2\times1=120$(通り)
(2) 男女交互の並び方は，女男女男女で，
女子3人の並び方は，$3\times2\times1=6$(通り)
男子2人の並び方は，$2\times1=2$(通り)だから，
男女交互に並ぶ並び方は，$6\times2=12$(通り)
(3) 両はしが女子の並び方は，
女男男女女，女男女男女，女女男男女で，
それぞれの男子と女子の並び方は，
(2)より12通りずつあるから，
両はしに女子が並ぶ並び方は，$12\times3=36$(通り)
(4) となり合う2人の男子を1人と考えると，
4人の並び方は，$4\times3\times2\times1=24$(通り)
となり合う男子2人の並び方は2通りだから，
男子2人がとなり合って並ぶ並び方は，
$24\times2=48$(通り)

2 (1) 3けたの整数が3の倍数になるのは，
各位の数の和が3の倍数になるときである。
3枚のカードの数の和が6となるのは，
1，2，3のカードを並べたときで，
3枚のカードの数の和が9となるのは，
2，3，4のカードを並べたときである。
それぞれ$3\times2\times1=6$(通り)の並べ方があるから，
できる3の倍数は，$6\times2=12$(通り)
(2)① いちばん上の位に0は置けないから，
一万の位は，0以外の4通り。
下4けたは，残り4枚を並べればよいから，
できる5けたの整数は，全部で，
$4\times4\times3\times2\times1=96$(通り)
② 一の位の数が0のときと2，4のときとで，場合分けして考える。
一の位が0のとき，一万の位から十の位は，
残り4個の数字を並べる順列で，
$4\times3\times2\times1\times1=24$(通り)
一の位が2，4のとき，一万の位は，
0と一の位で使った数字を除いた3通り。
千の位から十の位は，
残り3個の数字を並べる順列で，
$3\times3\times2\times1\times2=36$(通り)
よって，できる偶数は，$24+36=60$(通り)
(3) 百の位が1のとき，図1の樹形図より3通り。
百の位が2のときも，同じように3通り。
百の位が3のとき，図2の樹形図より6通り。
よって，できる3けたの整数は，全部で，
$3+3+6=12$(通り)

図1

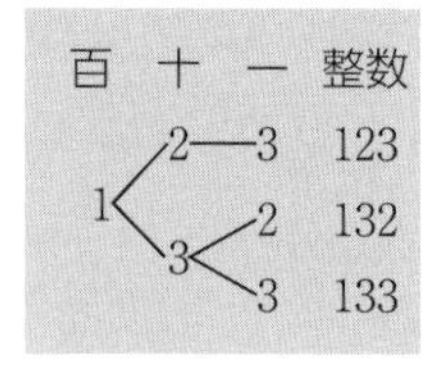

図2

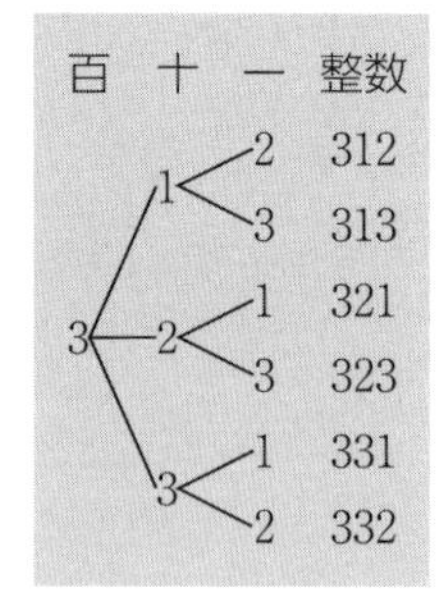

3 (1) $6\times5\div2=15$(通り)
(2) 5人の中から3人の当番を選ぶということは，
当番ではない2人を選ぶことと同じだから，
$5\times4\div2=10$(通り)

51 いろいろな場合の数(1)

▶問題117ページ

1 (1) **190試合** (2) **19試合**
2 (1) **48試合** (2) **64試合**
(3) **7試合**
3 (1) **462通り** (2) **210通り**
(3) **252通り**

解説

1 (1) 総当たり戦の試合数は，
20人の中から2人を選ぶ組み合わせだから，
全部で，20×19÷2＝190(試合)

(2) 3位決定戦は行わないから，
20人が参加したトーナメント方式の試合数は，
全部で，20－1＝19(試合)

2 (1) 1つのグループの総当たり戦の試合数は，
4×3÷2＝6(試合)
8つのグループでは，6×8＝48(試合)

(2) 決勝トーナメントに進むチーム数は，
2×8＝16(チーム)
16チームのトーナメント方式の試合数は，
3位決定戦も行われるから，
16－1＋1＝16(試合)
この大会の試合数は，全部で，
48＋16＝64(試合)

(3) グループリーグでの試合数は，
4－1＝3(か国)と試合をするから，3試合。
決勝トーナメントでは，
1回勝てばベスト8で次が準々決勝，
2回勝てばベスト4で次が準決勝，
3回勝てば次が決勝で，4回勝てば優勝だから，
優勝したアルゼンチンのこの大会の試合数は，
3＋4＝7(試合)

3 (1) 下の図1より，A地点からC地点まで
遠回りしないで行く行き方は，462通り。

(2) 下の図1より，A地点からB地点まで
遠回りしないで行く行き方は，6通り。
下の図2より，B地点からC地点まで
遠回りしないで行く行き方は，35通り。
したがって，A地点からB地点を通って
C地点まで，遠回りしないで行く行き方は，
6×35＝210(通り)

図1

					C
1	7	28	84	210	462
1	6	21	56	126	252
1	5	15	35	70	126
1	4	10	20	35	56
1	3	6	10	15	21
1	2	3	B 4	5	6
A	1	1	1	1	1

図2

					C
		1	5	15	35
		1	4	10	20
		1	3	6	10
		1	2	3	4
			1	1	1
		B			
A					

(3) (1)，(2)より，A地点からB地点を通らずに
C地点まで，遠回りしないで行く行き方は，
462－210＝252(通り)

〈確認〉数え上げると，
右の図のようになり，
確かに252通りある
ことがわかる。

					C
1	7	22	54	120	252
1	6	15	32	66	132
1	5	9	17	34	66
1	4	4	8	17	32
1	3	B	4	9	15
1	2	3	4	5	6
A	1	1	1	1	1

52 いろいろな場合の数(2)

▶問題119ページ

1 (1) **24通り** (2) **48通り**
(3) **12通り**

2 (1) **18通り** (2) **72通り**
(3) **108通り**

3 (1) **23通り** (2) **9通り**

解説

1 (1) 4色すべてを使ってぬり分けるとき，
Aは，赤，青，黄，緑の4通り。
Bは，Aで使った色以外の3通り。
Cは，A，Bで使った色以外の2通り。
Dは，残った色で1通りだから，
4色すべてを使ったぬり分け方は，
全部で，4×3×2×1＝24(通り)

(2) 4色のうち，3色を使ってぬり分けるとき，
AとC，またはBとDを同じ色にすればよい。
AとCを同じ色にするとき，
AとCは，赤，青，黄，緑の4通り。
Bは，AとCで使った色以外の3通り。
Cは，残った色で2通りあるから，
4×3×2＝24(通り)
BとDを同じ色にするときも，
同じように24通りあるから，
4色のうち，3色を使ったぬり分け方は，
全部で，24×2＝48(通り)

(3) 4色のうち，2色を使ってぬり分けるとき，
AとC，BとDを同じ色にすればよい。
AとCは，赤，青，黄，緑の4通り。
BとDは，残った色で3通りあるから，
4色のうち，2色を使ったぬり分け方は，
全部で，4×3＝12(通り)

2 (1) 3色すべてを使ってぬり分けるとき，
BとC，またはBとD，またはCとDを
同じ色にすればよい。
BとCを同じ色にするとき，

$3\times2\times1=6$(通り)
BとD，またはCとDを同じ色にするときも，
同じように6通りずつあるから，
3色すべてを使ったぬり分け方は，
全部で，$6\times3=18$(通り)

(2) 4色のうち，3色を使ってぬり分けるときも，
BとC，またはBとD，またはCとDを
同じ色にすればよい。
BとCを同じ色にするとき，
$4\times3\times2=24$(通り)
BとD，またはCとDを同じ色にするときも，
同じように24通りずつあるから，
4色のうち，3色を使ったぬり分け方は，
全部で，$24\times3=72$(通り)

(3) 4色すべてを使ったぬり分け方は，
$4\times3\times2\times1=24$(通り)
4色のうち，3色を使ったぬり分け方は，
(2)より72通り。
4色のうち，2色を使ったぬり分け方は，
B，C，Dを同じ色にすればよいから，
$4\times3=12$(通り)
したがって，4色を使ったぬり分け方は，
全部で，$24+72+12=108$(通り)

3 (1) 硬貨の合計金額は，
$100\times2+50\times3+10\times2=370$(円)
10円から370円までの37通りのうち，
支払うことができない金額は，
下2けたが30円，40円，80円，90円のときで，
10円台，100円台，200円台に4通りずつ，
300円台に2通りあるから，合わせて，
$4\times3+2=14$(通り)
したがって，支払うことができる金額は，
全部で，$37-14=23$(通り)

〈別解〉100円玉，50円玉だけで支払えるのは，
50円，100円，150円，200円，250円，
300円，350円の7通り。
そのそれぞれについて，
10円玉が0枚，1枚，2枚のとき，
$7\times3=21$(通り)
10円玉だけのとき，10円，20円の2通り。
全部で，$21+2=23$(通り)

(2) どの硬貨も少なくとも1枚は使うから，
$400-(100+50+10)=240$(円)を，
3種類の硬貨でつくる組み合わせを考える。

100円	2	1	1	1	0	0	0	0	0
50円	0	2	1	0	4	3	2	1	0
10円	4	4	9	14	4	9	14	19	24

上の表より，支払い方は，全部で9通り。

53 平行線と角，三角形の角

▶問題121ページ

1 (1) **72°** (2) **51°** (3) **150°**
2 (1) **105°** (2) **128°** (3) **21°**
3 (1) 角x…**102°**，角y…**73°**
(2) **42°** (3) **79°**

解説

1 それぞれ平行線の間の角の頂点を通り，
直線ℓに平行な直線をひいて，
平行線の錯角は等しいことを利用する。

(1) 角$x=30°+42°=72°$

(2) 角$x+49°=100°$，角$x=100°-49°=51°$

(3) $(180°-角x)+(180°-155°)=55°$，
$180°-角x+25°=55°$，
角$x=180°+25°-55°=150°$

2 (1) 三角形の内角の和は180°だから，
角$x+42°+33°=180°$，
角$x=180°-(42°+33°)=180°-75°=105°$

(2) 三角形の内角と外角の関係より，
角$x=58°+70°=128°$

(3) 三角形の内角と外角の関係より，
角$x+39°=60°$，角$x=60°-39°=21°$

3 (1) 角xは2つの三角形に共通な外角だから，
角$x=66°+36°=102°$
角$y=102°-29°=73°$

(2) 三角形FECの内角と外角の関係より，
角$\mathrm{FEC}=99°-25°=74°$
三角形ABEの内角と外角の関係より，
角$x=74°-32°=42°$

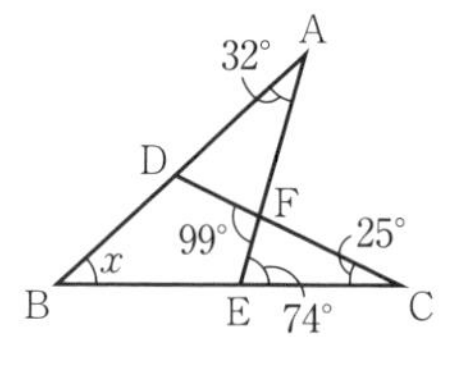

(3) 角xの頂点を通り，直線ℓに平行な直線をひくと，三角形の内角と外角の関係と，平行線の錯角は等しいことから，
角$x=(26°+19°)+34°$
$=45°+34°=79°$

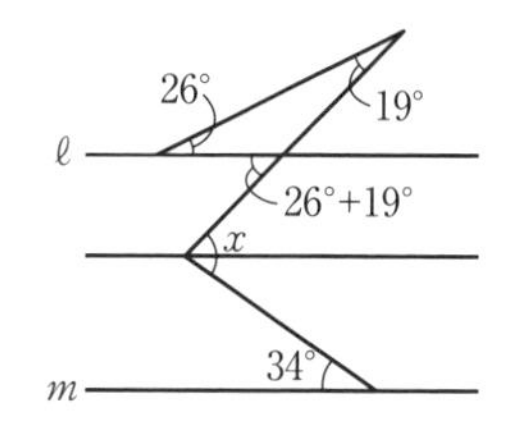

54 三角定規の角，二等辺三角形の角

▶問題123ページ

1 (1) **165°**　(2) **94°**

2 (1) **64°**　(2) **114°**　(3) **105°**

3 (1) 角x…**75°**，角y…**150°**

(2) 角x…**105°**，角y…**45°**

4 **84°**

解説

1 1組の三角定規の角の大きさは，
30°，60°，90°と45°，45°，90°である。

(1) 角EBF＝180°－45°
＝135°
三角形FEBの内角と外角の関係より，
角x＝30°＋135°
＝165°

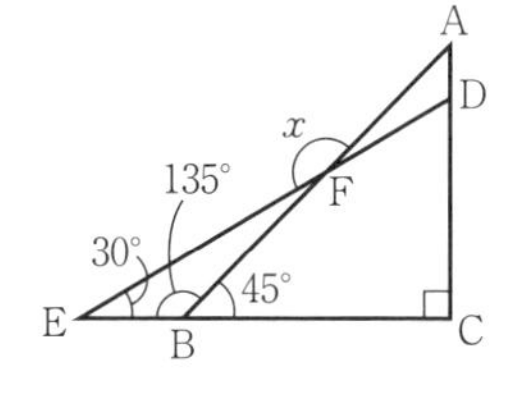

(2) 三角形ADGの内角の和と対頂角は等しいことから，
角FGJ＝角AGD
＝180°－(60°＋71°)
＝180°－131°＝49°
三角形FGJの内角と外角の関係より，
角x＝45°＋49°＝94°

2 二等辺三角形の2つの底角は等しい。

(1) 角xは二等辺三角形の底角だから，
角x＝(180°－52°)÷2＝64°

(2) 角xは二等辺三角形の頂角だから，
角x＝180°－33°×2＝114°

(3) この二等辺三角形の底角は，
(180°－30°)÷2＝75°だから，
角x＝180°－75°＝105°

3 正方形の1つの角の大きさは90°，
正三角形の1つの角の大きさは60°である。
正方形と正三角形を組み合わせてできる二等辺三角形に着目する。

(1) 角ABE＝90°－60°＝30°
BA＝BEより，三角形BAEは二等辺三角形で，
角xはこの二等辺三角形の底角だから，
角x＝(180°－30°)÷2＝75°
角EAD＝90°－75°＝15°
EA＝EDより，三角形EADは二等辺三角形で，
角yはこの二等辺三角形の頂角だから，
角y＝180°－15°×2＝150°

(2) 角ADE＝90°＋60°＝150°
DA＝DEより，三角形DAEは二等辺三角形で，
角DAFと角DEFは底角だから，
角DAF＝角DEF＝(180°－150°)÷2＝15°
角xは三角形DAFの外角だから，
角x＝90°＋15°＝105°
角y＝60°－15°＝45°

4 角Aは二等辺三角形ABCの頂角だから，
角A＝180°－82°×2＝16°
二等辺三角形の底角は等しいことと，三角形の内角と外角の関係を使って，角DEA，角EDF，角EFD，角FEB，角FBEの順に大きさを求めていくと，下の図のようになるから，
角x＝180°－48°×2＝84°

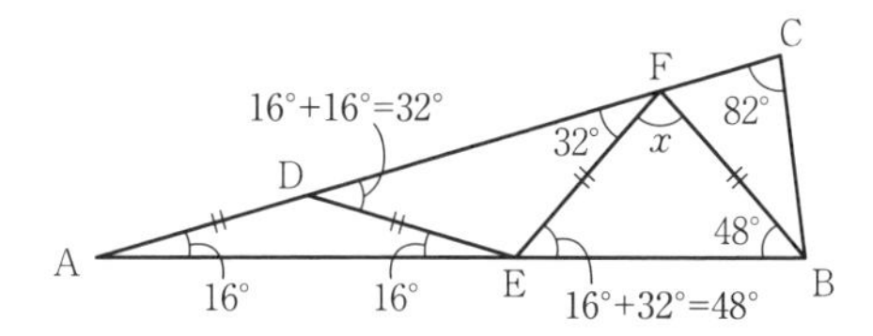

55 多角形の角

▶問題125ページ

1 (1) **900°**　(2) **八角形**
(3) **正十五角形**　(4) **150°**

2 (1) **50°**　(2) **108°**　(3) **540°**
(4) **26°**

解説

1 N角形の内角の和は，180°×(N－2)
多角形の外角の和は，何角形でも360°

(1) 七角形の内角の和は，180°×(7－2)＝900°

(2) この多角形を□角形とすると，
180°×(□－2)＝1080°，□－2＝1080÷180＝6，
□＝6＋2＝8より，これは八角形である。

(3) この正多角形を正□角形とすると，
24°×□＝360°，□＝360÷24＝15より，
これは正十五角形である。

(4) 正十二角形の1つの外角の大きさは，
360°÷12＝30°だから，
1つの内角の大きさは，180°－30°＝150°
〈別解〉正十二角形の内角の和は，
180°×(12－2)＝1800°だから，
1つの内角の大きさは，1800°÷12＝150°

2 (1) 右の図のように，2つの頂点を通る直線をひくと，2つの三角形の内角と外角の関係より，

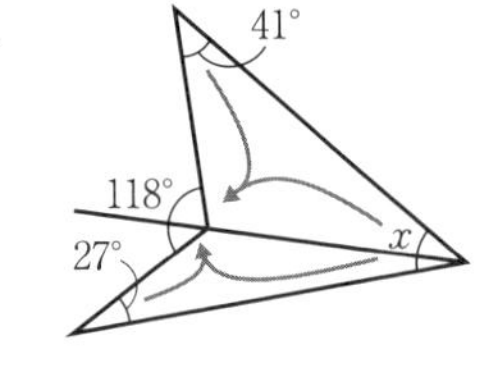

41°＋角x＋27°＝118°

角x＝118°－(41°＋27°)＝50°

〈別解〉右の図のように，辺をのばすと，2つの三角形の内角と外角の関係より，

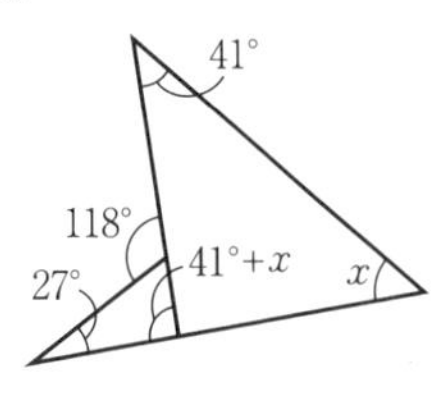

41°＋角x＋27°＝118°

角x＝118°－(41°＋27°)＝50°

〈参考〉右の図のようなブーメラン形の角の大きさには，次のような関係がある。

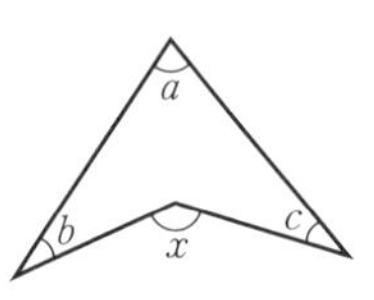

角x＝角a＋角b＋角c

(2) 大きい三角形の内角の和より，

36°＋(●＋△)×2＝180°，

●＋△＝(180°－36°)÷2＝72°

小さい三角形の内角の和より，

角x＋●＋△＝180°，角x＋72°＝180°，

角x＝180°－72°＝108°

(3) 右の図のように頂点を結んで角の大きさの和を移すと，印をつけた角の大きさの和は，三角形と四角形の内角の和に等しいから，

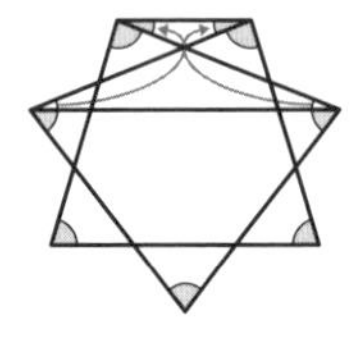

180°＋360°＝540°

(4) 右の図で，折り返した部分の対応する角の大きさは等しいから，

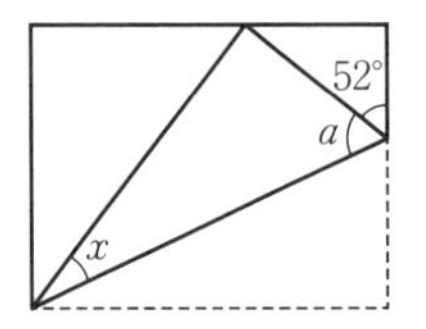

角a＝(180°－52°)÷2＝64°

三角形の内角の和より，

角x＝180°－(90°＋64°)＝26°

56 三角形と四角形の面積(1)

▶問題127ページ

1 (1) **7cm** (2) **20cm**

2 (1) **69cm²** (2) **22cm²**

(3) **15.5cm²** (4) **12cm²**

3 **693m²**

4 **215cm²**

解説

1 (1) この台形の下底を□cmとすると，

(3＋□)×9÷2＝45，3＋□＝45×2÷9＝10，

□＝10－3＝7(cm)

(2) この正方形の対角線の長さを□cmとすると，

□×□÷2＝200，□×□＝200×2＝400

400＝20×20より，□＝20(cm)

2 (1) かげをつけた部分の面積は，2つの三角形の面積の和を求めて，

13×6÷2＋12×5÷2＝39＋30＝69(cm²)

(2) かげをつけた部分の面積は，2つの三角形の面積の和を求めて，

4×4÷2＋4×7÷2＝8＋14＝22(cm²)

〈別解1〉かげをつけた部分の面積は，2つの三角形の面積の差を求めて，

(4＋7)×(4＋5)÷2－(4＋7)×5÷2

＝49.5－27.5＝22(cm²)

〈別解2〉次の単元で学習する等積変形を利用する。

右の図のように頂点を移動すると，かげをつけた部分の面積は，

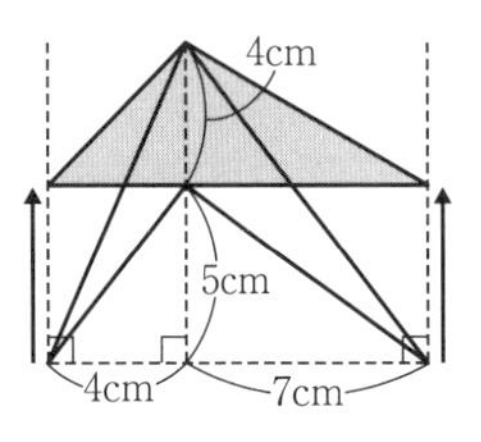

(4＋7)×4÷2＝22(cm²)

(3) 右の図のように対角線をひいて，かげをつけた部分を2つの三角形に分けると，その面積は，

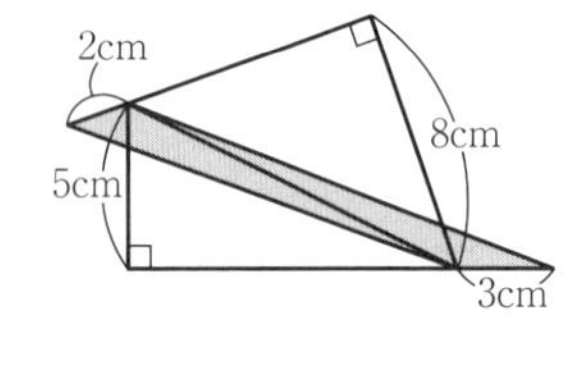

3×5÷2＋2×8÷2＝7.5＋8＝15.5(cm²)

(4) かげをつけた部分の面積は，三角形ADEの面積から三角形ADFの面積をひいて，

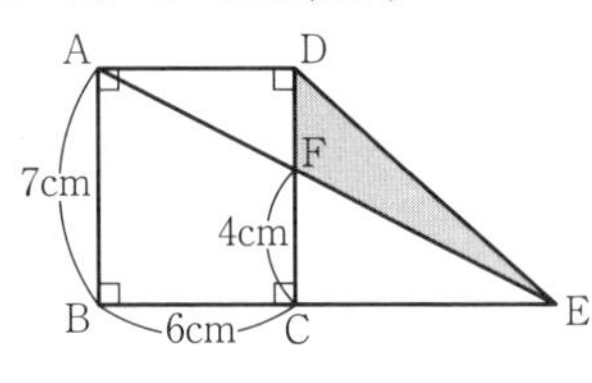

6×7÷2－6×(7－4)÷2＝21－9＝12(cm²)

〈別解〉右の図のように対角線ACをひくと，次の単元で学習するように，かげをつけた部分の面積は，三角形ACFの面積と等しいから，

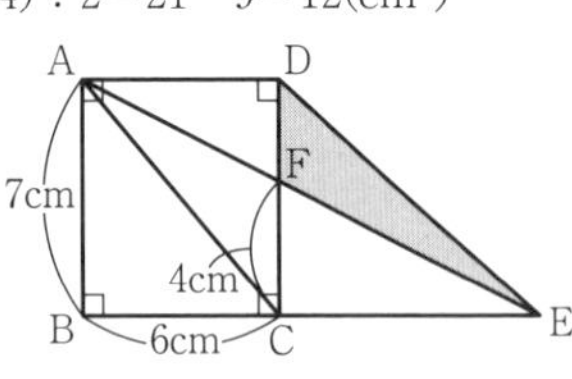

4×6÷2＝12(cm²)

3 道をはしによせると，畑は，縦24－3＝21(m)，横36－3＝33(m)の長方形になるから，その面積は，

21×33＝693(m²)

4 右の図のように辺をのばすと，1辺の長さが

$10+4+3=17$(cm)

の大きい正方形ができる。

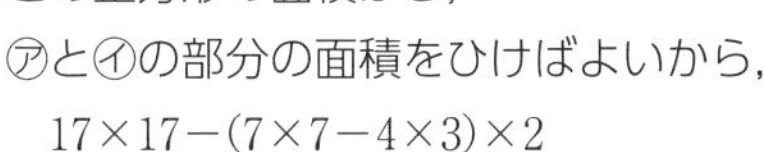

求める図形の面積は，この正方形の面積から，㋐と㋑の部分の面積をひけばよいから，

$17\times17-(7\times7-4\times3)\times2$

$=289-37\times2=289-74=215$(cm^2)

57 三角形と四角形の面積(2)

▶問題129ページ

1	**7cm**
2	(1) **20cm^2** (2) **10cm^2**
3	**7.5cm^2**
4	(1) **30cm^2** (2) **24cm^2**
5	**300cm^2**

解説

1 かげをつけた部分の各三角形で，辺BC上の頂点を点Bに集めても，各三角形の面積は変わらない。

かげをつけた部分の面積の和，すなわち，三角形ABDの面積が42cm^{2}だから，

長方形ABCDの面積は，$42\times2=84$(cm^2)

辺ABの長さは，$84\div12=7$(cm)

2 点M，Nはそれぞれ辺AB，CDの真ん中の点だから，四角形AMNDと四角形MBCNは，どちらも縦が$8\div2=4$(cm)の長方形である。

よって，辺AD，BCと直線MNは平行である。

(1) 斜線部分の各三角形を直線MNで折り返し，さらに5つの頂点を点Aに集めると，かげをつけた部分と斜線部分の面積の和は，三角形AMNの面積になるから，

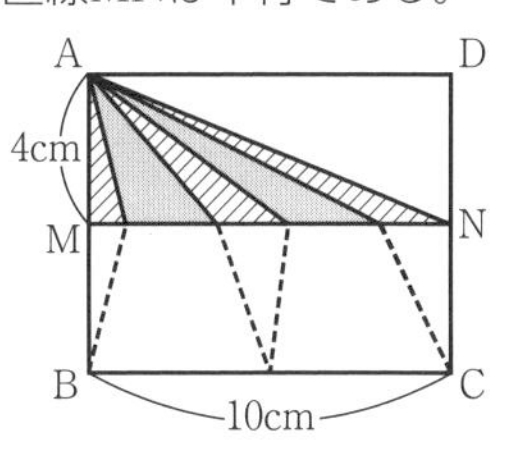

$10\times4\div2=20$(cm^2)

(2) 右の図のように，各三角形の辺AD，BC上の頂点から，直線MNに垂直な直線をひくと，かげをつけた部分と斜線部分に，合同な直角三角形が4組できることがわかる。

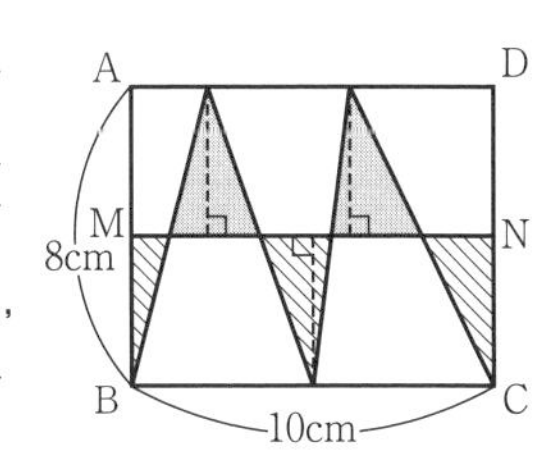

したがって，かげをつけた部分の面積の和は，

$20\div2=10$(cm^2)

3 右の図のように直線ADをひくと，かげをつけた部分の面積は，三角形AEDの面積と等しいから，

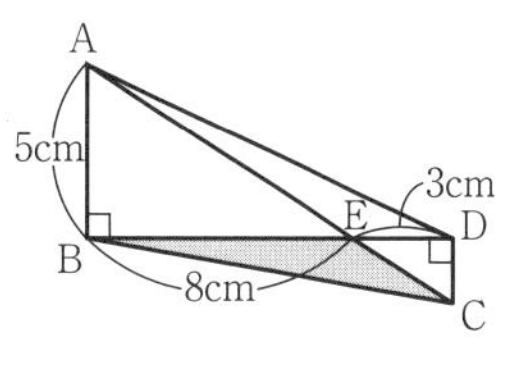

$3\times5\div2=7.5$(cm^2)

4 (1) 右の図のように，点Cから辺ADにひいた垂直な直線をCHとすると，角CHD＝90°，角CDH＝30°，CD＝6cmより，直角三角形CDHは1辺が6cmの正三角形の半分の形だから，

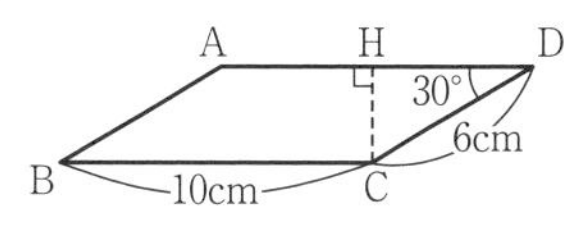

$CH=CD\div2=6\div2=3$(cm)

したがって，平行四辺形ABCDの面積は，

$10\times3=30$(cm^2)

(2) 角ADC＝90°，角ACD＝180°－150°＝30°，AC＝12cmより，直角三角形ACDは1辺が12cmの正三角形の半分の形だから，

$AD=AC\div2=12\div2=6$(cm)

したがって，三角形ABCの面積は，

$8\times6\div2=24$(cm^2)

5 $360°\div12=30°$より，正十二角形は頂角が30°の合同な二等辺三角形12個でできている。

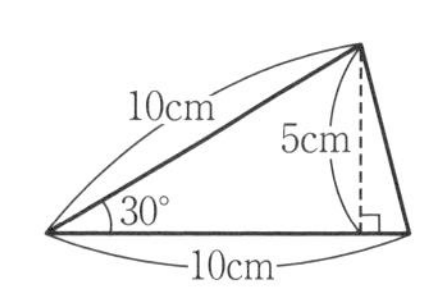

1つの二等辺三角形は，底辺を10cmとすると，高さは，$10\div2=5$(cm)だから，

面積は，$10\times5\div2=25$(cm^2)

したがって，この正十二角形の面積は，

$25\times12=300$(cm^2)

58 三角形と四角形の面積(3)

▶問題131ページ

1	(1) **10** (2) **3**
2	(1) **32cm^2** (2) **95cm^2**
3	**12cm^2**
4	(1) $\frac{2}{3}$ (2) $\frac{1}{3}$ (3) $\frac{3}{8}$

解説

1 (1) ㋐と㋑の部分の面積は等しいから，それぞれに三角形AEGを加えた三角形ABFと三角形AEDの面積も等しい。

$4\times8\div2=x\times(8-4.8)\div2$,
$x=4\times8\div3.2=10$

(2) ㋐と㋑の部分の面積は等しいから，
それぞれに四角形HFCGを加えた
台形EBCGと三角形DFCの面積も等しい。
BC＝4＋5＝9(cm)，GC＝9－7＝2(cm)だから，
$(x+2)\times9\div2=5\times9\div2$,
$x+2=5$，$x=5-2=3$

2 (1) 右の図のように，長方形の辺に平行な直線をひくと，かげをつけていない部分の面積の和は，もとの長方形の面積から，かげをつけた小さい正方形の面積をひいたものの半分だから，

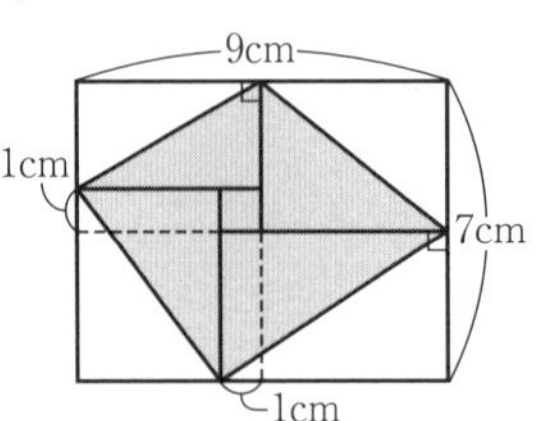

$(7\times9-1\times1)\div2=(63-1)\div2=31(cm^2)$
したがって，かげをつけた部分の面積は，
$63-31=32(cm^2)$

(2) 右の図のように，正方形の辺に平行な直線をひくと，かげをつけていない部分の面積の和は，もとの正方形の面積に，かげをつけた小さい長方形の面積を加えたものの半分だから，

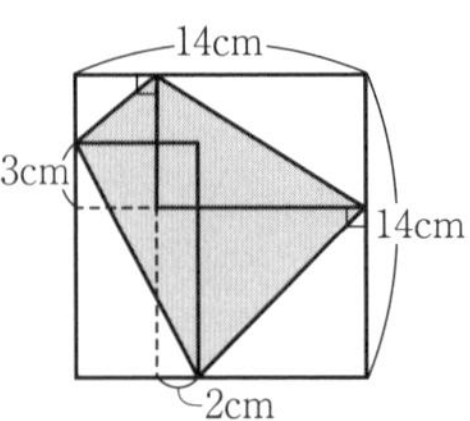

$(14\times14+3\times2)\div2=(196+6)\div2=101(cm^2)$
したがって，かげをつけた部分の面積は，
$196-101=95(cm^2)$

3 右の図のように，図形全体を囲む長方形をつくると，この長方形の面積は，

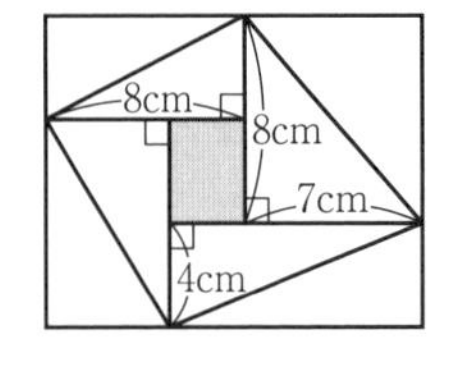

$(8+4)\times(8+7)$
$=12\times15=180(cm^2)$

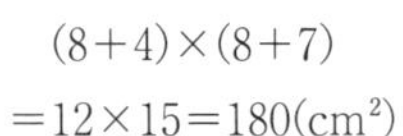

もとの4つの直角三角形の面積の和が84cm²だから，かげをつけた長方形の面積は，
$180-84\times2=180-168=12(cm^2)$

4 正六角形を，面積が等しいいくつかの三角形に分割して考える。

(1) 右の図のように，正六角形を面積が等しい2つの正三角形と4つの二等辺三角形に分割すると，かげをつけた部分の面積は，正六角形の面積の，$\frac{4}{6}=\frac{2}{3}$

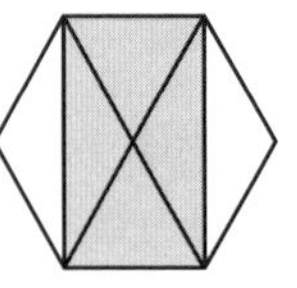

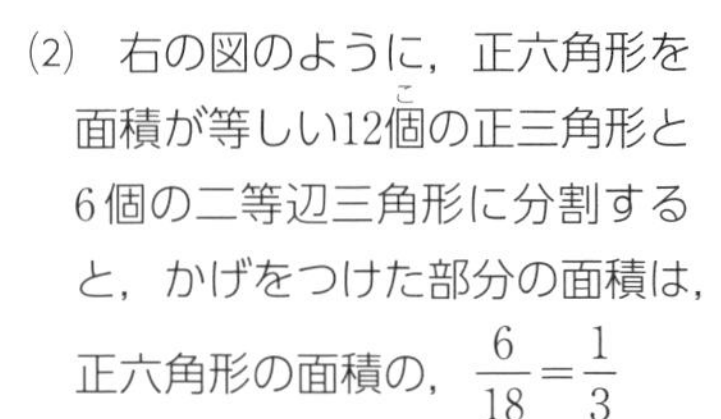

(2) 右の図のように，正六角形を面積が等しい12個の正三角形と6個の二等辺三角形に分割すると，かげをつけた部分の面積は，正六角形の面積の，$\frac{6}{18}=\frac{1}{3}$

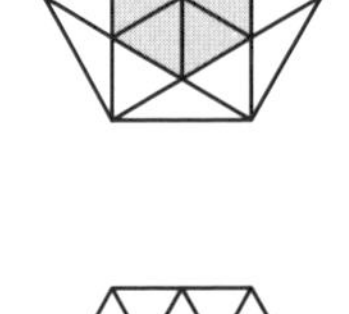

(3) 右の図のように，正六角形を合同な24個の正三角形に分割すると，かげをつけた部分の面積は，正六角形の面積の，
$\frac{9}{24}=\frac{3}{8}$

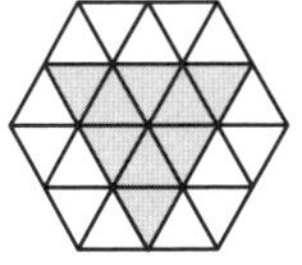

59 円とおうぎ形(1)

▶問題133ページ

1	(1) **28.26cm²**	(2) **7cm**	(3) **160°**
2	(1) **47.1cm²**	(2) **27.7cm**	
3	(1) **226.08cm²**	(2) **185.04cm**	
4	(1) **65.12cm**	(2) **87.92cm**	

解説

1 (1) この円の半径は，
$18.84\div3.14\div2=3(cm)$だから，
面積は，$3\times3\times3.14=28.26(cm^2)$

(2) 円AとBの円周の比は，半径の比に等しく，
1：1.4＝5：7
円AとBの円周の和が75.36cmだから，
円Bの円周は，$75.36\times\frac{7}{5+7}=43.96(cm)$
円Bの半径は，$43.96\div3.14\div2=7(cm)$

(3) 半径6cmのおうぎ形の中心角を□度とすると，
$4\times4\times3.14=6\times6\times3.14\times\frac{\square}{360}$,
$\frac{\square}{360}=\frac{4\times4\times3.14}{6\times6\times3.14}=\frac{16}{36}=\frac{160}{360}$,
□＝160(度)

2 ×3.14の計算は，分配の法則を使って，最後にまとめて計算する。

(1) 大きいおうぎ形の半径は，12＋6＝18(cm)
かげをつけた部分の面積は，
2つのおうぎ形の面積の差を求めて，
$18\times18\times3.14\times\frac{30}{360}-12\times12\times3.14\times\frac{30}{360}$
$=(27-12)\times3.14=15\times3.14=47.1(cm^2)$

(2) 曲線部分の長さの和は，
$18\times2\times3.14\times\frac{30}{360}+12\times2\times3.14\times\frac{30}{360}$
$=(3+2)\times3.14=5\times3.14=15.7(cm)$

直線部分の長さの和は，6＋6＝12(cm)だから，
かげをつけた部分の周の長さは，
15.7＋12＝27.7(cm)

3 (1) 例えば，右の図で，㋐と㋑の部分は，円の中心について点対称だから，面積は等しい。

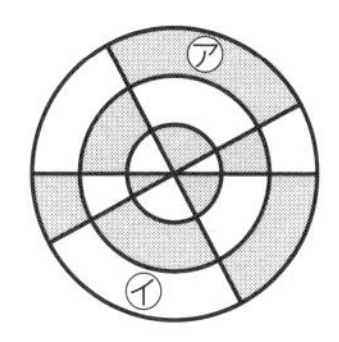

他の部分も円の中心について点対称になっているので，かげをつけた部分を1つの直径の片側に集めると，半径12cmの半円になる。

したがって，かげをつけた部分の面積の和は，
$12\times12\times3.14\div2=226.08(\mathrm{cm}^2)$

〈参考〉1つの点を中心として180°回転させると，ぴったり重なる図形は点対称であるという。

また，1つの直線を折り目として折り返すと，ぴったり重なる図形は線対称であるという。

(2) かげをつけた部分の周の長さの和は，
半径4cmの円周＋半径8cmの円周
＋半径12cmの半円の弧＋3本の直径
で求められるから，
$4\times2\times3.14+8\times2\times3.14+12\times2\times3.14\div2$
$+12\times2\times3$
$=(8+16+12)\times3.14+72=36\times3.14+72$
$=113.04+72=185.04(\mathrm{cm})$

4 (1) 右の図で，4つのおうぎ形㋐，㋑，㋒，㋓を合わせると，1つの円になるから，太線の曲線部分の長さの和は，

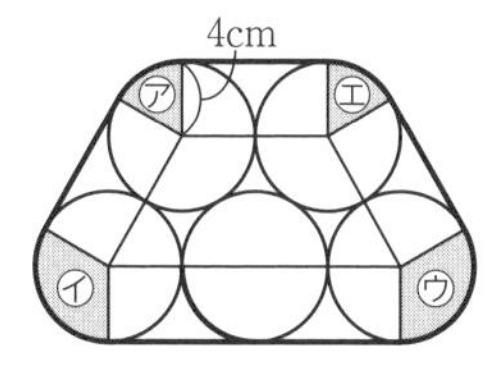

$4\times2\times3.14=25.12(\mathrm{cm})$
太線の直線部分の長さの和は，
$(4+4)\times5=40(\mathrm{cm})$
したがって，太線部分の長さは，
$25.12+40=65.12(\mathrm{cm})$

(2) 右の図で，5つの円の中心をそれぞれ結ぶと，正三角形が3つできる。

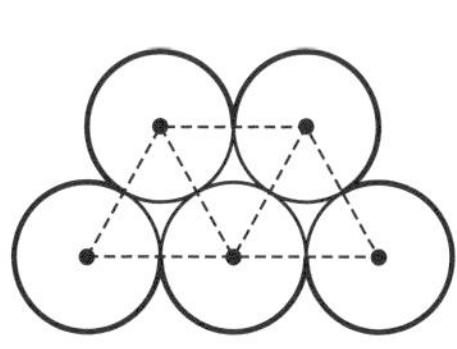

5つのおうぎ形の中心角の和は，円の中心の周りの角5つ分から，三角形の内角の和3つ分をひいて，
$360°\times5-180°\times3=1800°-540°=1260°$
したがって，太線部分の長さは，
$4\times2\times3.14\times\frac{1260}{360}=4\times2\times3.14\times\frac{7}{2}$
$=28\times3.14=87.92(\mathrm{cm})$

60 円とおうぎ形(2)

▶問題135ページ

1 (1) 周の長さ…**41.4cm**
面積…**39.25cm²**
(2) 周の長さ…**62.8cm**
面積…**57cm²**
(3) 周の長さ…**26.84cm**
面積…**9.12cm²**
(4) 周の長さ…**37.68cm**
面積…**24cm²**

2 (1) **25.12cm²** (2) **4.56cm²**

3 **8cm**

解説

1 (1) かげをつけた部分の周の長さは，
2つのおうぎ形の弧と1つの半径の長さの和で，
$10\times2\times3.14\div4+10\times3.14\div2+10$
$=(5+5)\times3.14+10=10\times3.14+10$
$=31.4+10=41.4(\mathrm{cm})$
半円の半径は，$10\div2=5(\mathrm{cm})$だから，
かげをつけた部分の面積は，
2つのおうぎ形の面積の差をとって，
$10\times10\times3.14\div4-5\times5\times3.14\div2$
$=(25-12.5)\times3.14=12.5\times3.14=39.25(\mathrm{cm}^2)$

(2) かげをつけた部分の周の長さは，
直径10cmの半円の弧4つ分で，
$10\times3.14\div2\times4=62.8(\mathrm{cm})$
半円の半径は，$10\div2=5(\mathrm{cm})$だから，
レンズ形(葉っぱ形)1つ分の面積は，
$5\times5\times3.14\div4\times2-5\times5$
$=39.25-25=14.25(\mathrm{cm}^2)$
したがって，かげをつけた部分の面積は，
$14.25\times4=57(\mathrm{cm}^2)$

(3) かげをつけた部分の周の長さは，
2つのおうぎ形の弧と1つの半径の長さの和で，
$8\times2\times3.14\times\frac{45}{360}+8\times3.14\div2+8$
$=(2+4)\times3.14+8=6\times3.14+8$
$=18.84+8=26.84(\mathrm{cm})$
かげをつけた部分の面積は，右の図のように面積を移すと，おうぎ形の面積から直角二等辺三角形の面積をひいて，

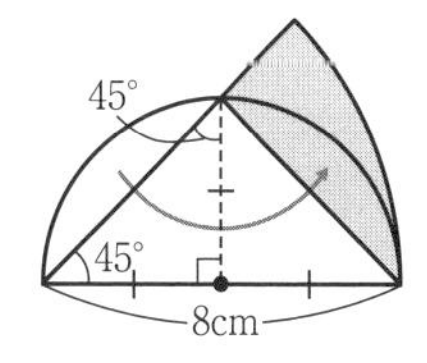

$8\times8\times3.14\times\frac{45}{360}-8\times8\div2\div2$

$=25.12-16=9.12(\mathrm{cm}^2)$

(4) かげをつけた部分の周の長さは，
3つの半円の弧の長さの和で，
$8\times3.14\div2+10\times3.14\div2+6\times3.14\div2$
$=(4+5+3)\times3.14=12\times3.14=37.68(\mathrm{cm})$
3つの半円の半径は，
$8\div2=4(\mathrm{cm})$，$10\div2=5(\mathrm{cm})$，$6\div2=3(\mathrm{cm})$
かげをつけた部分の面積は，
小さい2つの半円と直角三角形の面積の和から，大きい半円の面積をひいて，
$4\times4\times3.14\div2+3\times3\times3.14\div2+8\times6\div2$
$-5\times5\times3.14\div2$
$=(16+9-25)\times3.14\div2+24=0+24=24(\mathrm{cm}^2)$

〈参考(さんこう)〉このような図形をヒポクラテスの三日月といい，かげをつけた部分の面積は，直角三角形の面積と等しい。

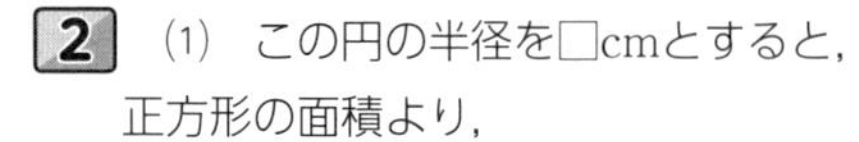

2 (1) この円の半径を□cmとすると，
正方形の面積より，
$(\square\times2)\times(\square\times2)\div2=4\times4$，
$\square\times\square=4\times4\times2\div2\div2=8$
したがって，1つの円の面積は，
$\square\times\square\times3.14=8\times3.14=25.12(\mathrm{cm}^2)$

(2) 右の図のように，2つの正方形に対角線をひいて小さい正方形をつくり，レンズ形(葉っぱ形)の面積を考えると，かげをつけた部分の面積は，

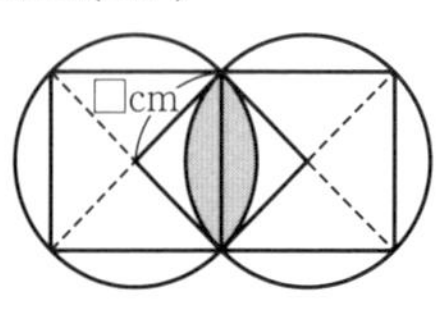

$\square\times\square\times3.14\div4\times2-\square\times\square$
$=8\times3.14\div4\times2-8=12.56-8=4.56(\mathrm{cm}^2)$

3 ㋐の部分と㋑の部分の面積の差が$28.26\mathrm{cm}^2$だから，それぞれに㋒の部分を加(くわ)えた，大きいおうぎ形と小さいおうぎ形の面積の差も$28.26\mathrm{cm}^2$である。

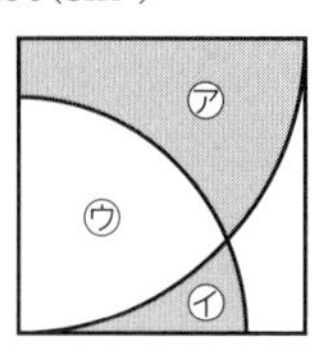

小さいおうぎ形の半径を□cmとすると，
$10\times10\times3.14\div4-\square\times\square\times3.14\div4=28.26$，
$(10\times10-\square\times\square)\times3.14\div4=28.26$，
$10\times10-\square\times\square=28.26\times4\div3.14=36$，
$\square\times\square=100-36=64$
$64=8\times8$より，$\square=8(\mathrm{cm})$

61 相似な三角形

▶問題137ページ

1 (1) x…**30**，y…**18**
(2) x…**6.4**，y…**9.6**
2 **12**
3 **7.5**
4 (1) **2：5**　(2) **4：3：7**
5 **6cm**

解説

1 2組の角がそれぞれ等しい2つの三角形は相(そう)似(じ)で，相似な図形の対応(たいおう)する辺(へん)の長さの比(ひ)は等しい。

(1) DEとBCは平行で，錯角(さっかく)は等しいから，
角ADE＝角ABC，角AED＝角ACB
よって，三角形ADEと三角形ABCは相似で，
対応する辺の長さの比は等しいから，
AD：AB＝DE：BC，12：18＝20：x，
$x=18\times20\div12=30(\mathrm{cm})$
AD：AB＝AE：AC，12：18＝y：27，
$y=12\times27\div18=18(\mathrm{cm})$

(2) DEとBCは平行で，同位角(どういかく)は等しいから，
角ADE＝角ABC，角AED＝角ACB
よって，三角形ADEと三角形ABCは相似で，
対応する辺の長さの比は等しいから，
AD：AB＝DE：BC，5：(5＋3)＝4：x，
$x=8\times4\div5=6.4(\mathrm{cm})$
AD：AB＝AE：AC，5：(5＋3)＝6：y，
$y=8\times6\div5=9.6(\mathrm{cm})$

2 三角形CEFと三角形CABは相似だから，
CE：CA＝EF：AB
＝3：4

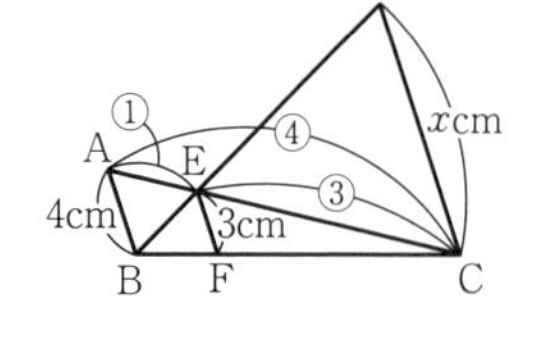

三角形EABと三角形ECDは相似だから，
AB：CD＝EA：EC＝(4−3)：3＝1：3,
4：x＝1：3，$x=4\times3\div1=12(\mathrm{cm})$

3 右の図のように対角線ACをひき，EFとの交点をGとすると，三角形AEGと三角形ABCは相似だから，

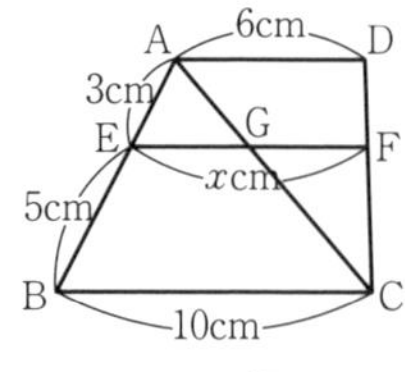

AE：AB＝EG：BC，
3：(3＋5)＝EG：10，$\mathrm{EG}=3\times10\div8=\dfrac{15}{4}(\mathrm{cm})$
三角形CGFと三角形CADは相似だから，
CG：CA＝GF：AD，5：(5＋3)＝GF：6，
$\mathrm{GF}=5\times6\div8=\dfrac{15}{4}(\mathrm{cm})$
$\mathrm{EF}=\mathrm{EG}+\mathrm{GF}=\dfrac{15}{4}+\dfrac{15}{4}=\dfrac{15}{2}=7.5(\mathrm{cm})$

4 (1) 三角形FAEと三角形FCBは相似だから，

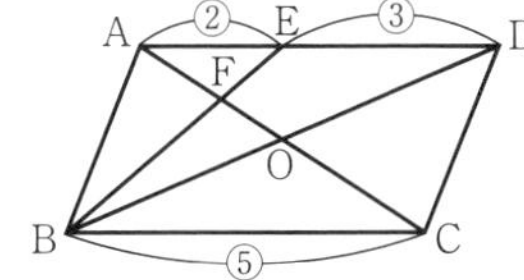

AF：FC＝AE：BC
＝2：(2＋3)＝2：5

(2) 三角形OABと三角形OCDは合同だから，
OA＝OCより，AO：OC＝1：1
対角線ACの長さを，(2＋5＝)7と(1＋1＝)2の最小公倍数(さいしょうこうばいすう)14にそろえると，
AF：FC＝2：5＝4：10
AO：OC＝1：1＝7：7だから，
AF：FO：OC＝4：(7－4)：7＝4：3：7

5 三角形ABCと三角形ADFは相似で，
三角形ABCにおいて，
AB：BC＝10：15＝2：3だから，
三角形ADFにおいて，
AD：DF＝2：3
AD＝②，DF＝③とすると，四角形DBEFは正方形だから，

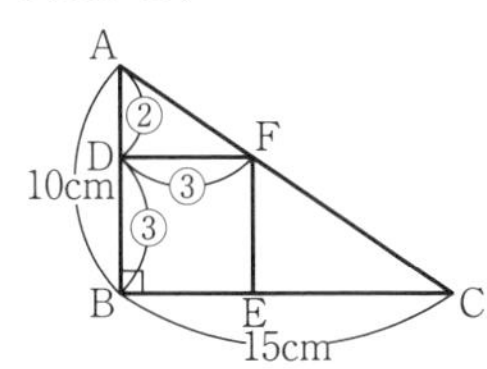

DB＝DF＝③
AB＝②＋③＝⑤が10cmにあたるから，
①＝10÷5＝2(cm)
③にあたるこの正方形の1辺の長さは，
2×3＝6(cm)

62 辺の長さの比と面積の比

▶問題139ページ

1 (1) **32cm²** (2) **7cm**
2 **15cm**
3 **3：2**
4 **21cm²**
5 **3：5**

解説

1 (三角形ABC)は，三角形ABCの面積(めんせき)を表すことにする。

(1) BD：DC＝4：5より，

$$(\text{三角形ABD})=(\text{三角形ABC})\times\frac{4}{4+5}$$
$$=180\times\frac{4}{9}=80(\text{cm}^2)$$

AE：ED＝2：3より，

$$(\text{三角形ABE})=(\text{三角形ABD})\times\frac{2}{2+3}$$
$$=80\times\frac{2}{5}=32(\text{cm}^2)$$

(2) 直線AEが台形ABCDの面積を2等分しているから，
BE＝(AD＋BC)÷2＝(5＋9)÷2＝7(cm)

2 AD：DB＝(三角形ADC)：(三角形DBC)＝1：5
AB＝48cmより，
$DB=48\times\frac{5}{1+5}=48\times\frac{5}{6}=40(\text{cm})$
DE：EB＝(三角形DEH)：(三角形EBH)＝1：3
DB＝40cmより，
$EB=40\times\frac{3}{1+3}=40\times\frac{3}{4}=30(\text{cm})$
EF：FB＝(三角形EFG)：(三角形FBG)＝1：1
EB＝30cmより，
EF＝30÷2＝15(cm)

3 (三角形GAB)：(三角形GBC)＝AF：FC
＝3：4
(三角形GBC)：(三角形GCA)＝BD：DA
＝2：1
三角形GBCの面積を，2と4の最小公倍数(さいしょうこうばいすう)4にそろえると，

(三角形GAB)	：	(三角形GBC)	：	(三角形GCA)
3	：	4		
		4	：	2
3	：	4	：	2

BE：EC＝(三角形GAB)：(三角形GCA)
＝3：2

4 三角形ABCの面積が72cm²で，
AD：AB＝1：2，AF：AC＝2：3だから，
三角形ADFの面積は，$72\times\frac{1}{2}\times\frac{2}{3}=24(\text{cm}^2)$
BE：BC＝1：4，BD：BA＝1：2だから，
三角形BEDの面積は，$72\times\frac{1}{4}\times\frac{1}{2}=9(\text{cm}^2)$
CF：CA＝1：3，CE：CB＝3：4だから，
三角形CFEの面積は，$72\times\frac{1}{3}\times\frac{3}{4}=18(\text{cm}^2)$
したがって，三角形DEFの面積は，
72－(24＋9＋18)＝72－51＝21(cm²)

5 三角形ADG，AEH，AFI，ABCは相似(そうじ)で，
相似比(そうじひ)は，1：2：3：4だから，面積の比は，
(1×1)：(2×2)：(3×3)：(4×4)
＝1：4：9：16
白い部分の面積の和を，
1＋(9－4)＝6とすると，
かげをつけた部分の面積の和は，
(4－1)＋(16－9)＝10だから，
$a：b$＝6：10＝3：5

63 相似の利用

▶問題141ページ

1 (1) $\mathbf{\dfrac{1}{25000}}$　(2) **2.4km**
(3) **0.36km²**　(4) **3cm²**
(5) **75分**
2 (1) **5.8m**　(2) **5.4m**
3 (1) **1.8m**　(2) **6m**

解説

1 (1) 750m＝750×100＝75000(cm)だから，
この地図の縮尺は，
$3 \div 75000 = \dfrac{3}{75000} = \dfrac{1}{25000}$

(2) 実際の橋の長さは，
$12 \div \dfrac{1}{200000} = 12 \times 200000 = 2400000(\text{mm})$
＝2400m＝2.4km

(3) この正方形の土地の実際の1辺の長さは，
$3 \div \dfrac{1}{20000} = 3 \times 20000 = 60000(\text{cm}) = 600\text{m}$
＝0.6km
実際のこの土地の面積は，$0.6 \times 0.6 = 0.36(\text{km}^2)$

(4) 2つの地図の縮尺の比は，
$\dfrac{1}{2500} : \dfrac{1}{2000} = 2000 : 2500 = 4 : 5$だから，
$\dfrac{1}{2000}$の地図上で，
縦16mmは，$16 \times \dfrac{5}{4} = 20(\text{mm}) = 2\text{cm}$
横12mmは，$12 \times \dfrac{5}{4} = 15(\text{mm}) = 1.5\text{cm}$
したがって，$\dfrac{1}{2000}$の地図上での面積は，
$2 \times 1.5 = 3(\text{cm}^2)$

(5) 実際に歩く道のりは，
$10 \div \dfrac{1}{50000} = 10 \times 50000 = 500000(\text{cm})$
＝5000m＝5kmだから，かかる時間は，
$5 \div 4 = \dfrac{5}{4}(\text{時間}) = 60 \times \dfrac{5}{4} = 75(\text{分})$

2 右の図のように，長さ1mの棒をPQ，その1.5mのかげをQRとする。

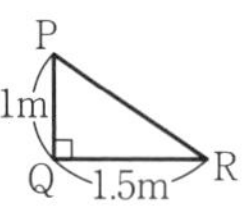

(1) 右の図のように三角形AGCをつくると，三角形PQRと三角形AGCは相似だから，

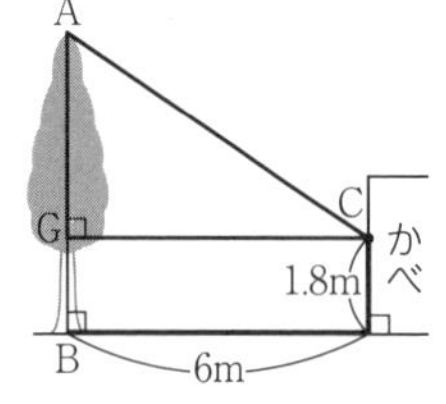

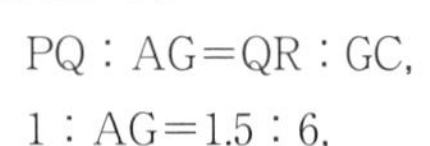
PQ：AG＝QR：GC，
1：AG＝1.5：6，
AG＝1×6÷1.5＝4(m)
木の高さは，AB＝AG＋GB＝4＋1.8＝5.8(m)

(2) 右の図のように三角形DHFをつくると，三角形PQRと三角形DHFは相似だから，

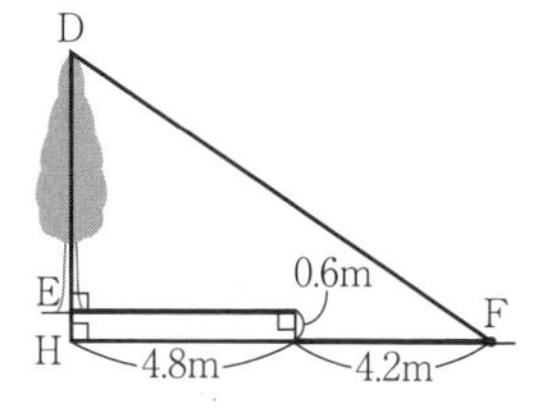

PQ：DH＝QR：HF，
1：DH＝1.5：(4.8＋4.2)，
DH＝1×9÷1.5＝6(m)
木の高さは，DE＝DH－EH＝6－0.6＝5.4(m)

3 (1) 右の図で，街灯の位置をA，歩いている人をCDとすると，この人のかげはDEとなる。

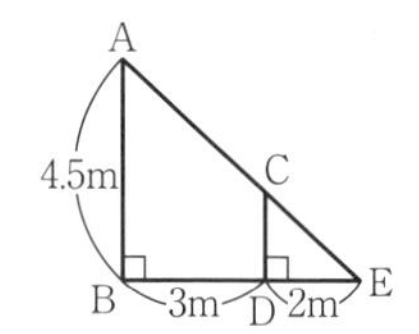

三角形ABEと三角形CDEは相似だから，
AB：CD＝BE：DE，4.5：CD＝(3＋2)：2，
CD＝4.5×2÷5＝1.8(m)

(2) 図に表すと，次のようになる。

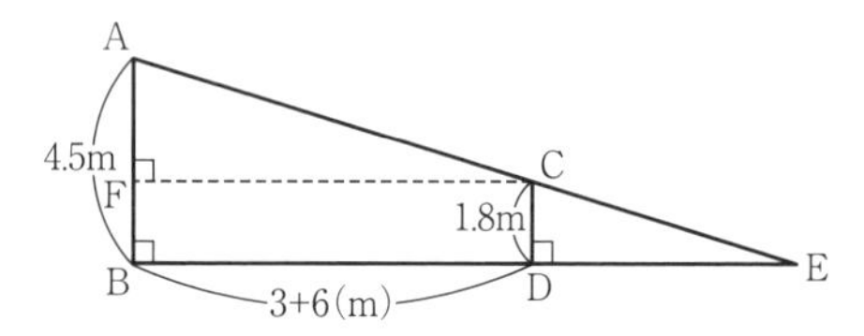

三角形AFCと三角形CDEは相似だから，
AF：CD＝FC：DE，
(4.5－1.8)：1.8＝(3＋6)：DE，
DE＝1.8×9÷2.7＝6(m)

64 平行移動と回転移動

▶問題143ページ

1 **660cm²**
2 (1) ① **2cm²**　② **6cm²**
(2) **3.5秒後，7.5秒後**
3 (1) **47.1cm**　(2) **56.52cm²**
4 (1) **99.7cm**　(2) **235.5cm²**

解説

1 三角形ABCと三角形DEFは合同だから，重なった部分の三角形GECをそれぞれからひいた，台形ABEGと台形DGCFの面積は等しい。
したがって，かげをつけた部分の面積は，
台形ABEGの面積を求めればよいから，
$\{(36-12)+36\} \times 22 \div 2 = 660(\text{cm}^2)$

2 (1)① 2秒後は，
$1\times2=2$(cm)動くから，重なった部分は，右の図のようになる。

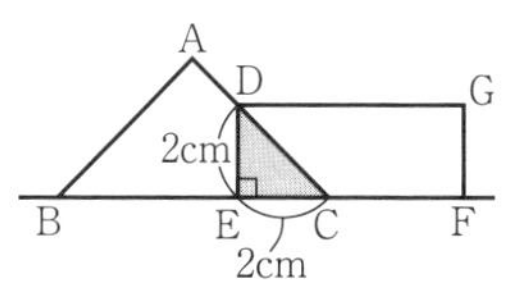

その面積は，$2\times2\div2=2$(cm^2)

② 4秒後は，
$1\times4=4$(cm)動くから，重なった部分は，右の図のようになる。

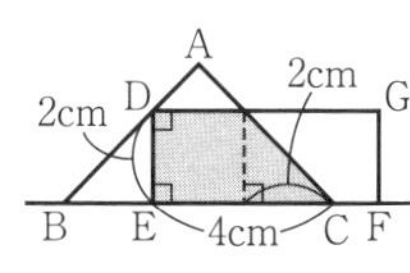

その面積は，$\{(4-2)+4\}\times2\div2=6$(cm^2)

(2) 長方形DEFGの面積は，$2\times5=10$(cm^2)だから，重なった部分の面積が5cm^{2}となるのは，重なった部分が長方形の半分の台形となるときである。

長方形の面積は，対角線の交点を通る直線によって2等分されるから，辺(へん)AC，辺ABが対角線の交点を通るのは，何秒後かを求めればよい。

長方形の対角線の交点をOとすると，
$2\div2=1$(cm)より，Oは辺EFの1cm上にある。

また，辺BCの1cm上にある辺AB，AC上の点をそれぞれP，Qとする。

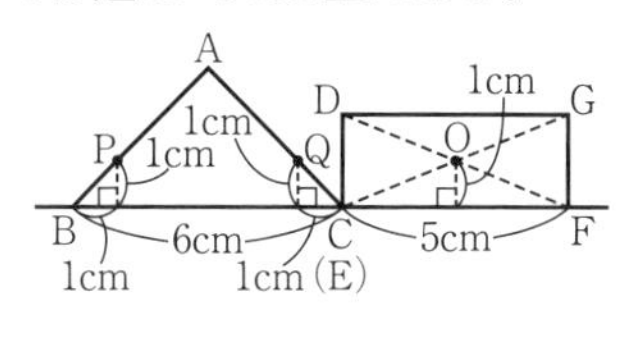

点Qが点Oと重なるのは，出発してから，
$(1+5\div2)\div1=3.5$(秒後)
点Pが点Oと重なるのは，出発してから，
$(6-1+5\div2)\div1=7.5$(秒後)

3 (1) かげをつけた部分の周(しゅう)の長さ
＝半円の弧(こ)2つ分＋中心角45°のおうぎ形の弧
$=12\times3.14\div2\times2+12\times2\times3.14\times\dfrac{45}{360}$
$=(12+3)\times3.14=47.1$(cm)

(2) かげをつけた部分の面積
＝中心角45°のおうぎ形の面積＋半円の面積
－半円の面積
＝中心角45°のおうぎ形の面積
$=12\times12\times3.14\times\dfrac{45}{360}=56.52$(cm^2)

4 2つの長方形に対角線AC，AC′をひく。

長方形を30度回転させると，対角線も30°回転するから，
角C′AC＝30°

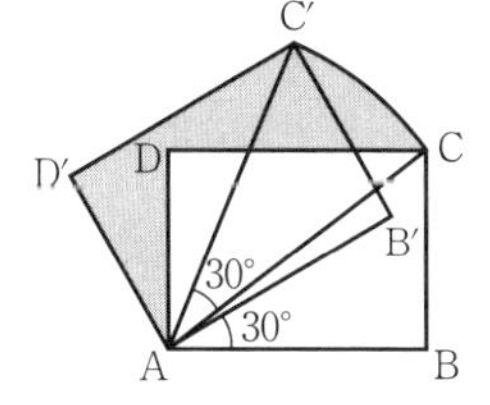

(1) かげをつけた部分の周の長さ
＝(CD＋DA)×2＋弧CC′
$=(24+18)\times2+30\times2\times3.14\times\dfrac{30}{360}$
$=84+15.7=99.7$(cm)

(2) かげをつけた部分の面積
＝三角形C′D′Aの面積
＋おうぎ形C′ACの面積
＋三角形ABCの面積
－長方形ABCDの面積
＝おうぎ形C′ACの面積
$=30\times30\times3.14\times\dfrac{30}{360}=235.5$(cm^2)

> 三角形C′D′Aと三角形ABCをたすと，長方形ABCDになる。

65 転がり移動

▶問題145ページ

1	(1)	**24cm**	(2)	**47.14cm^2**
2	(1)	**18.28cm**	(2)	**36.56cm^2**
3	(1)	**25.12cm**	(2)	**94.2cm^2**
4	(1)	**18.84cm**	(2)	**51.25cm^2**

解説

1 (1) 円の半径(はんけい)は，
$2\div2=1$(cm)
円の中心がえがく線は，右の図の太線で，
その長さは，

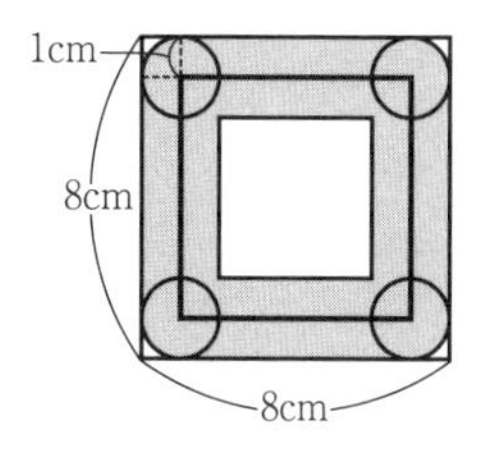

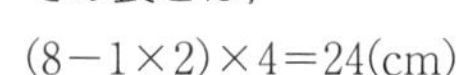

$(8-1\times2)\times4=24$(cm)

(2) 円が通る部分は，
上の図のかげをつけた部分である。
4すみの円が通らない部分の面積(めんせき)の和は，
1辺が2cmの正方形の面積から，
半径が1cmの円の面積をひいて，
$2\times2-1\times1\times3.14=4-3.14=0.86$(cm^2)
また，内側(うちがわ)の円が通らない部分は，
1辺(ぺん)が$8-2\times2=4$(cm)の正方形だから，
円が通る部分の面積は，
$8\times8-4\times4-0.86=64-16-0.86=47.14$(cm^2)

2 (1) 円Oが三角形の3つの角(かど)を回るとき，円の中心Oは，それぞれ半径1cmのおうぎ形の弧(こ)をえがき，3つのおうぎ形の弧を合わせると，半径1cmの円になる。

したがって，円の中心Oがえがく線の長さは，
$1\times2\times3.14+5+4+3=6.28+12=18.28$(cm)

(2) 円Oが三角形の3つの角を回るとき，円Oが通る部分は，それぞれ半径$1\times2=2$(cm)のおうぎ形になり，3つのおうぎ形を合わせると，半径2cmの円になる。

したがって，円Oが通る部分の面積は，

$2\times2\times3.14+2\times(5+4+3)$

$=12.56+24=36.56(\mathrm{cm}^2)$

3 図に表すと，右のようになる。

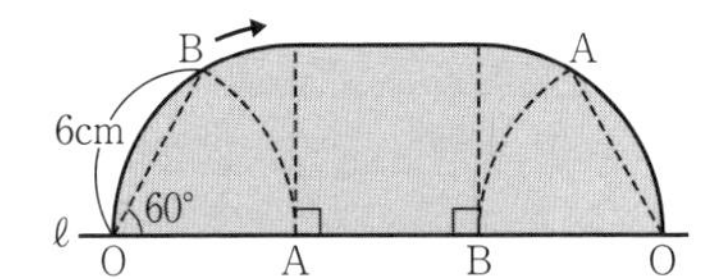

(1) 点Oがえがいた線は，上の図の太線部分で，その長さは，半径6cm，中心角90°のおうぎ形の弧(こ)2つ分と，その間の直線の長さの和になる。

直線の長さは，直線ℓ上のABの長さで，これは，半径6cm，中心角60°のおうぎ形の弧の長さに等しい。

したがって，点Oがえがいた線の長さは，

$6\times2\times3.14\times\dfrac{90}{360}\times2+6\times2\times3.14\times\dfrac{60}{360}$

$=(6+2)\times3.14=8\times3.14=25.12(\mathrm{cm})$

(2) 点Oがえがいた線と直線ℓで囲(かこ)まれた部分は，半径6cm，中心角90°のおうぎ形2つ分と，その間の長方形でできているから，その面積は，

$6\times6\times3.14\times\dfrac{90}{360}\times2+6\times6\times2\times3.14\times\dfrac{60}{360}$

$=(18+12)\times3.14=30\times3.14=94.2(\mathrm{cm}^2)$

4 図に表すと，次のようになる。

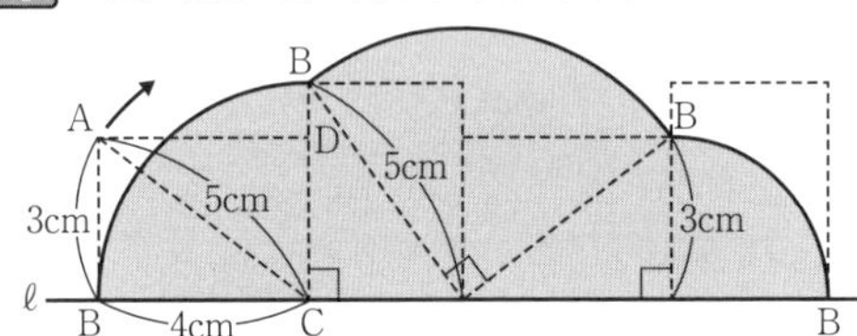

(1) 頂点Bがえがく線は，上の図の太線部分で，3つのおうぎ形の弧をえがくから，その長さは，

$4\times2\times3.14\times\dfrac{90}{360}+5\times2\times3.14\times\dfrac{90}{360}$

$+3\times2\times3.14\times\dfrac{90}{360}$

$=(8+10+6)\times3.14\times\dfrac{1}{4}=6\times3.14=18.84(\mathrm{cm})$

(2) 頂点Bがえがく線と直線ℓで囲まれた部分は，3つのおうぎ形と2つの直角三角形でできていて，2つの直角三角形を合わせると，長方形ABCDになるから，その面積は，

$4\times4\times3.14\times\dfrac{90}{360}+5\times5\times3.14\times\dfrac{90}{360}$

$+3\times3\times3.14\times\dfrac{90}{360}+3\times4$

$=(16+25+9)\times3.14\times\dfrac{1}{4}+12=12.5\times3.14+12$

$=39.25+12=51.25(\mathrm{cm}^2)$

66 点の移動

▶問題147ページ

1 約$53\mathrm{m}^2$

2 (1) 時間…**5秒間**，面積…**$135\mathrm{cm}^2$**

(2) **4秒後，13秒後**

3 (1) **毎秒3cm**　(2) **3秒後**

4 **6秒後**

解説

1 犬が動き回ることができる範囲(はんい)は，右の図のかげをつけた部分で，3つのおうぎ形でできているから，その面積(めんせき)は，

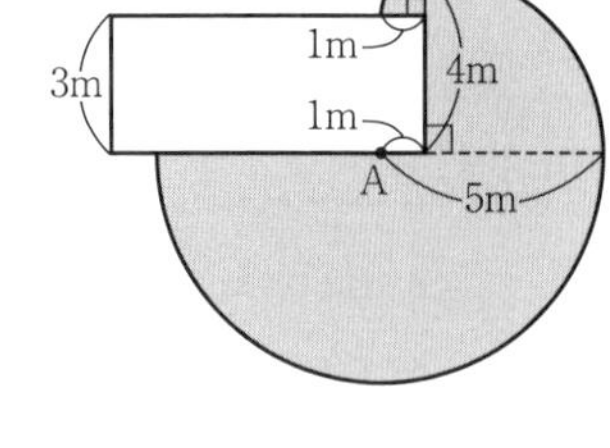

$5\times5\times3.14\div2+4\times4\times3.14\div4$

$+1\times1\times3.14\div4$

$=(12.5+4+0.25)\times3.14=16.75\times3.14$

$=52.595(\mathrm{m}^2)$ ➡ 約$53\mathrm{m}^2$

2 (1) 三角形APDの面積が変(か)わらないのは，三角形APDの底辺(ていへん)をADとしたとき，高さが変わらないときで，点Pが辺BC上にあるときだから，

$15\div3=5$(秒間)

このときの三角形APDの面積は，

$15\times18\div2=135(\mathrm{cm}^2)$

(2) 三角形APDの底辺をADとすると，三角形APDの面積が$90\mathrm{cm}^2$のときの高さは，

$90\times2\div15=12(\mathrm{cm})$

AP=12cmとなるのは，出発してから，

$12\div3=4$(秒後)

DP=12cmとなるのは，出発してから，

$(18+15+18-12)\div3=39\div3=13$(秒後)

3 (1) 2点が出発してから2秒後，

$\mathrm{AP}=2\times2=4(\mathrm{cm})$だから，

$(4+\mathrm{BQ})\times8\div2=40$，$4+\mathrm{BQ}=40\times2\div8=10$，

$\mathrm{BQ}=10-4=6(\mathrm{cm})$

$\mathrm{CQ}=12-6=6(\mathrm{cm})$だから，

点Qの速さは，$6\div2=3(\mathrm{cm})$ ➡ 毎秒3cm

(2) 四角形ABQPの面積が$36\mathrm{cm}^2$になるとき，

$(\mathrm{AP}+\mathrm{BQ})\times8\div2=36$，

$\mathrm{AP}+\mathrm{BQ}=36\times2\div8=9(\mathrm{cm})$

AP+BQの長さははじめ12cmで，

出発後，1秒間に$3-2=1(\mathrm{cm})$ずつ減(へ)るから，

AP＋BQ＝9cmとなるのは，出発してから，
(12－9)÷1＝3÷1＝3(秒後)

4 点Pが1秒間に進む角度は，360°÷30＝12°
点Qが1秒間に進む角度は，360°÷20＝18°
3点P，O，Qがはじめて一直線上に並ぶのは，
角POQがはじめて180°になるときだから，
旅人算を利用して，
180°÷(12°＋18°)＝180°÷30°＝6(秒後)

67 立体の体積と表面積(1)

▶問題149ページ

1 (1) **729cm³** (2) **136cm²** (3) **1056cm³**
2 (1) **60cm** (2) **105cm³** (3) **142cm²**
3 (1) **720cm²** (2) **1080cm³**
4 **203cm³**

解説

1 (1) この立方体の1つの面の面積は，
486÷6＝81(cm²)
81＝9×9より，1辺の長さは9cmだから，
体積は，9×9×9＝729(cm³)
(2) この直方体の横の長さは，
84÷(2×6)＝84÷12＝7(cm)だから，
表面積は，
(2×7＋7×6＋6×2)×2＝68×2＝136(cm²)
(3) 容器いっぱいに入る水の体積を容積といい，容器の内側で測った長さを内のりという。
この直方体の形をした箱の内のりは，
縦が，12－2×2＝8(cm)
横が，16－2×2＝12(cm)
深さが，13－2＝11(cm)だから，
容積は，8×12×11＝1056(cm³)

2 (1) 6つの長方形の辺の長さの和は，
(20＋16＋24)×2＝60×2＝120(cm)
長方形の辺2本で，直方体の辺1本になるから，
この直方体の辺の長さの和は，
120÷2＝60(cm)
(2) 直方体には，同じ長さの辺が4本ずつ3組ある。
この直方体の3辺の長さの和は，
60÷4＝15(cm)だから，3辺の長さは，
15－20÷2＝5(cm)，15－16÷2＝7(cm)，
15－24÷2＝3(cm)
体積は，5×7×3＝105(cm³)
(3) この直方体の表面積は，
(5×7＋7×3＋3×5)×2＝71×2＝142(cm²)

3 (1) この立体の表面積は，縦12cm，横12cm，高さ9cmの直方体の表面積と同じだから，
(12×12＋12×9＋9×12)×2
＝(144＋108＋108)×2＝360×2＝720(cm²)
(2) この立体の体積は，縦12cm，横12cm，高さ9cmの直方体の体積から，縦6cm，横4cm，高さ3cmの直方体3つ分の体積をひいて，
12×12×9－(6×4×3)×3＝1296－72×3
＝1296－216＝1080(cm³)

4 この立体を，手前の面(階段状の面)を底面とする角柱と考えると，
側面積は，7×(5＋10)×2＝210(cm²)だから，
底面積は，(268－210)÷2＝58÷2＝29(cm²)
したがって，この立体の体積は，
29×7＝203(cm³)

68 立体の体積と表面積(2)

▶問題151ページ

1 (1) 体積…**300cm³**，表面積…**360cm²**
(2) 体積…**226.08cm³**，表面積…**207.24cm²**
(3) 体積…**1280cm³**，表面積…**800cm²**
(4) 体積…**314cm³**，表面積…**282.6cm²**
2 (1) **三角すい** (2) **36cm²** (3) **9cm³** (4) **2cm**

解説

1 (1) この立体は三角柱である。
底面積は，12×5÷2＝30(cm²)だから，
体積は，30×10＝300(cm³)
表面積は，
30×2＋10×(5＋12＋13)＝60＋300＝360(cm²)
(2) この立体は円柱である。
底面積は，3×3×3.14＝28.26(cm²)だから，
体積は，28.26×8＝226.08(cm³)
表面積は，
28.26×2＋8×3×2×3.14
＝56.52＋150.72＝207.24(cm²)
(3) 底面積は，16×16＝256(cm²)だから，
体積は，$256\times15\times\frac{1}{3}$＝1280(cm³)
表面積は，
256＋16×17÷2×4＝256＋544＝800(cm²)
(4) この立体は円すいである。

底面積は，$5\times5\times3.14=78.5(\text{cm}^2)$だから，

体積は，$78.5\times12\times\frac{1}{3}=314(\text{cm}^3)$

表面積は，

$78.5+13\times5\times3.14=78.5+204.1=282.6(\text{cm}^2)$

〈参考〉円すいの側面積は，

母線×(底面の)半径×円周率

で求められることは，次のように説明できる。

円すいでは，底面の円周と側面のおうぎ形の弧の長さは等しいから，

半径×2×円周率

＝母線×2×円周率×$\frac{中心角}{360}$

これより，$\frac{中心角}{360}=\frac{半径}{母線}$……☆

おうぎ形の面積を求める公式より，

円すいの側面積

＝母線×母線×円周率×$\frac{中心角}{360}$

＝母線×母線×円周率×$\frac{半径}{母線}$ ←☆を利用

＝母線×半径×円周率

2 (1) この展開図を組み立てると，右の図のような立体ができるから，これは三角すいの展開図である。

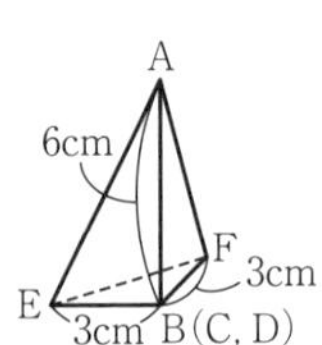

(2) 表面積は，展開図の面積に等しいから，展開図の正方形の面積を求めて，

$6\times6=36(\text{cm}^2)$

(3) 上の図のように，この三角すいは，底面が直角をはさむ2辺が3cmの直角二等辺三角形で，高さが6cmだから，体積は，

$3\times3\div2\times6\times\frac{1}{3}=9(\text{cm}^3)$

(4) 三角形AEFの面積は，正方形の面積から周りの3つの直角三角形の面積をひいて，

$6\times6-(3\times6\div2\times2+3\times3\div2)$

$=36-22.5=13.5(\text{cm}^2)$

三角形AEFを底面としたときの高さを□cmとすると，この三角すいの体積は9cm³だから，

$13.5\times\square\times\frac{1}{3}=9$，

$\square=9\div\frac{1}{3}\div13.5=9\times3\div13.5=2(\text{cm})$

69 立体の切断と回転

▶問題153ページ

1 (1) **150cm³** (2) **392.5cm³**
2 (1) **113.04cm³** (2) **197.82cm³**
3 (1) **10cm** (2) **235.5cm²**
4 (1) **72cm³** (2) **108cm³**

解説

1 (1) 反転させた立体を合わせると，縦5cm，横12＋8＝20(cm)，高さ3cmの直方体ができるから，この立体の体積は，

$5\times20\times3\div2=150(\text{cm}^3)$

(2) 同じ立体を2つ合わせると，底面の半径が5cm，高さが4＋6＝10(cm)の円柱ができるから，この立体の体積は，

$5\times5\times3.14\times10\div2=392.5(\text{cm}^3)$

2 (1) 辺ADを軸として1回転させると，右の図のように，円柱の上に円すいを組み合わせた立体ができるから，体積は，

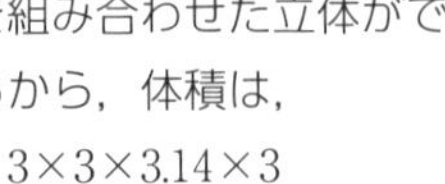

$3\times3\times3.14\times3$

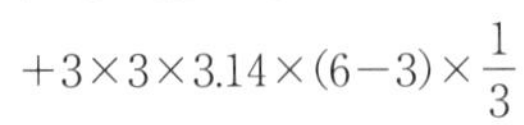

$+3\times3\times3.14\times(6-3)\times\frac{1}{3}$

$=(27+9)\times3.14=36\times3.14=113.04(\text{cm}^3)$

(2) 辺CDを軸として1回転させると，大きい円すいから小さい円すいを切り取った形の円すい台ができる。

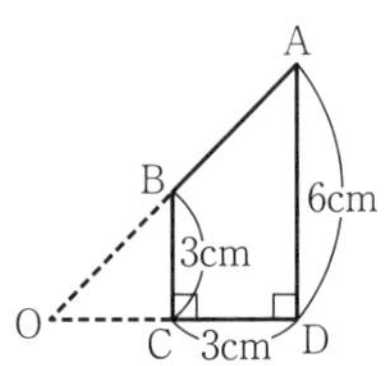

右の図のように，辺ABの延長と辺DCの延長との交点をOとする。

三角形OBCと三角形OADは相似で，

相似比は，BC：AD＝3：6＝1：2だから，

OC：CD＝1：(2−1)＝1：1

OC＝CD＝3cmだから，OD＝3＋3＝6(cm)

したがって，求める円すい台の体積は，

$6\times6\times3.14\times6\times\frac{1}{3}-3\times3\times3.14\times3\times\frac{1}{3}$

$=(72-9)\times3.14=63\times3.14=197.82(\text{cm}^3)$

3 (1) 円すいは2回転してもとの位置にもどったのだから，底面の円周の2倍は，えがいた円の円周に等しい。

この円すいの母線の長さを□cmとすると，

$5\times2\times3.14\times2=\square\times2\times3.14$，

$\square=5\times2=10(\text{cm})$

(2) 底面積は，$5\times5\times3.14(\text{cm}^2)$

側面積は，$10\times5\times3.14(\text{cm}^2)$だから，

表面積は，

$5\times5\times3.14+10\times5\times3.14$

$=(25+50)\times3.14=75\times3.14=235.5(\text{cm}^2)$

4 (1) 4点B，D，E，Gを頂点とする立体は，右の図のような三角すいで，この立体の体積は，立方体の体積から，角の4つの合同な三角すいABDE，BEFG，BCDG，DEGHの体積をひけばよいから，

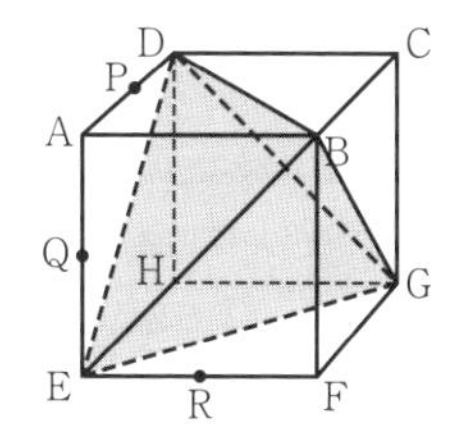

$6\times6\times6-6\times6\div2\times6\times\frac{1}{3}\times4$

$=216-144=72(\text{cm}^3)$

(2) 立方体を，3点P，Q，Rを通る平面で切ると，立方体は合同な2つの立体に2等分されるから，点Aをふくむほうの立体の体積は，

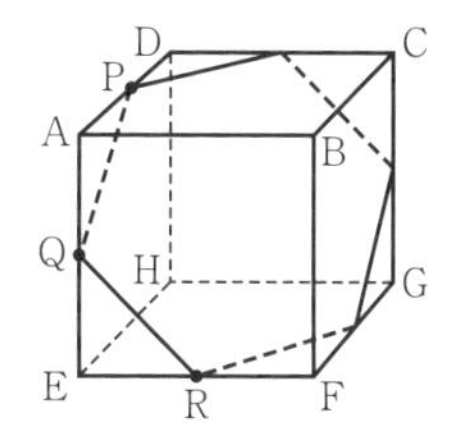

$216\div2=108(\text{cm}^3)$

70 立体の見方と表し方

▶問題155ページ

1 (1) **面エ**

(2) ① **点I**　② **辺AN**

2 (1) **120cm³**　(2) **96cm³**

3 **2.5倍**

4 (1) **8個**　(2) **36個**　(3) **600(面)**

解説

1 (1) 面アと平行になる面とは，面アと向かい合う面のことで，面エ

(2)① 右の図より，点Aと重なる点は点I

② また，点Jと重なる点は点Nだから，辺IJと重なる辺は辺AN

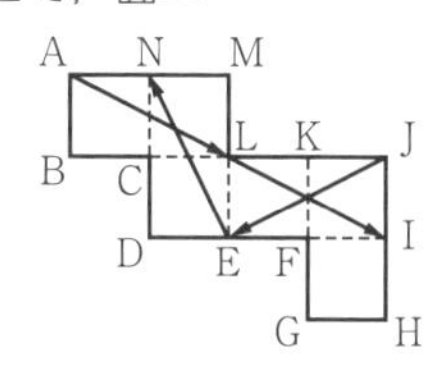

2 真上から見た図に，立方体の数を書き入れる。1つの立方体の体積は，$2\times2\times2=8(\text{cm}^3)$

(1) 右の図より，立方体の数は，最も多くて15個だから，この立体の体積は，最大で，

$8\times15=120(\text{cm}^3)$

1			
1	3		
1	3	2	
1		2	1

(2) 右の図より，立方体の数は，最も少なくて12個だから，この立体の体積は，最小で，

$8\times12=96(\text{cm}^3)$

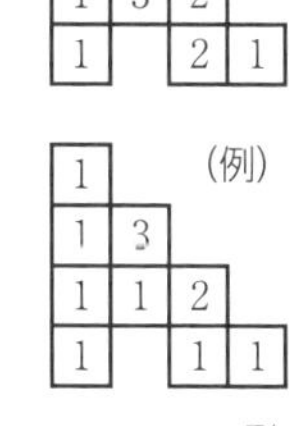

3 糸の長さが最短になるとき，糸のようすを展開図に表すと，次のように直線EGとなる。

三角形GPBと三角形GQCは相似だから，

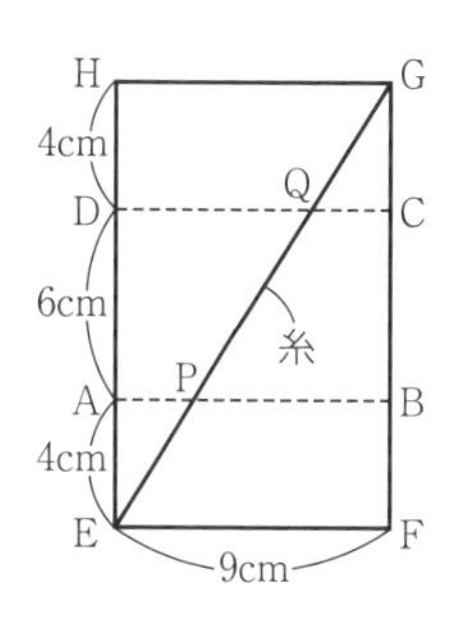

PB：QC＝GB：GC

＝(4＋6)：4＝10：4

＝5：2

したがって，PBの長さはQCの長さの，

$5\div2=2.5$(倍)

4 (1) 3つの面に色がぬられている立方体は，右の図の黒くぬりつぶした立方体で，8個。

(2) 2つの面に色がぬられている立方体は，右の図のかげをつけた立方体で，$3\times12=36$(個)

(3) 125個の小さい立方体の面の数は，

$6\times125=750$(面)

このうち，色がぬられている面は，もとの立方体の表面にある面で，

$5\times5\times6=150$(面)だから，

色がぬられていない面は，

$750-150=600$(面)

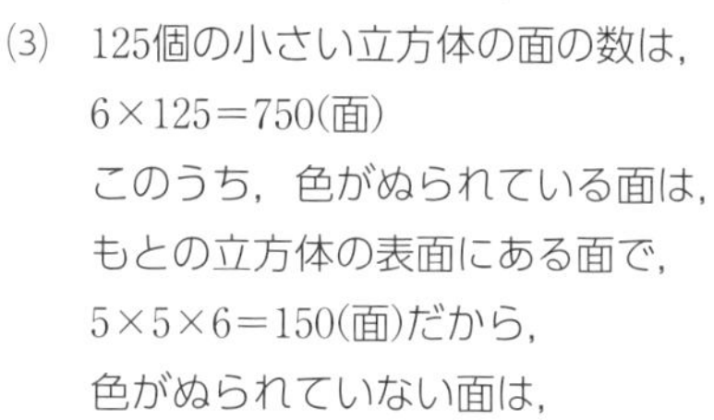

71 水面の高さの変化

▶問題157ページ

1 (1) **3：5**　(2) **16.8cm**

2 (1) **150cm²**　(2) **300cm³**

3 (1) **6cm**　(2) **$3\frac{8}{9}$cm**

4 (1) **12.5cm**　(2) **11本目**

解説

1 (1) 水の体積＝底面積×高さ より，AとBに入っている水の量の比は，

$(3\times21):(7\times15)=63:105=3:5$

(2) AとBに入っている水の体積の和は，

$3\times21+7\times15=63+105=168$

底面積の和は，$3+7=10$だから，

水の深さは，$168\div10=16.8(\text{cm})$

2 (1) 1.8L(＝1800cm³)の水を加えたら，水面の高さは，$22-10=12(\text{cm})$上がったから，この容器の底面積は，$1800\div12=150(\text{cm}^2)$

(2) 1.2L＝1200cm³だから，

石をしずめる前の水面の高さは，

$1200\div150=8(\text{cm})$

石を完全に水にしずめたとき，石の体積は，見かけ上増えた水の体積に等しいから，

$150\times(10-8)=300(cm^3)$

〈別解〉 $1.2L=1200cm^3$ だから，石の体積は，

$150\times10-1200=300(cm^3)$

3 (1) 水面は正方形だから，容器を正面から見た右の図で，水面IJの長さは，5cm

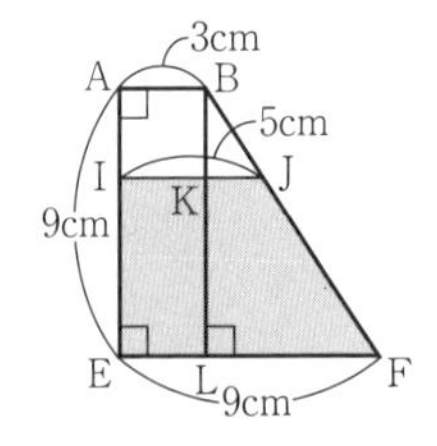

右の図のように，点Bから辺EFに垂直な直線BLをひくと，三角形BKJと三角形BLFは相似だから，

BK：BL＝KJ：LF，BK：9＝(5−3)：(9−3)，

$BK=9\times2\div6=3(cm)$

水面の高さは，$KL=9-3=6(cm)$

(2) 水の体積は，$(5+9)\times6\div2\times5=210(cm^3)$

台形AEFBの面積は，$(3+9)\times9\div2=54(cm^2)$

台形AEFBを底にしたときの水面の高さは，

$210\div54=\frac{35}{9}=3\frac{8}{9}(cm)$

4 (1) 水そうの底面積は，$24\times30=720(cm^2)$

おもり4本の底面積は，$6\times6\times4=144(cm^2)$

求める水面の高さを□cmとすると，

$720\times10=(720-144)\times$□より，

□$=7200\div576=12.5(cm)$

(2) 縦を高さ，横を底面積とした下の面積図で，長方形ABCDの面積と長方形FHCEの面積は，どちらも水の体積を表していて面積は等しい。

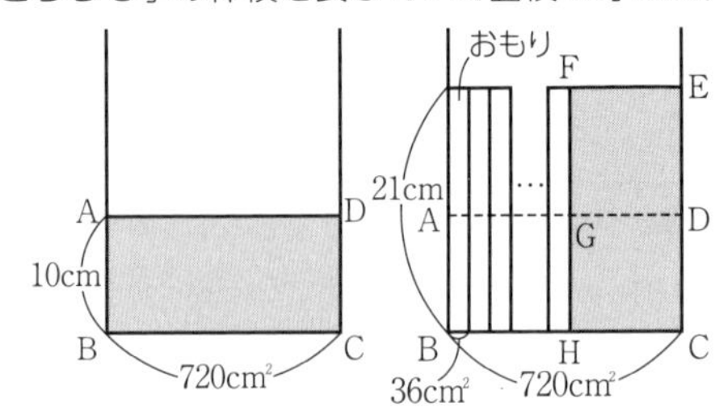

また，共通部分の長方形GHCDの面積をひいた，長方形ABHGと長方形FGDEの面積も等しい。

面積が等しい2つの長方形の縦と横の長さの比は逆比になるから，

$BH：GD=\frac{1}{AB}：\frac{1}{FG}=\frac{1}{10}：\frac{1}{21-10}=11：10$

$BH=720\times\frac{11}{11+10}=\frac{2640}{7}(cm^2)$

水面がおもりの高さをはじめてこえるのは，

$\frac{2640}{7}\div(6\times6)=\frac{220}{21}=10\frac{10}{21}$(本)より，

11本目のおもりを入れたときである。

72 水面の高さの変化とグラフ

▶問題159ページ

1 (1) **毎分2400cm³**　(2) **8分30秒後**

(3) **8cm**

2 (1) **毎秒40cm³**

(2) ア **180**　イ **240**

(3) ① **4000cm³**　② **毎秒70cm³**

解説

1 (1) $4-1=3$(分間)で入った水の量は，

$30\times30\times(18-10)=7200(cm^3)$ だから，

1分間に入れた水の量は，$7200\div3=2400(cm^3)$

(2) 水を入れ始めてから4分後以降，

水そうが満水になるまでに入れる水の量は，

$30\times30\times(30-18)=10800(cm^3)$ だから，

これにかかる時間は，$10800\div2400=4.5$(分)

水そうが満水になるのは，水を入れ始めてから，

$4+4.5=8.5$(分後) ➡ 8分30秒後

(3) $30\times AB\times10=2400\times1$ より，

$AB=2400\div10\div30=8(cm)$

2 (1) 水そうは，図の㋐，㋑，㋒，㋓，㋔の順に，水で満たされていく。

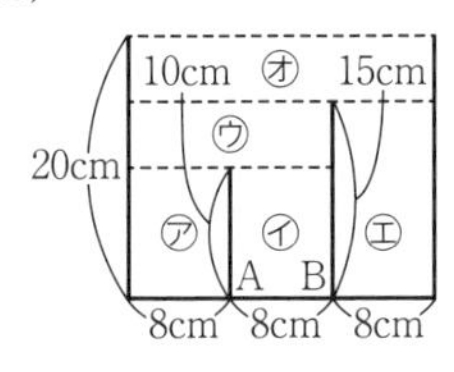

グラフより，㋐，㋑を満たすのに80秒かかっているから，1秒間に入れた水の量は，

$20\times(8+8)\times10\div80=3200\div80=40(cm^3)$

(2) アは，㋓まで水を満たすのにかかった時間で，

$20\times(8+8+8)\times15\div40=7200\div40=180$

イは，㋔まで水を満たすのにかかった時間で，

$20\times(8+8+8)\times20\div40=9600\div40=240$

(3)① 排水されなくなったとき，㋑と㋓の部分に水は残るから，残っている水の量は，

$20\times8\times10+20\times8\times15$

$=1600+2400=4000(cm^3)$

② 排水された水の量は，

$9600-4000=5600(cm^3)$

かかった時間は，1分20秒＝80秒だから，

1秒間に排水された水の量は，

$5600\div80=70(cm^3)$